石油化工安全技术与管理丛书

# 电气与静电安全

## （第二版）

张庆河　李盈康　主编

中国石化出版社

·北京·

## 内容提要

　　本书是在第一版的基础上修订而成,囊括了电气防火防爆、触电事故及防护、输配电和供用电安全、电气系统接地与安全、静电及其预防、雷电与防雷保护等内容。

　　本书可为石油化工的安全生产提供相关的技术与管理知识,适合从事电气设计、技术管理、安全保障等工作的人员使用,同时也可作为高等院校电气、安全等相关专业师生的参考资料。

## 图书在版编目(CIP)数据

　　电气与静电安全/张庆河,李盈康主编. —2 版—北京:
中国石化出版社,2015.1(2024.9重印)
　　(石油化工安全技术与管理丛书)
　　ISBN 978 – 7 – 5114 – 3136 – 3

　　Ⅰ. ①电… Ⅱ. ①张… ②李… Ⅲ. ①石油化学工业 – 电气设备
– 安全技术②石油化学工业 – 静电 – 安全技术 Ⅳ. ①TE687

　　中国版本图书馆 CIP 数据核字(2014)第 293556 号

**中国石化出版社出版发行**

地址:北京市东城区安定门外大街 58 号
邮编:100011　电话:(010)57512500
发行部电话:(010)57512575
http://www.sinopec-press.com
E-mail：press@sinopec.com
北京富泰印刷有限责任公司印刷
全国各地新华书店经销

*

710 毫米 ×1000 毫米 16 开本 22 印张 406 千字
2015 年 1 月第 2 版　2024 年 9 月第 2 次印刷
定价:66.00 元

# 《电气与静电安全》（第二版）

# 编 委 会

主　　编：张庆河　李盈康

编写人员：郝德东　朱小海　蔡永亮　张俊岭

　　　　　徐　艳　何修亮　于文博

# 再版前言

　　石化企业的安全用电是一个系统工程，其涉及安全设计、配置、使用、管理等诸多方面。同时还要应对突如其来的自然灾害。电气安全工作是一项综合性的工作，有工程技术的一面，也有组织管理的一面。工程技术和组织管理相辅相成，有着十分密切的联系。电气安全工作主要有两方面：一方面是研究各种电气事故，研究电气事故的机理、原因、构成、特点、规律和防护措施；另一方面是研究用电气的方法解决各种安全问题，即研究运用电气监测、电气检查和电气控制的方法来评价系统的安全性或获得必要的安全条件。为保证石化工业各个部门的正常运转，石化工业的电力部门职工必须坚决贯彻"安全第一、预防为主、综合治理"的方针，保证安全发电、输电、供电，向用户提供可靠的电能，满足石化工业生产发展需要。

　　随着科学技术和工、农业生产的发展，将出现更先进的电气安全技术，也将对电气安全工作提出更高的要求。以防止触电为例，接地、绝缘、间距等都是传统的安全措施，直至现在这些措施仍是有效的；而随着自动化元件和电子元件的广泛应用而出现的漏电保护装置又为防止触电事故及其他电气事故提供了新的途径。而近年来，电磁场安全问题、静电安全问题等又伴随着某些新技术的广泛应用而日益引起人们的重视。因此，电气安全工作的领域是不断扩展的。

电气安全工作将向着更科学、更实用、更深入、更系统的方向发展。在工程技术方面的主要任务是进一步完善传统的安全技术方法，以求建立完整的电气安全体系；并注重引进先进的自动化技术和计算技术，研究电气检测技术和监测技术在安全领域的应用。在管理方面，主要任务是逐步提高相关人员的电气安全水平；逐步实现电气安全标准化；并引进系统工程的方法，提高电气安全管理的科学性。

安全用电及灾害防护是电力部门永久的工作，但目前专题资料较少，客观上影响了专项工作的进行。针对上述情况，我们组织了部分石化企业中长期从事电气管理和技术工作的专家和技术人员修编了本书。编写过程中作者查阅了大量资料并借鉴了电气界同仁的研究成果，希望能对石化企业电气事业的发展、安全保障起到一定的积极作用。在编写时作者注意了安全理论与实际的结合，一方面注意了基本理论的阐述，同时搜集了部分实例，以便使之更加密切联系石化企业的生产实际。

本书的编写人员均是在石化企业从事电气设计和运行维护工作的技术人员，有的已经从事电气技术工作30多年，有的是石化企业电气技术工作的后起之秀，大家对电气工作都有自己独到的理解。本次修订是在2005年出版的第一版的基础上完成的，首先由主编对内容和体系进行了全面的设计，然后全体修编人员进行了讨论，最后由主编统一审定完成。

尽管下了很大的努力，但是由于时间、经验有限，肯定会在很多方面存在不足之处，欢迎读者和专家批评指正。

# 第一版前言

　　在石化工业的各个部门中，电能是不可缺少的能源，通过电动机可以转换为机械能，用于驱动各种石化机械；通过电灯可以转换为光能，用于生产照明；通过电加热器可以转换为热能，用于各种用途的工艺加热。此外，随着石化工业的发展，计算机技术普遍得到应用，生产装置对自动化水平提出更高要求，而用电进行控制容易实现自动化．同时由于电能便于传输，可以供给各个分散的用户，使石化工业对电力的依赖性日益增加，安全用电变得十分重要。

　　很长一段时期，相对于蓬勃发展的石化工业，企业中电力部门一直处于相对落后的局面，电力设备陈旧、效率低、类型庞杂，所幸这一切在近几年得到了改善。在过去的几年中，石化工业电力部门的自动化水平正在逐年提高，已有许多企业实现了电气系统集中控制和计算机控制，技术装备水平逐步提高，新技术不断应用，与世界先进水平的差距正在逐渐缩小。石化企业的安全用电是一个系统工程，涉及到安全设计、配置、使用、管理等诸方面。为保证石化工业各个部门的正常运转，石化工业的电力部门职工必须坚决贯彻"安全第一"的方针，保证安全发电、输电、供电，向用户提供可靠的电能。以满足石化工业生产发展需要。

安全用电及灾害防护是电力部门永久的工作。本书的作者在查阅了大量资料并借鉴电气界同仁研究成果的基础上编写了此书，希望能对石化企业电气事业的发展、安全保障起到一定的积极作用。在编写时作者注意了安全理论与实际的结合，同时搜集了部分实例，以便更加密切地联系石化企业的生产实际。

　　本书的作者均是在石化企业从事电气设计和技术工作的技术人员，有的已经从事电气技术工作30多年，有的是石化企业电气技术工作的后起之秀，大家对电气工作都有自己独到的见解。在编写过程中，首先由主编和副主编对内容和体系进行了全面的设计，然后全体作者进行了讨论，最后由主编、副主编统一修改定稿。

　　由于时间仓促，经验有限，肯定会在很多方面存在不足之处，欢迎读者和专家批评指正。

# 目　录

# 第一章 电气防火防爆

## 第一节 电气火灾爆炸及危险区域的划分

### 一、电气火灾爆炸

由于电气方面的原因引起的火灾和爆炸事故，称为电气火灾爆炸。

发生电气火灾和爆炸要具备两个条件：一是要有易燃易爆物质和环境；二是要有引燃条件。

**（一）易燃易爆物质和环境**

在生产和生活场所，广泛存在着易燃易爆易挥发物质，其中煤炭、石油、化工和军工等生产部门尤为突出。煤矿中产生的瓦斯气体，石油企业中的石油、天然气，化工企业中的原料、产品，纺织、食品企业生产场所的可燃气体、粉尘或纤维，军工企业中的火药等均为易燃易爆易挥发物质，并容易在生产、储存、运输和使用过程中与空气混合，形成爆炸性混合物。在一些生活场所，乱堆乱放的杂物，木结构房屋明设的电气线路等，都形成了易燃易爆环境。

**（二）引燃条件**

生产场所的动力、照明、控制、保护、测量等系统和生活场所的各种电气设备和线路，在正常工作或事故中常常会产生电弧、火花和危险的高温，这就具备了引燃或引爆的条件。

有些电气设备在正常工作情况下就能产生火花、电弧和危险高温。如电气开关的分合，运行中发电机和直流电机电刷和整流子间，交流绕线电机电刷与滑环间总有或大或小的火花、电弧产生，弧焊机就是靠电弧工作的；电灯和电炉直接利用电流发光发热，工作温度相当高，100W 白炽灯泡表面温度 170 ～ 216℃，100W 荧光灯管表面温度也在 100 ～ 120℃，而碘钨灯管壁温度高达500 ～ 700℃。

电气设备和线路，因绝缘老化、积污、受潮、化学腐蚀或机械损伤等原因均会造成绝缘强度降低或破坏，导致相间或对地短路，熔断器熔体熔断，连接点接触不良，铁芯铁损过大。电气设备和线路由于过负荷或通风不良等原因都可能产生火花、电弧或危险高温。另外，静电、内部过电压和大气过电压也会产生火花和电弧。

如果生产和生活场所存在易燃易爆物质，当空气中它们的含量超过其危险浓度，在电气设备和线路正常或事故状态下产生的火花、电弧或在危险高温的作用下，就会造成电气火灾或爆炸。

石油化工企业因电气火灾爆炸带来的危害是相当严重的。首先是电气设备本身的损坏、人身伤亡以及随之而来的大面积停电停产；其次在紧急停电中，又可能酿成新的灾害，带来无法估量的损失。因此，石油化工企业特别要注意和防止因电气火灾爆炸给生产带来的严重危害。

## 二、电气火灾爆炸危险区域的划分

### （一）电气火灾爆炸危险区域的分类

为防止因电气设备、线路火花、电弧或危险温度引起火灾爆炸事故，按发生火灾爆炸的危险程度以及危险物品状态，将火灾和爆炸危险区域划分为三类八区，并按不同类别和分区采取相应措施，预防电气火灾和爆炸事故的发生。

第一类（爆炸性气体环境）是指爆炸性气体、可燃液体蒸气或薄雾等可燃物质与空气混合形成爆炸性混合物的环境。根据爆炸性混合物出现的频繁程度和持续时间划分为 0 区、1 区、2 区三个区域。

第二类（爆炸性粉尘环境）是指爆炸性粉尘和可燃纤维与空气形成的爆炸性粉尘混合物环境。根据爆炸性粉尘混合物出现的频繁程度和持续时间划分为 10 区、11 区两个区域。

第三类（火灾危险环境）是指生产、加工、处理、运转或储存闪点高于环境温度的可燃液体，不可能形成爆炸性粉尘混合物的悬浮状、堆积状可燃粉尘或可燃纤维以及其他固体状可燃物质，但在数量上和配置上能引起火灾危险的环境。根据火灾事故发生的可能性和后果，以及危险程度及物质状态的不同划分为 21 区、22 区、23 区三个区域。

火灾爆炸危险区域的划分详见表 1-1。

### （二）与爆炸危险区域相邻场所的等级划分

与爆炸危险区域相邻厂房之间的隔墙应是密实坚固的非燃性实体，隔墙上的门应由坚固的非燃性材料制成，且有密封措施和自动关闭装置，其相邻厂房等级划分见表 1-2。

### （三）危险区域范围的确定

火灾爆炸危险区域范围的确定，应根据爆炸性混合物持续存在的时间和出现的频繁程度，危险物品的种类、数量、物化性质，通风条件，生产条件，以及由于通风而形成的聚积和扩散，危险气体或蒸气的密度、数量、产生的速

**表1-1 火灾爆炸危险区域的划分**

| 类别 | 区域 | 火灾爆炸危险环境 |
|---|---|---|
| 第一类<br>(爆炸性<br>气体环境) | 0 区 | 连续出现或长期出现爆炸性气体混合物的环境 |
| | 1 区 | 在正常运行时可能出现爆炸性气体混合物的环境 |
| | 2 区 | 在正常运行时不可能出现爆炸性气体混合物的环境,或即使出现也仅是短时存在的爆炸性气体混合物的环境 |
| 第二类<br>(爆炸性<br>粉尘环境) | 10 区 | 连续出现或长期出现爆炸性粉尘环境 |
| | 11 区 | 有时会将积留下的粉尘扬起而偶然出现爆炸性粉尘混合物环境 |
| 第三类<br>(火灾危<br>险环境) | 21 区 | 具有闪点高于环境温度的可燃液体,在数量和配置上能引起火灾危险的环境 |
| | 22 区 | 具有悬状、堆积状的可燃物尘或可燃纤维,虽不能形成爆炸混合物,但在数量和配置上能引起火灾危险的环境 |
| | 23 区 | 具有固体状可燃物质,在数量和配置上能引起火灾危险的环境 |

注:正常运行指正常的开车、运转、停车,易燃物质产品的装卸,密闭容器盖的开闭,安全阀、排放阀以及所有工厂设备都在其设计参数范围内工作的状态。

度和放出的方向、压力等因素来确定。在建筑物内部,危险区域范围宜以厂房为单位确定。在危险区域范围内,应根据危险区域的种类、级别,并考虑到电气设备的类型和使用条件,选用相应的电气设备。

**表1-2 与爆炸危险区域相邻场所的等级划分**

| 危险区域等级 | | 用有门的墙壁隔开相邻场所的等级 | | 附注 |
|---|---|---|---|---|
| | | 一道有门隔墙 | 两道有门隔墙 | |
| 气体 | 0 区 | | 1 区 | 两道隔墙门框之间的净距离不应小于2m |
| | 1 区 | 2 区 | 非危险场所 | |
| | 2 区 | 非危险场所 | | |
| 粉尘 | 10 区 | | 11 区 | |
| | 11 区 | 非危险场所 | 非危险场所 | |

# 第二节 火灾爆炸危险环境电气设备的选用

## 一、各种防爆型电气设备的主要性能

在石油化工企业，根据电气设备产生电火花、电弧和危险温度等特点，采取各种防爆措施，以使各种电气设备在有爆炸危险的区域内安全使用。

在火灾爆炸危险环境使用的电气设备，在运行过程中，必须具备不引燃周围爆炸性混合物的性能。满足要求的电气设备有隔爆型、增安型、本质安全型、正压型、充油型、充砂型、无火花型、粉尘防爆型和防爆特殊型等。

(一)各种防爆电气设备的防爆型式

1. 隔爆型电气设备(d)

具有隔爆外壳的电气设备，把能点燃爆炸性混合物的部件封闭在外壳内，该外壳能承受内部爆炸性混合物的爆炸压力，并阻止向周围的爆炸性混合物传爆。

2. 增安型电气设备(e)

正常运行条件下，不会产生点燃爆炸性混合物的火花或危险温度，并在结构上采取措施，提高其安全程度，以避免在正常和规定过载条件下出现点燃现象。

3. 本质安全型电气设备(ia；ib)

在正常运行或在标准试验条件下所产生的火花或热效应均不能点燃爆炸性混合物。

4. 正压型电气设备(p)

具有保护外壳，且壳内充有保护气体，其压力保持高于周围爆炸性混合物气体的压力，以避免外部爆炸性混合物进入外壳内部。

5. 充油型电气设备(o)

全部或某些带电部件浸在油中，使之不能点燃油面以上或外壳周围的爆炸性混合物。

6. 充砂型电气设备(q)

外壳内充填细颗粒材料，以便于使用条件下在外壳内产生的电弧、火焰地传播。壳壁或颗粒材料表面的过热温度均不能点燃周围的爆炸性混合物。

7. 无火花型电气设备(n)

在正常运行条件下不产生电弧或火花，也不产生能点燃周围爆炸性混合物的高温表面或灼热点，且一般不会发生有点燃作用的故障。

8. 浇封型电气设备(m)

整台设备或其中的某些部分浇封在浇封剂中，在正常运行和认可的过载或认可的故障下不能点燃周围的爆炸性混合物。

9. 粉尘防爆型（D）

为防止爆炸粉尘进入设备内部，外壳的结合面紧固严密，并加密封垫圈，转动轴与轴孔间加防尘密封。粉尘沉积有增温引燃作用，要求设备的外壳表面光滑、无裂缝、无凹坑或沟槽，并具有足够的强度。

10. 防爆特殊型（s）

这类设备是指结构上不属于上述各种类型的防爆电气设备，由主管部门制订暂行规定，送劳动部门备案，并经指定的鉴定单位检验后，按特殊电气设备"s"型处置。

（二）防爆标志的设置

1. 防爆标志的设置

电气设备外壳的明显处，需设置清晰的永久性凸纹防爆标志"Ex"；小型电器设备及仪器、仪表可采用标志牌铆在或焊在外壳上，也可采用凸纹标志。

2. 设备铭牌

防爆电气设备外壳的明显处，须设置铭牌，并可靠固定。铭牌须包括以下内容：

（1）铭牌的右上方有明显的标志"Ex"；

（2）防爆标志，并顺次标明防爆型式、类型、组别、温度组别等标志；

（3）防爆合格证编号（为保证安全指明在规定条件下使用者，需在编号之后加符号"X"）；

（4）其他需要标出的特殊条件；

（5）有关防爆型式专用标准规定的附件标志；

（6）产品出厂日期或产品编号。

3. 防爆标志举例

（1）Ⅰ类隔爆型：dⅠ。

（2）Ⅱ类隔爆型 B 级 T3 组：dⅡ BT3。

（3）Ⅱ类本质安全型 ia 等级 A 级 T5 组：iaⅡAT5。

（4）采用一种以上的复合型式，须先标出主题防爆型式，后标出其他防爆型式。如：Ⅱ类主体增安型并具有正压型部件 T4 组：epⅡT4。

（5）对只允许使用一种可燃性气体或蒸气环境中的电气设备，其标志可用该气体或蒸气的化学分子式或名称表示，这时可不必注明级别与温度组别。例如：Ⅱ类用于氨气环境的隔爆型：dⅡ（$NH_3$）或 dⅡ氨。

（6）对于Ⅱ类电气设备的标志，可以标温度组别，也可以标最高表面温度，或两者都标出。例如：最高表面温度为 125℃ 的工厂用增安型：eⅡT4；eⅡ(125℃) 或 eⅡ(125℃)T4。

（7）复合型电气设备，须分别在不同防爆型式的外壳上，标出相应的防爆型式。

（8）Ⅱ类本质安全型 ib 等级关联设备 C 级 T5 组：(ib)ⅡCT5。

（9）对使用于矿井中除沼气外，正常情况下还有 Ⅱ类 B 级 T3 组可燃气体的隔爆型电气设备：dⅠ/ⅡBT3。

（10）为保证安全指明在规定条件下使用的电气设备，例如：指明具有抗低冲击能量的电气设备，在其合格证编号后加符号"X"：XXXX – X。

（11）各项标志须清晰、易见，并经久不退。

## 二、防爆型电气设备的选用

在爆炸危险区域，应按危险区域的类别和等级，并考虑到电气设备的类型和使用条件，按表 1 – 3 ～ 表 1 – 8 选用相应的电气设备。

表 1 – 3　旋转电机防爆结构的选型

| 电气设备 | 爆炸危险区域 | | | | | | |
|---|---|---|---|---|---|---|---|
| | 1 区 | | | 2 区 | | | |
| | 隔爆型(d) | 正压型(p) | 增安型(e) | 隔爆型(d) | 正压型(p) | 增安型(e) | 无火花型(n) |
| 鼠笼型感应电动机 | O | O | △ | O | O | O | O |
| 绕线型感应电动机 | △ | △ | | O | O | O | × |
| 同步电动机 | O | O | × | O | O | O | |
| 直流电动机 | △ | △ | | O | O | O | |
| 电磁滑差离合器（无电刷） | O | O | × | O | O | O | △ |

注：1. 表中符号：O 为适用；△ 为慎用；× 为不适用（下同）。

2. 绕线型感应电动机及同步电动机采用增安型时，其主体是增安型防爆结构，发生电火花的部分是隔爆或正压型防爆结构。

3. 无火花型电动机在通风不良及室内具有比空气密度大的易燃物质区域内慎用。

表 1 – 4　低压变压器类防爆结构的选型

| 电气设备 | 爆炸危险区域 | | | | | | |
|---|---|---|---|---|---|---|---|
| | 1 区 | | | 2 区 | | | |
| | 隔爆型(d) | 正压型(p) | 增安型(e) | 隔爆型(d) | 正压型(p) | 增安型(e) | 充油型(o) |
| 变压器（包括启动用） | △ | △ | × | O | O | O | O |
| 电抗线圈（包括启动用） | △ | △ | × | O | O | O | O |
| 仪表用互感器 | △ | | × | O | O | O | O |

表 1-5　低压开关和控制器类防爆结构的选型

| 电气设备 | 爆炸危险区域 | | | | | | | | | | |
|---|---|---|---|---|---|---|---|---|---|---|---|
| | 0 区 | 1 区 | | | | | 2 区 | | | | |
| | 本质安全型（ia） | 本质安全型（ia ib） | 隔爆型（d） | 正压型（p） | 充油型（o） | 增安型（e） | 本质安全型（ia ib） | 隔爆型（d） | 正压型（p） | 充油型（o） | 增安型（e） |
| 刀开关、熔断器 | | | O | | | | | O | | | |
| 熔断器 | | | △ | | | | | O | | | |
| 控制开关及按钮 | O | O | O | | O | | O | O | | O | |
| 电抗启动器和启动补偿器 | | | △ | | | | O | | | | O |
| 启动用金属电阻器 | | | △ | △ | | × | | O | O | O | O |
| 电磁阀用电磁铁 | | | O | | | × | | O | | O | O |
| 电磁摩擦控制器 | | | △ | | | × | | O | | | △ |
| 操作箱、柱 | | | O | O | | | | O | O | | |
| 控制盘 | | | △ | △ | | | | O | O | | |
| 配电盘 | | | △ | | | | | O | | | |

注：1. 电抗启动器和启动补偿器采用增安型时，是指将防爆结构的启动运转开关操作部件与增安型防爆结构的电抗线圈或单绕组变压器组成一体的结构。

2. 电磁摩擦制动器采用隔爆型时，是指将制动片、滚筒等机械部分也装入隔爆壳体内。

3. 在 2 区内电气设备采用隔爆型时，是指除隔爆型外，也包括主要有火花部分为隔爆结构而其外壳为增安型的混合结构。

表 1-6　灯具类防爆结构的选型

| 电气设备 | 爆炸危险区域 | | | |
|---|---|---|---|---|
| | 1 区 | | 2 区 | |
| | 隔爆型（d） | 增安型（e） | 隔爆型（d） | 增安型（e） |
| 固定式灯 | O | × | O | O |
| 移动式灯 | △ | | O | |
| 携带式电池灯 | O | | O | |
| 指示灯类 | O | × | O | O |
| 镇流器 | O | △ | O | |

**表1-7 信号、报警装置等电气设备防爆结构的选型**

| 电气设备 | 爆炸危险区域 | | | | | | | | |
|---|---|---|---|---|---|---|---|---|---|
| | 0 区 | | | 1 区 | | | 2 区 | | |
| | 本质安全型(ia) | 本质安全型(ia ib) | 隔爆型(d) | 正压型(p) | 增安型(e) | 本质安全型(ia ib) | 隔爆型(d) | 正压型(p) | 增安型(e) |
| | O | O | O | O | × | O | O | O | O |
| | | | | O | | | O | | |
| | | | | O | △ | | O | | O |
| | | | | O | × | | O | O | O |

**表1-8 粉尘防爆电气设备的选型**

| 粉尘种类 | | 危险场所 | |
|---|---|---|---|
| | | 10 区 | 11 区 |
| 爆炸性粉尘 | | DT | DT |
| 可燃性粉尘 | 导电粉尘 | DT | DT |
| | 非导电粉尘 | DT | DT |

注：粉尘爆炸电气设备外壳按其限制粉尘进入设备的能力分为两类：
(1)尘密外壳：外壳防护等级为IP6X，标志为：DT；
(2)防尘外壳：外壳防护等级为IP5X，标志为：DP。

在爆炸危险区域选用电气设备时，应尽量将电气设备(包括电气线路)，特别是在运行时能发生火花的电气设备(如开关设备)，装设在爆炸危险区域之外。如必须装设在爆炸危险区域内时，应装设在危险性较小的地点，具体划分方法参考表1-2。如果与爆炸危险场所隔开的话，就可选用较低等级的防爆设备，乃至选用一般常用电气设备。

在爆炸危险区域采用非防爆型电气设备时，应采取隔墙机械传动。安装电气设备的房间，应采用非燃体的墙与危险区域隔开。穿过隔墙的传动轴应有填料或同等效果的密封措施。安装电气设备房间的出口应通向既无爆炸又无火灾危险的区域，如与危险区域必须相通时，则必须采取正压措施。

在火灾危险区域，应根据区域等级和使用条件，按表 1-9 选用电气设备。

表 1-9　火灾危险区域电气设备防护结构的选型

| 电气设备 | | 火灾危险区域 | | |
| --- | --- | --- | --- | --- |
| | | 21 区 | 22 区 | 23 区 |
| 电机 | 固定安装 | IP44 | IP54 | IP21 |
| | 移动式、携带式 | IP54 | | IP54 |
| 电器和仪表 | 固定安装 | 充油型 IP54 IP44 | IP54 | IP44 |
| | 移动式、携带式 | IP54 | | IP44 |
| 照明灯具 | 固定安装 | IP2X | IP5X | IP2X |
| | 移动式、携带式 | IP5X | | |
| 配电装置 | | IP5X | | |
| 接线盒 | | | | |

注：1. 在火灾危险环境21区内固定安装的正常运行时有滑环等火花部件的电机，不宜采用 IP44 结构。

2. 在火灾危险环境 23 区内固定安装的正常运行时有滑环等火花部件的电机，不宜采用 IP21 结构，而应采用 IP44 型。

3. 在火灾危险环境 21 区固定安装的正常运行时有火花部件的电器和仪表，不宜采用 IP44 型。

4. 移动式和携带式照明灯具的玻璃罩，应由金属网保护。

5. 表中防护等级的标志应符合《外壳防护等级（IP 代码）》（GB 4208—2008）的规定。

在火灾危险区域，有火花产生或外壳温度较高的电气设备尽量远离可燃物质，不得使用电热器具。

# 第三节　电气线路选择与敷设

## 一、对爆炸危险环境内电气线路的一般规定

在危险区域使用的电力电缆或导线，除应遵守一般安全要求外，还应符合防火防爆要求。在火灾爆炸危险区域使用铝导线时，其接头和封端应采用压接、熔接或钎焊，当与电气设备（照明灯具除外）连接时，应采用铜铝过渡接头。在火灾爆炸危险区域使用的绝缘导线和电缆，其额定电压不得低于电网的额定电压，且不能低于500V，电缆线路不应有中间接头。在爆炸危险区域应采用铠装电缆，应有足够的机械强度。在架空桥架上敷设时应采用阻燃电缆。爆炸危险环境，电缆配线技术要求列于表 1-10，供选用时参考。

电气线路的敷设方式、路径，应符合设计规定，当设计无明确规定时，应符合下列要求：

（1）电气线路，应在爆炸危险性较小的环境或远离释放源的地方敷设。

（2）当易燃物质密度大于空气密度时，电气线路应在较高处敷设；当易燃物质比空气轻时，电气线路宜在较低处或电缆沟敷设。架空时宜采用电缆桥架，电缆沟敷设时沟内应充砂，并应有排水设施；装置内的电缆沟，应有防止可燃气体积聚或含有可燃液体污水进入沟内的措施。电缆沟通入变配电室、控制室的墙洞处，应严格密封。

（3）当电气线路沿输送可燃气体或易燃液体的管道栈桥敷设时，管道内的易燃物质比空气重时，电气线路应敷设在管道的上方；管道内的易燃物质比空气轻时，电气线路应敷设在管道的正下方两侧。

（4）敷设电气线路时宜避开可能受到机械损伤、振动、腐蚀以及可能受热的地方；当不能避开时，应采取预防措施。

（5）爆炸危险环境内采用的低压电缆和绝缘导线，其额定电压必须高于线路的工作电压，且不得低于 500V，绝缘导线必须敷设于钢管内，严禁采用绝缘导线明敷设。电气工作中性线绝缘层的额定电压，应与相线电压相同，并应在同一护套或钢管内敷设。

（6）敷设电气线路的沟道、电缆线钢管，在穿过不同区域之间的墙或楼板处的孔洞时，应采用非燃性材料严密堵塞。

（7）电气线路使用的接线盒、分线盒、活接头、隔离密封件等连接件的选型，应符合《爆炸危险环境电力装置设计规范》（GB 50058—2014）的规定。

（8）导线或电缆的连接，应采用由防松措施的螺栓固定，或压接、钎焊、熔焊，但不得绕接。铝芯与电气设备的连接，应有可靠的铜 – 铝过渡接头等措施。

（9）爆炸危险环境除本质安全电路外，采用的电缆或绝缘导线，其铜铝线芯最小截面应符合表 1 – 10 的规定。

表 1 – 10　爆炸危险环境电缆和绝缘导线线芯最小截面

| 爆炸危险环境 | 线芯最小截面面积/mm² | | | | | |
| --- | --- | --- | --- | --- | --- | --- |
| | 铜 | | | 铝 | | |
| | 电力 | 控制 | 照明 | 电力 | 控制 | 照明 |
| 1 区 | 2.5 | 2.5 | 2.5 | × | × | × |
| 2 区 | 1.5 | 1.5 | 1.5 | 4 | × | 2.5 |
| 10 区 | 2.5 | 2.5 | 2.5 | × | × | × |
| 11 区 | 1.5 | 1.5 | 1.5 | 2.5 | 2.5 | 2.5 |

注：表中符号"×"表示不适用。

（10）10kV 及以下架空线路严禁跨越爆炸性气体环境；架空线路与爆炸性

气体环境的水平距离，不应小于塔高度的 1.5 倍。当在水平距离小于规定而无法躲开的特殊情况下，必须采取有效的保护措施。

**二、爆炸危险环境内的电缆线路**

电缆线路在爆炸危险环境内，电缆间不应直接连接。在非正常情况下，必须在相应的防爆接线盒或分线盒内连接或分路。电缆线路穿过不同危险区域或界壁时，必须采取下列隔离密封措施：

（1）在两级区域交界处的电缆沟内，应采取充砂、填阻火堵料或加设防火隔墙等措施。

（2）电缆通过与相邻区域共用的隔墙、楼板、地面及易受机械损伤处，均应加以保护，留下孔洞，应堵塞严密。

（3）保护管两端的管口处，应将电缆周围用非燃性纤维堵塞严密，再填塞密封胶泥，密封胶泥填塞深度不得小于管子内径，且不得小于 40mm。

防爆电气设备、接线盒的进线口、引入电缆后的密封应符合下列要求：

（1）当电缆外护套必须穿过弹性密封圈或密封填料时，必须被弹性密封圈挤紧或被密封填料封固。

（2）外径≥20mm 的电缆，在隔离密封处组装防止电缆拔脱的组件时，应在电缆被拧紧或封固后，再拧紧固定电缆的螺栓。

（3）电缆引入装置或设备进线口的密封，应符合下列要求：

①装置内的弹性密封圈的一个孔，应密封一根电缆；

②被密封的电缆截面，应近似圆形；

③弹性密封圈及金属垫，应与电缆的外经匹配，其密封圈内径与电缆外经允许差值为 ±1mm；

④弹性密封圈压紧后，应能将电缆沿圆周均匀地被挤紧。

（4）有电缆头腔或密封盒的电气设备进线口，电缆引入后应浇灌固化的密封填料，填塞深度不应小于引入口径的 1.5 倍，且不得小于 40mm。

（5）电缆与电气设备连接时，应选用与电缆外径相适应的引入装置，当选用的电气设备的引入装置与电缆的外径不相适应时，应采用过渡接线方式，电缆与过渡方式必须在相应的防爆接线盒内连接。

电缆配线引入防爆电动机需挠性连接时，可采用挠性连接管，其与防爆电动机接线盒之间，应按防爆要求加以配合，不同的使用环境条件应采用不同材质的挠性连接管。电缆采用金属密封环式引入时，贯穿引入装置的电缆表面，应清洁干燥；对涂有防腐层，应清除干净后再敷设。在室外和易进水的地方，与设备引入装置相连接的电缆保护管的管口，应严密封堵。

### 三、爆炸危险环境内的钢管配线

配线钢管，应采用低压流体输送用镀锌焊接钢管。钢管与钢管、钢管与电气设备、钢管与钢管附件之间的连接，应采用螺纹连接，不得采用套管焊接，并符合下列要求：

（1）螺纹加工应光滑、完整、无腐蚀，在螺纹上应涂以电力复合脂或导电性防锈脂。不得在螺纹上缠麻或绝缘胶带及涂其他油漆。

（2）在爆炸性气体环境 1 区和 2 区时，螺纹有效啮合扣数：管径为 25mm 及以下的钢管不应少于 5 扣；管径为 32mm 及以上的钢管不应少于 6 扣。

（3）在爆炸性气体 1 区或 2 区与隔爆型设备连接时，螺纹连接处应有锁紧螺母。

（4）在爆炸性粉尘环境 10 区和 11 区，螺纹有效啮合扣数不应少于 5 扣。

（5）外露丝扣不应过长。

（6）除设计有特殊规定外，连接处可不焊接金属跨接线。

电气管路之间不得采用倒扣连接；当连接有困难时，应采用防爆活接头，其结合面应密贴。

在爆炸性气体环境 1 区、2 区和爆炸性粉尘环境 10 区的钢管配线，在下列各处应装设不同形式的隔离密封件：

（1）电气设备无密封装置的进线口。

（2）通过与其他任何场所相邻的隔墙时，应在隔墙的任一侧装设横向式隔离密封件。

（3）管路通过楼板或地面引入其他场所时，均应在楼板或地面的上方装设纵向式密封件。

（4）管径为 50mm 及以上的管路在距引入的接线箱 450mm 以内及每距 15m 处，应装设一隔离密封件。

（5）易积结冷凝水的管路，应在其垂直段的下方装设排水式隔离密封件，排水口应置于下方。

隔离密封件的制作，应符合下列要求：

（1）隔离密封件的内壁，应无锈蚀、灰尘、油渍。

（2）导线在密封件内不得有接头，且导线之间及与密封件壁之间的距离应均匀。

（3）管路通过墙、楼板或地面时，密封件与墙面、楼板或地面的距离不应超过 300mm，且此段管路中不得有接头，并应将空洞堵塞严密。

（4）密封件内必须填充水凝性粉剂密封填料。

（5）粉剂密封填料的包装必须密封。密封填料的配制应符合产品的技术规定，浇灌时间严禁超过其初凝时间，并应一次灌足。凝固后其表面应无龟裂。排水式隔离密封件填充后的表面应光滑，并可自行排水。

钢管配线应在下列各处装设防爆挠性连接管：

（1）电机的进线口。

（2）钢管与电气设备直接连接有困难处。

（3）管路通过建筑物的伸缩缝、沉降缝处。

防爆挠性管连接应无裂纹、孔洞、机械损伤、变形等缺陷，安装时应符合下列要求：

（1）在不同的使用条件下，应采用相应材质的挠性连接管。

（2）弯曲半径不应小于外径的 5 倍。

电气设备、接线盒和端子箱上多余的孔，应采用丝堵堵塞严密。当孔内垫有弹性密封圈时，则弹性密封圈的外侧应设钢质堵板，其厚度不应小于 2mm，钢质堵板应经压盘或螺母压紧。

### 四、本质安全型电气设备及其关联电气设备的线路

本质安全型电气设备配线过程中的导线、钢管、电缆的型号、规格以及配线方式、线路走向和标高，与关联电气设备的连接线等，除必须按设计要求施工外，尚应符合产品及技术文件的有关规定。本质安全电路关联电路的施工，应符合下列要求：

（1）本质安全电路与关联电路不得共用同一电缆或钢管；本质安全电路或关联电路，严禁与其他电路共用同一电缆或钢管。

（2）两个及其以上的本质安全电路，除电缆线芯分别屏蔽或采用屏蔽导线者外，不应共用同一电缆或钢管。

（3）配电盘内本质安全电路与关联电路或其他电路的端子之间的间距，不应小于 50mm，当间距不满足要求时，应采用高于端子的绝缘隔板或接地的金属隔板隔离；本质安全电路、关联电路的端子排应采用绝缘的防护罩；本质安全电路、关联电路、其他电路的盘内配线应分别束扎、固定。

（4）所有需要隔离密封的地方，应按规定隔离密封。

（5）本质安全电路及关联电路配线中的电缆、钢管、端子板，均应有蓝色的标志。

（6）本质安全电路本身除设计有特殊要求外，不应接地。电缆屏蔽层，应在非爆炸危险环境进行一点接地。

（7）本质安全电路与关联电路采用非铠装和无屏蔽层的电缆时，应采用镀锌钢管加以保护。

在非爆炸危险环境中与爆炸危险环境有直接连接的本质安全电路及关联电

路的施工应符合以上的规定。

# 第四节　防爆电气设备的安装

## 一、一般规定

（1）防爆电气设备的类型、级别、组别、环境条件及特殊标志等，应符合设计的规定。

（2）防爆电气设备应有"Ex"标志和表明防爆电气设备的类型、级别、组别的标志的铭牌，并在铭牌上标明国家指定的检验单位发给的防爆合格证号。

（3）防爆电气设备宜安装在金属制作的支架上，支架应牢固，有振动的电气设备的固定螺栓应有防松动装置。

（4）防爆电气设备接线盒内部接线紧固后，裸露带电部分之间及与金属外壳之间的电气间隙和爬电距离，不应小于表1-11的规定。

表1-11　增安型、无火花型电气设备不同电位的最小电气间隙和爬电距离

| 额定电压/V | 最小电气间隙/mm | 最小爬电距离/mm | | |
|---|---|---|---|---|
| | | Ⅰ | Ⅱ | Ⅲ |
| 12 | 2 | 2 | 2 | 2 |
| 24 | 3 | 3 | 3 | 3 |
| 36 | 4 | 4 | 4 | 4 |
| 60 | 6 | 6 | 6 | 6 |
| 127 | 6 | 6 | 7 | 8 |
| 220 | 6 | 6 | 8 | 10 |
| 380 | 8 | 8 | 10 | 12 |
| 660 | 10 | 12 | 16 | 20 |
| 1140 | 18 | 24 | 28 | 35 |
| 3000 | 36 | 45 | 60 | 75 |
| 6000 | 60 | 85 | 110 | 135 |
| 10000 | 100 | 125 | 150 | 180 |

（5）防爆电气设备的进线口与电缆、导线应能可靠地接线和密封，多余的进线口其弹性密封垫和金属垫片应齐全，并应将压紧螺栓拧紧使进线口密封。金属垫片的厚度不得小于2mm。

（6）防爆电气设备外壳表面的最高表面温度应符合《爆炸性环境　第1部分：设备　通用要求》（GB 3836.1—2010）的规定，具体如下：

①Ⅰ类电气设备

对于Ⅰ类电气设备，最高表面温度不应超过：

——150℃，当电气设备表面可能堆积煤尘时；

——450℃，当电气设备表面不会堆积煤尘时（例如防粉尘外壳内部）。

注：当用户选用Ⅰ类电气设备时，如果温度超过150℃的设备表面上可能堆积煤尘，则应考虑煤尘的影响及其焖燃温度。

②Ⅱ类电气设备

测定的最高表面温度不应超过：

——规定的温度组别（表1－12）；或

——规定的最高表面温度；或

——如果适用，拟使用环境中的具体气体的点燃温度。

**表1－12　Ⅱ类电气设备的最高表面温度分组**

| 温度组别 | 最高表面温度/℃ |
| --- | --- |
| T1 | 450 |
| T2 | 300 |
| T3 | 200 |
| T4 | 135 |
| T5 | 100 |
| T6 | 85 |

注：不同的环境温度及不同的外部热源和冷源可能有一个以上的温度组别。

（7）塑料制成的透明件或其他部件，不得采用溶剂擦洗，可采用家用洗涤剂擦洗。

（8）事故排风机的按钮，应单独安装在便于操作的位置，且应有特殊标志。

（9）灯具的安装，应符合下列要求：

①灯具的种类、型号和功率，应符合设计和产品技术条件的要求，不得随意变更。

②螺旋式灯泡应旋紧，接触良好，不得松动。

③灯具外罩应齐全，螺栓应紧固。

**二、隔爆型电气设备的安装**

隔爆型电气设备在安装前，应进行下列检查：

（1）设备的型号、规格应符合设计要求；铭牌及防爆标志应正确、清晰。

（2）设备外壳应无裂纹、损伤。

（3）隔爆结构及间隙应符合要求。

（4）结合面的紧固螺栓应齐全，弹簧垫圈等防松设施应齐全完好，弹簧垫圈应压平。

（5）密封衬垫应齐全完好，无老化变形，并符合产品的技术要求。

（6）透明件应光洁无损伤。

（7）运动部件应无碰撞和摩擦。

（8）接线板及绝缘件应无碎裂，接线盒盖应紧固，电气间隙及爬电距离应符合要求。

（9）接地标志及接地螺栓应完好。

隔爆型电气设备不宜拆装；需要拆装时，应符合下列要求：

（1）应妥善保护隔爆面，不得损伤。

（2）隔爆面上不应有沙眼、机械伤痕。

（3）无电镀或磷化层的隔爆面，经清洗后应涂磷化膏、电力复合脂或防锈油，严禁刷漆。

（4）组装时隔爆面上不得有锈蚀层。

（5）隔爆接合面的紧固螺栓不得任意更换，弹簧垫圈应齐全。

（6）螺纹隔爆结构，其螺纹的最小啮合扣数和最小啮合深度，不得小于表 1-13 的规定。

表 1-13　螺纹隔爆结构螺纹的最小啮合扣数和最小啮合深度

| 外壳净容积 V/ cm³ | 螺纹最小啮合深度/ mm | 螺纹最小啮合扣数 | | |
| --- | --- | --- | --- | --- |
| | | ⅡA　　ⅡB | | ⅡC |
| V≤100 | 5.0 | | | |
| 100<V≤2000 | 9.0 | 6 | | 试验安全扣数的 2 倍，但至少为 6 扣 |
| V>2000 | 12.5 | | | |

注：1. Ⅱ类电气设备按照其拟使用的爆炸性环境的种类可进一步再分类：

　　　ⅡA 类：代表性气体是丙烷；

　　　ⅡB 类：代表性气体是乙烯；

　　　ⅡC 类：代表性气体是氢气。

　　2. 以上分类的依据，对于隔爆外壳电气设备是最大试验安全间隙（MESG），对于本质安全型电气设备是最小点燃电流比（MICR）（见 GB 3836.11—2008 和 GB 3836.12—2008）。

　　3. 标志ⅡB 的设备可适用于ⅡA 设备的使用条件，标志ⅡC 类的设备可适用于ⅡA 和ⅡB 类设备的使用条件。

隔爆型插销的检查和安装，应符合下列要求：

（1）插头插入时，接地或接零触头应先接通；插头拔出时，主触头应先分断。

（2）开关应在插头插入后才能闭合，开关在分断位置时，插头应插入或拔脱。

（3）防止骤然拔脱的徐动装置，应完好可靠，不得松脱。

### 三、增安型和无火花型电气设备的安装

增安型和无火花型电气设备在安装前，应进行下列检查：

（1）设备的型号、规格应符合设计要求；铭牌及防爆标志应正确、清晰。

（2）设备的外壳和透光部分，应无裂纹、损伤。

（3）设备的紧固螺栓应有防松措施，无松动锈蚀，接线盒盖应紧固。

（4）保护装置及附件应齐全、完好。

滑动轴承的增安型电动机和无火花型电动机应测量其定子与转子间的单边气隙，其气隙不得小于表 1 – 14 中规定值的 1.5 倍；设有侧隙孔的滚动轴承增安型电动机应测量其定子与转子间的单边气隙，其气隙值不得小于表 1 – 14 中的规定。

表 1 – 14　滚动轴承的增安型和无火花型电动机定子与转子的最小单边气隙值 $\delta$　mm

| 极数 | $D \leqslant 75$ | $75 < D \leqslant 750$ | $D > 750$ |
| --- | --- | --- | --- |
| 2 | 0.25 | $0.25 + (D - 75)/300$ | 2.7 |
| 4 | 0.2 | $0.20 + (D - 75)/500$ | 1.7 |
| 6 及其以上 | 0.2 | $0.20 + (D - 75)/800$ | 1.2 |

注：1. $D$ 为转子直径（mm）；

2. 变极电动机单边气隙按最少极数计算；

3. 若铁芯长度 $L$ 超过直径 $D$ 的 1.75 倍，其气隙值按上表计算值乘以 $L/1.75D$；

4. 径向气隙值需在电动机静止状态下测量。

### 四、正压型电气设备的安装

正压型电气设备在安装前，应进行下列检查：

（1）设备的型号、规格应符合设计要求；铭牌及防爆标志应正确、清晰。

（2）设备的外壳和透光部分，应无裂纹、损伤。

（3）设备的紧固螺栓应有防松措施，无松动锈蚀，接线盒盖应紧固。

（4）保护装置及附件应齐全、完好。

（5）密封衬垫应齐全、完好，无老化变形，并应符合产品技术条件的要求。

进入通风、充电系统及电气设备的空气或气体应清洁，不得含有爆炸性混合物及其他有害物质。通风过程排出的气体，不得排入爆炸危险环境，当排入爆炸性气体环境 2 区时，必须采取防止火花和炽热颗粒从电气设备及其通风系统吹出的有效措施。通风、充气系统的电气设备联锁，应按先通风后供电、先停电后停风的程序正常动作。在电气设备通电启动前，外壳内的保护气体的体

积不得小于产品技术条件规定的最小换气体积与 5 倍的相连管道容积之和。

微压继电器应装设在风压、气压最低点的出口处。运行中电气设备及通风、充气系统内的风压、气压值不应低于产品技术条件中规定的最低所需压力值。当低于规定值时，微压继电器应可靠动作，并符合下列要求：

（1）在爆炸性气体环境为 1 区时，应能可靠地切断电源。

（2）在爆炸性气体环境为 2 区时，应能可靠地发出警告信号。

运行中的正压型电气设备的内部的火花、电弧，不应从缝隙或出风口吹出。通风管道应密封良好。

## 五、充油型电气设备的安装

充油型电气设备在安装前，应进行下列检查：

（1）设备的型号、规格应符合设计要求；铭牌及防爆标志应正确、清晰。

（2）电气设备的外壳和透光部分，应无裂纹、损伤。

（3）电气设备的油箱、油标不得有裂纹及渗油、漏油缺陷；油面应在油标线范围内。

（4）排油孔、排气孔应通畅，不得有杂物。

充油型电气设备的安装，应垂直，其倾斜度不应大于 5°；充油型电气设备的油面最高温升，不应超过表 1-15 的规定。

表 1-15　充油型电气设备油面最高温升

| 温度组别 | 油面最高温升/℃ |
| --- | --- |
| T1、T2、T3、T4、T5 | 60 |
| T6 | 40 |

## 六、本质安全型电气设备的安装

本质安全型电气设备在安装前，应进行下列检查：

（1）设备的型号、规格应符合设计要求；铭牌及防爆标志应正确、清晰。

（2）外壳应无裂纹、损伤。

（3）本质安全型电气设备、关联电气设备产品铭牌的内容应有防爆标志、防爆合格证号及有关电气参数。本质安全型电气设备与关联电气设备的组合，应符合《爆炸性环境 第四部分：由本质安全型保护的设备》（GB 3836.4—2010）的有关规定。

（4）电气设备所有零件、元器件及线路，应连接可靠，性能良好。

与本质安全型电气设备配套的关联电气设备的型号，必须与本质安全型电气设备铭牌中的关联电气设备的型号相同。

关联电气设备中的电源变压器，应符合下列要求：

（1）变压器的铁芯和绕组间的屏蔽，必须有一点可靠接地。

（2）直接与外部供电系统连接的电源变压器其熔断器的额定电流，不应大于变压器的额定电流。

独立供电的本质安全型电气设备的电池型号、规格，应符合其电气设备铭牌中的规定，严禁任意改用其他型号、规格的电池。防爆安全栅应可靠接地，其接地电阻应符合设计和设备技术条件的要求。本质安全型电气设备与关联电气设备之间的连接导线或电缆的型号、规格和长度，应符合设计规定。

### 七、粉尘防爆电气设备的安装

粉尘防爆电气设备在安装前，应进行下列检查：

（1）设备的防爆标志、外壳防爆等级和温度组别，应与爆炸性粉尘环境相适应。

（2）设备的型号、规格应符合设计要求；铭牌及防爆标志应正确、清晰。

（3）设备的外壳应光滑、无裂纹、无损伤、无凹坑或沟槽，并应有足够的强度。

（4）设备的紧固螺栓，应无松动、锈蚀。

（5）设备的外壳结合面应紧固严密，密封垫圈完好，转动轴与轴孔间的防尘密封应严密，透明件应无裂损。

设备安装应牢固，接线应正确，接触应良好，通风孔道不得堵塞，电气间隙和爬电距离应符合设备的技术要求。设备安装时，不得损伤外壳和进线装置的完整及密封性能。

粉尘防爆电气设备的表面最高温度，应符合以下的规定：

测定无粉尘层的最高表面温度

测得的最高表面温度不应超过：

——规定的最高表面温度；

——拟使用的具体的可燃性粉尘层或粉尘云的点燃温度。

有粉尘层的最高表面温度

除了要求的最高表面温度外，也可测定环绕设备所有侧面形成的粉尘厚度 $T_L$ 的最高表面温度，文件中另有规定时除外，并按要求用符号"X"指明具体使用条件。

注：1. 粉尘层最大厚度 $T_L$ 可由制造商规定。

　　2. 粉尘层堆积可能达到 50mm 的设备的附加使用信息在 GB 12476.2—2010 中给出。

粉尘防爆电气设备安装后，应按产品技术要求做好保护装置的调整和操作。

# 第五节　防止电气火灾爆炸的其他措施

## 一、合理布置电气设备

合理布置爆炸危险区域的电气设备，是防火防爆的重要措施之一。应重点考虑以下几点：

（1）室外变配电站与建筑物、堆场、贮罐的防火间距应满足《建筑设计防火规范》（GB 50016—2006）的规定，防火间距见表1-16。

（2）装置的变配电室应满足《石油化工企业设计防火规范》（GB 50160—2008）的规定。

装置的变、配电室应布置在装置的一侧，位于爆炸危险区域范围以外，并且位于甲类设备全年最小频率风向的下风侧。在可能散发比空气密度大的可燃气体的装置内，变、配电室的室内地面应比室外地坪高0.6m以上。

（3）《爆炸和火灾危险环境电力装置设计规范》（GB 50058—1992）还规定：10kV以下的变、配电室，不应设在爆炸和火灾危险场所的下风向。变、配电室与建筑物相毗连时，其隔墙应是非燃烧材料；毗连的变、配电室的门应向外开，并通向无火灾爆炸危险场所方向。

表1-16　室外变配电站与建筑物、堆场、贮罐的防火间距　　　　　m

| 建筑物、堆场贮罐名称 | 变压器总油重 | | |
|---|---|---|---|
| | <10t | 10～50t | >50t |
| 民用建筑 | 15～25 | 20～30 | 25～35 |
| 丙、丁、戊类生产厂房和库房 | 12～20 | 15～25 | 20～30 |
| 甲、乙类生产厂房 | 25 | | |
| 甲类库房 | 25～40 | | |
| 稻草、麦秸、芦苇等易燃材料堆物 | 50 | | |
| 可燃液体贮罐 | 24～50 | | |
| 液化石油气贮罐 | 45～120 | | |
| 湿式可燃气体贮罐 | 20～35 | | |
| 湿式氧气贮罐 | 20～30 | | |

注：1. 防火间距应从距建筑物、准场、贮罐最近的变压器外壁算起，但室外变、配电构架距堆场、储罐和甲、乙类的厂房不宜小于25m，距其他建筑物不宜小于10m。

2. 室外变、配电站，是指电力系统电压为35～500kV、每台变压器容量在10000kW以上的室外变、配电站，以及工业企业的变压器总油重超过5t的室外变配电站。

3. 发电厂内的主变压器，其油量可按单台确定。

4. 干式可燃气体贮罐的防火间距应按本表湿式可燃气体贮罐增加25%。

10kV 以下的架空线，严禁跨越火灾或爆炸危险区域。当线路与火灾或爆炸危险场所接近时，其水平距离不应小于杆高的 1.5 倍。

## 二、接地

爆炸危险区域的接地（或接零）要比一般场所要求高，应注意以下几个方面：

（1）在导电不良的地面处，交流电压 380V 及其以下和直流额定电压在 440V 及其以下的电气设备金属外壳应接地。

（2）在干燥环境，交流额定电压为 127V 及其以下，直流电压为 110V 及其以下的电气设备金属外壳应接地。

（3）安装在已接地的金属结构上的电气设备应接地。

（4）在爆炸性危险环境内，电气设备的金属外壳应可靠接地。爆炸性气体环境 1 区内的所有电气设备、爆炸性气体环境 2 区内除照明灯具以外的其他电气设备、爆炸性粉尘环境 10 区内的所有电气设备，应采用专门的接地线。该接地线若与相线敷设在同一保护管内时应具有与相线相等的绝缘。此时，爆炸性危险环境内电缆的金属外皮及金属管线等只作为辅助接地线。爆炸性气体环境 2 区内的照明灯具及爆炸性粉尘环境 11 区内的所有电气设备，可利用有可靠电气连接的金属管线或金属构件作为接地线，但不得利用输送爆炸危险物质的管道。

（5）为了提高接地的可靠性，接地干线宜在爆炸危险区域不同方向且不少于两处与接地体连接。

（6）单项设备的工作零线应与保护零线分开。相线和工作零线均装设短路保护装置，并装设双极闸刀开关操作相线和工作零线。

（7）在爆炸危险区域，如采用变压器低压中性点接地的保护接零系统，为了提高可靠性，缩短短路故障持续时间，系统的单相短路电流应大一些，最小单相短路电流不得小于该段线路熔断器额定电流的 5 倍或自动开关瞬时（或延时）动作电流脱扣器整定电流的 1.5 倍。

（8）在爆炸危险区域，如采用不接地系统供电，必须装配能发出信号的绝缘监视器。

（9）电气设备的接地装置与防止直接雷击的独立避雷针的接地装置应分开设置，与装设在建筑物上防止直接雷击的避雷针的接地装置可合并设置，与防雷电感应的接地装置亦可合并设置。接地电阻值应取其中最低值。

## 三、保证安全供电的措施

安全供电是保证石油化工企业"安、稳、长、满、优"生产的重要环节。严密的组织措施和完善的技术措施是实现安全供电的有效措施。

组织措施的主要内容有：

（1）操作票证制度；

（2）工作票证制度：

（3）工作许可制度；

（4）工作监护制度；

（5）工作间断、转换和终结制度；

（6）设备定期切换、试验、维护管理制度；

（7）巡回检查制度，等。

技术措施的主要内容有：

（1）停、送电联络签；

（2）验电操作程序；

（3）停电检修安全技术措施；

（4）带电与停电设备的隔离措施；

（5）安全用具的检验规定，等。

电气设备运行中的电压、电流、温度等参数不应超过额定允许值。特别要注意线路的接头或电气设备进出线连接处的发热情况。在有气体或蒸气爆炸性混合物的环境，电气设备极限温度和温升应符合表 1 - 17 的要求。在有粉尘或纤维爆炸性混合物的环境，电气设备表面温度一般不应超过 125℃。应保持电气设备清洁，尤其在纤维、粉尘爆炸混合物环境的电气设备，要经常进行清扫，以免堆积脏污和灰尘，导致火灾危险。

在爆炸危险区域，导线允许载流量不应低于导线熔断器额定电流的 1.25 倍、自动开关延时脱扣器整定电流的 1.25 倍。1000V 以下鼠笼电动机干线允许载流量不应小于电动机额定电流的 1.25 倍。1000V 以上的线路应按短路电流热稳定进行校验。现将明敷设绝缘线、穿钢管绝缘线和穿硬塑料管绝缘线的安全载流量分别列于表 1 - 18 ~ 表 1 - 20。

表 1 - 17　爆炸危险区域内电气设备的极限温度和温升

| 爆炸性混合物的自燃点/℃ | 隔爆型、正压型、增安型、外壳表面及能与爆炸性混合物直接接触的零部件 | | 充油型和非防爆充油型的油面 | |
|---|---|---|---|---|
| | 极限温度/℃ | 极限温升/℃ | 极限温度/℃ | 极限温升/℃ |
| 450 以上 | 360 | 320 | 100 | 60 |
| 300 ~ 450 | 240 | 200 | 100 | 60 |
| 200 ~ 300 | 160 | 120 | 100 | 60 |
| 135 ~ 200 | 110 | 70 | 100 | 60 |
| 135 以下 | 80 | 40 | 80 | 40 |

表1-18　橡皮和塑料绝缘导线明敷设时的安全载流量

单位：A

| 导线截面/mm² | BBLX型铝芯橡皮绝缘导线 | | | | BBX型铜芯橡皮绝缘导线 | | | | BLV型铝芯塑料绝缘导线 | | | | BV型铜铝芯橡皮绝缘导线 | | | |
|---|---|---|---|---|---|---|---|---|---|---|---|---|---|---|---|---|
| | 25℃ | 30℃ | 35℃ | 40℃ | 25℃ | 30℃ | 35℃ | 40℃ | 25℃ | 30℃ | 35℃ | 40℃ | 25℃ | 30℃ | 35℃ | 40℃ |
| 1 | | | | | 20 | 19 | 17 | 15 | | | | | 18 | 17 | 15 | 14 |
| 1.5 | | | | | 25 | 23 | 21 | 19 | | | | | 22 | 20 | 19 | 17 |
| 2.5 | 25 | 23 | 21 | 19 | 33 | 31 | 23 | 25 | 23 | 21 | 20 | 17 | 30 | 28 | 25 | 23 |
| 4 | 33 | 31 | 28 | 25 | 43 | 40 | 47 | 33 | 30 | 28 | 25 | 23 | 40 | 37 | 34 | 30 |
| 6 | 42 | 39 | 36 | 32 | 55 | 51 | 63 | 42 | 39 | 36 | 33 | 30 | 50 | 47 | 43 | 38 |
| 10 | 60 | 56 | 51 | 46 | 80 | 74 | 78 | 61 | 55 | 51 | 47 | 42 | 75 | 70 | 64 | 57 |
| 16 | 80 | 74 | 63 | 61 | 105 | 98 | 89 | 80 | 75 | 70 | 64 | 57 | 100 | 93 | 85 | 76 |
| 25 | 105 | 98 | 98 | 80 | 140 | 130 | 119 | 106 | 100 | 93 | 85 | 76 | 130 | 121 | 110 | 99 |
| 35 | 130 | 121 | 110 | 99 | 170 | 158 | 144 | 129 | 155 | 116 | 106 | 95 | 160 | 149 | 136 | 122 |
| 50 | 165 | 153 | 140 | 125 | 215 | 200 | 183 | 163 | 215 | 144 | 132 | 118 | 200 | 186 | 170 | 152 |
| 70 | 205 | 191 | 174 | 156 | 265 | 246 | 224 | 201 | 200 | 186 | 170 | 152 | 255 | 237 | 216 | 164 |
| 95 | 250 | 233 | 213 | 190 | 325 | 302 | 276 | 247 | 240 | 223 | 204 | 182 | 310 | 288 | 263 | 236 |
| 120 | 365 | 274 | 251 | 224 | 335 | 358 | 326 | 292 | | | | | | | | |

表 1-19　橡皮和塑料绝缘导线装入钢管内时的安全载流量

A

| 导线截面/mm² | BBLX、BLV 型铝芯导线 | | | | | | | | | | | | BBX、BV 型铜芯导线 | | | | | | | | | | | | |
|---|---|---|---|---|---|---|---|---|---|---|---|---|---|---|---|---|---|---|---|---|---|---|---|---|---|
| | 装入管内 2 支 | | | | 装入管内 3 支 | | | | 装入管内 4 支 | | | | 装入管内 2 支 | | | | 装入管内 3 支 | | | | 装入管内 4 支 | | | |
| | 25℃ | 30℃ | 35℃ | 40℃ | 25℃ | 30℃ | 35℃ | 40℃ | 25℃ | 30℃ | 35℃ | 40℃ | 25℃ | 30℃ | 35℃ | 40℃ | 25℃ | 30℃ | 35℃ | 40℃ | 25℃ | 30℃ | 35℃ | 40℃ |
| 1 | | | | | | | | | | | | | 15 | 14 | 13 | 11 | 14 | 13 | 12 | 11 | 13 | 12 | 11 | 10 |
| 1.5 | | | | | | | | | | | | | 18 | 17 | 15 | 14 | 16 | 15 | 14 | 12 | 15 | 14 | 13 | 11 |
| 2.5 | 20 | 19 | 17 | 15 | 19 | 18 | 16 | 14 | 17 | 16 | 14 | 13 | 26 | 24 | 22 | 20 | 25 | 23 | 21 | 19 | 23 | 21 | 20 | 17 |
| 4 | 29 | 27 | 25 | 22 | 25 | 23 | 21 | 19 | 23 | 21 | 20 | 18 | 33 | 35 | 32 | 29 | 33 | 31 | 28 | 25 | 30 | 28 | 26 | 23 |
| 6 | 43 | 32 | 29 | 26 | 31 | 29 | 26 | 24 | 28 | 26 | 24 | 21 | 44 | 41 | 37 | 33 | 41 | 38 | 35 | 31 | 37 | 34 | 31 | 28 |
| 10 | 51 | 47 | 43 | 39 | 42 | 39 | 36 | 32 | 37 | 34 | 31 | 28 | 68 | 63 | 58 | 52 | 56 | 52 | 48 | 43 | 49 | 46 | 42 | 37 |
| 16 | 61 | 57 | 52 | 46 | 55 | 51 | 47 | 42 | 49 | 46 | 42 | 37 | 80 | 74 | 68 | 61 | 72 | 67 | 61 | 55 | 64 | 60 | 54 | 49 |
| 25 | 82 | 76 | 70 | 62 | 75 | 70 | 64 | 57 | 65 | 60 | 55 | 49 | 109 | 101 | 93 | 83 | 100 | 93 | 85 | 76 | 85 | 79 | 72 | 65 |
| 35 | 96 | 89 | 82 | 73 | 84 | 78 | 71 | 64 | 82 | 76 | 70 | 62 | 125 | 116 | 106 | 95 | 110 | 102 | 94 | 84 | 107 | 100 | 91 | 81 |
| 50 | 125 | 116 | 106 | 85 | 109 | 101 | 93 | 83 | 89 | 83 | 86 | 68 | 168 | 152 | 139 | 124 | 142 | 132 | 121 | 108 | 116 | 105 | 99 | 88 |
| 70 | 156 | 145 | 133 | 109 | 141 | 131 | 120 | 107 | 125 | 116 | 106 | 95 | 202 | 188 | 172 | 154 | 182 | 169 | 155 | 133 | 161 | 150 | 137 | 122 |
| 95 | 187 | 174 | 159 | 142 | 175 | 163 | 149 | 133 | 152 | 141 | 129 | 116 | 248 | 226 | 206 | 185 | 227 | 211 | 193 | 173 | 197 | 193 | 167 | 150 |
| 120 | 219 | 204 | 186 | 167 | 188 | 175 | 160 | 143 | 178 | 166 | 151 | 136 | 285 | 265 | 242 | 216 | 246 | 229 | 209 | 187 | 232 | 216 | 197 | 176 |

## 表 1-20　橡皮和塑料绝缘导线装入塑料管内时的安全载流量

单位：A

| 导线截面/mm² | BBLX、BLV 型铝芯导线 | | | | | | | | | | | | BBX、BV 型铜芯导线 | | | | | | | | | | | |
|---|---|---|---|---|---|---|---|---|---|---|---|---|---|---|---|---|---|---|---|---|---|---|---|---|
| | 装入管内 2 支 | | | | 装入管内 3 支 | | | | 装入管内 4 支 | | | | 装入管内 2 支 | | | | 装入管内 3 支 | | | | 装入管内 4 支 | | | |
| | 25℃ | 30℃ | 35℃ | 40℃ | 25℃ | 30℃ | 35℃ | 40℃ | 25℃ | 30℃ | 35℃ | 40℃ | 25℃ | 30℃ | 35℃ | 40℃ | 25℃ | 30℃ | 35℃ | 40℃ | 25℃ | 30℃ | 35℃ | 40℃ |
| 1 | | | | | | | | | | | | | 12 | 11 | 10 | 9 | 11 | 10 | 9 | 8 | 10 | 9 | 8 | 7 |
| 1.5 | | | | | | | | | | | | | 14 | 13 | 11 | 10 | 13 | 12 | 11 | 9 | 12 | 11 | 10 | 9 |
| 2.5 | 16 | 14 | 13 | 12 | 15 | 13 | 12 | 11 | 14 | 13 | 11 | 10 | 21 | 19 | 17 | 16 | 20 | 18 | 17 | 15 | 18 | 16 | 15 | 13 |
| 4 | 24 | 22 | 20 | 18 | 21 | 19 | 17 | 15 | 19 | 17 | 16 | 14 | 31 | 28 | 26 | 23 | 27 | 25 | 23 | 20 | 25 | 23 | 21 | 19 |
| 6 | 29 | 27 | 24 | 22 | 26 | 24 | 22 | 19 | 24 | 22 | 21 | 18 | 37 | 34 | 31 | 28 | 35 | 32 | 29 | 26 | 31 | 28 | 26 | 23 |
| 10 | 43 | 40 | 36 | 32 | 36 | 33 | 30 | 27 | 31 | 28 | 28 | 23 | 58 | 54 | 49 | 44 | 48 | 44 | 40 | 36 | 42 | 30 | 35 | 31 |
| 16 | 53 | 49 | 45 | 40 | 47 | 43 | 40 | 35 | 42 | 39 | 37 | 31 | 69 | 64 | 58 | 52 | 62 | 57 | 52 | 47 | 55 | 51 | 46 | 41 |
| 25 | 72 | 67 | 61 | 54 | 66 | 61 | 56 | 50 | 57 | 53 | 49 | 43 | 96 | 89 | 81 | 73 | 88 | 82 | 74 | 67 | 75 | 69 | 63 | 57 |
| 35 | 87 | 81 | 74 | 66 | 76 | 70 | 64 | 57 | 74 | 68 | 62 | 56 | 113 | 105 | 96 | 86 | 99 | 92 | 84 | 75 | 97 | 90 | 82 | 73 |
| 50 | 113 | 105 | 96 | 86 | 98 | 91 | 83 | 74 | 80 | 74 | 68 | 60 | 147 | 136 | 125 | 112 | 128 | 119 | 109 | 97 | 104 | 96 | 88 | 79 |
| 70 | 140 | 130 | 119 | 106 | 127 | 118 | 108 | 96 | 113 | 105 | 95 | 85 | 182 | 169 | 154 | 138 | 164 | 152 | 139 | 124 | 145 | 135 | 123 | 110 |
| 95 | 168 | 156 | 142 | 127 | 156 | 145 | 132 | 118 | 137 | 127 | 116 | 104 | 219 | 204 | 186 | 166 | 205 | 191 | 174 | 156 | 177 | 164 | 150 | 134 |
| 120 | 207 | 192 | 176 | 157 | 178 | 165 | 151 | 135 | 169 | 157 | 136 | 128 | 271 | 252 | 230 | 206 | 234 | 218 | 183 | 178 | 220 | 204 | 187 | 167 |

### 四、电气设备通风

电气设备通风应满足下列要求：

(1)通风装置必须采用非燃烧性材料制作，结构应坚固，连接应紧密。

(2)通风系统内不应有阻碍气流的死角。

(3)吸入的空气不应有爆炸性气体或其他有害物质。

(4)运行中电气设备通风、充风系统内的正压不低于 0.196kPa，当低于 0.1kPa 时，应自动断开电气设备的主要电源或发出信号。

(5)通风过程排出的废气，一般不应排入爆炸危险区域。

(6)对闭路通风的正压型电气设备及其通风系统，应供给清洁气体以补充漏损，保持通风系统内正压。

(7)用于事故排风系统的电动机的开关，应设在便于操作的安全地点。

# 第六节　变、配电所及其防火防爆

## 一、变、配电所

石油化工企业的变、配电所是用电设备的枢纽，也是与电力系统发生联系的场所，具有接受电能、变换电压等级和分配电能的功能。工厂、企业中的变电所属于降压变电所。降压变电所一般分为一次降压和两次降压。它把供电系统 35~220kV 电力网电压降压为 6~10kV（一次降压），再由 6~10kV 电压降压为 220/380V（二次降压），供给低压电气设备使用。按照容量的大小，引入电压的高低，变、配电所分为一次降压变电所、二次降压变电所和配电所三种类型。

为了安全可靠供电，变、配电所应建在用电负荷中心，且位于爆炸危险区域范围以外，在可能散发比空气密度大的可燃气体的界区内，变、配电所的室内地面，应比室外地面高 0.6m 以上。此外，还应尽量避开多尘、振动、高温、潮湿等场所，还要考虑到电力系统进线、出线的方便和便于设备的运输。为安全供电，一次降压变电所应设两路供电电源，二次降压变电所也应按上述原则考虑。

变电所内包括一次电气设备（动力电源部分）和二次电气设备（控制电源部分）。一次电气设备是指直接输配电能的设备，包括变压器、油开关、电抗器、隔离开关、接触器、电力电缆等；二次电气设备是指对一次电气设备进行监视、测量和控制保护的辅助设备和各种监测仪表、保护用继电器、自动控制音响信号及控制电缆等。

生产装置用电，根据在生产过程中的重要性、供电可靠性、连续性的要求，划分为 3 级：1 级负荷（重要连续生产负荷）应由两个独立电源供电；2 级负荷宜由二回线路供电；3 级负荷无特殊要求。

## 二、电力变压器的作用及防火防爆

（一）电力变压器的作用

在石油化工企业中，电力变压器主要是将电网的高压电降压为可以直接使用的 6kV 或 380V 电压。

（二）电力变压器发生火灾和爆炸的原因

电力变压器是由铁芯柱或铁轭构成的一个完整闭合磁路，由绝缘铜线或铝线制成线圈，形成变压器的原、副边线圈。除小容量的干式变压器外，大多数变压器都是油浸自然冷却式，绝缘油起线圈间的绝缘和冷却作用。变压器中的绝缘油闪点约为 135℃，易蒸发燃烧，同空气混合能形成爆炸混合物。变压器内部的绝缘衬垫和支架大多采用纸板、棉纱、布、木材等有机可燃物质组成。如 1000kV·A 的变压器大约用木材 $0.012m^3$，用纸 40kg，装绝缘油 1t 左右。所以，一旦变压器内部发生过载或短路，可燃的材料和油就会因高温或电火花、电弧作用而分解、膨胀以致汽化，使变压器内部压力剧增。这时，可引起变压器外壳爆炸，大量绝缘油喷出燃烧，燃烧着的油流又会进一步扩大火灾危险。因此，运行中的变压器一定要注意以下几点：

（1）防止变压器过载运行。如果长期过载运行，会引起线圈发热，使绝缘逐渐老化，造成匝间短路、相间短路或对地短路及油的分解。

（2）保证绝缘油质量。变压器绝缘油在贮存、运输或运行维护中，若油品质量差或有杂质、水分过多，会降低绝缘强度。当绝缘强度降低到一定值时，变压器就会短路而引起电火花、电弧或出现危险温度。因此，运行中变压器应定期化验油质，不合格的油应及时更换。

（3）防止变压器铁芯绝缘老化损坏。铁芯绝缘老化或夹紧螺栓套管损坏，会使铁芯产生很大的涡流，引起铁芯长期发热造成绝缘老化。

（4）防止检修不慎破坏绝缘。变压器检修吊芯时，应注意保护线圈或绝缘套管，如果发现有擦破损伤，应及时处理。

（5）保证导线接触良好。线圈内部接头接触不良，线圈之间的连接点，引至高、低压侧套管的接点，以及分接开关上各支点接触不良，会产生局部过热，破坏绝缘，发生短路或断路。此时所产生的高温电弧会使绝缘油分解，产生大量气体，变压器内压力增加。当压力超过瓦斯断电器保护定值而不跳闸时，会发生爆炸。

（6）防止电击。电力变压器的电源一般通过架空线而来，而架空线很容易遭受雷击，变压器会因击穿绝缘而烧毁。

（7）短路保护要可靠。变压器线圈或负载发生短路，变压器将承受相当大的短路电流，如果保护系统失灵或保护定值过大，就有可能烧毁变压器。为此，必须安装可靠的短路保护装置。

（8）保持良好的接地。对于采用保护接零的低压系统，变压器低压侧中性点要直接接地。当三相负载不平衡时，零线上会出现电流。当这一电流过大而接触电阻又较大时，接地点就会出现高温，引燃周围的可燃物质。

（9）防止超温。变压器运行时应监视温度的变化。如果变压器线圈导线是A级绝缘，其绝缘体以纸和棉纱为主，温度的高低对绝缘和使用寿命的影响很大，温度每升高8℃，绝缘寿命要减少50%左右。变压器在正常温度（90℃）下运行，寿命约20年；若温度升至105℃，则寿命为7年；温度升至120℃，寿命仅为两年。所以变压器运行时，一定要保持良好的通风和冷却，必要时可采取强制通风，以达到降低变压器温升的目的。

### 三、油开关的作用与防火防爆

（一）油开关的作用

油开关又叫油断路器，是用来切断和接通电源的，在短路时能迅速可靠地切断短路电流。油开关有很强的灭弧能力，在正常运行时能切断工作电流。

（二）油开关发生火灾爆炸的原因

油开关分多油开关和少油开关两种，主要由油箱、触头和套管组成。触头全部浸没在绝缘油中。多油开关中的油起灭弧作用和作为开关内部导电部分之间及导电部分与外壳之间的绝缘；少油开关中的油仅起灭弧作用。

（三）导致油开关火灾和爆炸的原因有以下几种：

（1）油开关油面过低时，使油开关触头的油层过薄，油受电弧作用而分解释放出可燃气体，这部分可燃气体进入顶盖下面的空间，与空气混合可形成爆炸性气体，在高温下就会引起燃烧、爆炸。

（2）油箱内油面过高时，析出的气体在油箱内较小空间里会形成过高的压力，导致油箱爆炸。

（3）油开关内油的杂质和水分过多，会引起油开关内部闪络。

（4）油开关操作机构调整不当，部件失灵，会使开关动作缓慢或合闸后接触不良。当电弧不能及时切断和熄灭时，在油箱内可产生过多的可燃气体而引起火灾。

（5）油开关遮断容量对供电系统来说是很重要的参数。当遮断容量小于供电系统短路容量时，油开关无能力切断系统强大的短路电流，电弧不能及时熄灭则会造成油开关的燃烧和爆炸。

（6）油开关套管与油开关箱盖、箱盖与箱体密封不严，油箱进水受潮，油箱不清洁或套管有机械损伤，都可能造成对地短路，从而引起油开关着火或爆炸。

总之，油开关运行时，油面必须在油标指示的高度范围内。若发现异常，如漏油、渗油、有不正常声音等，应立即采取措施，必要时可停电检修。严禁在油开关存在各种缺陷的情况下强行送电运行。

# 第七节 动力、照明及电热系统的防火防爆

## 一、电动机的防火防爆

电动机是一种将电能转变为机械能的电气设备，是工矿企业广泛应用的动力设备。交流电动机按运行原理可分为同步电动机和异步电动机两种，通常都是采用异步电动机。电动机按构造和适用范围，可分为开启式和防护式；为防止液体或固体向电动机内滴溅，有防滴式和防溅式。在石油化工企业中，为防止化学腐蚀和防止易燃易爆危险物质的危害，多使用各种防爆封闭式电动机。电动机易着火的部位是定子绕组、转子绕组和铁芯。引线接头处如接触不良、接触电阻过大或轴承过热，也能引起绝缘燃烧。电动机的引线、熔断器及其配电装置也存在着火的因素。引起电动机着火的原因可归纳为以下几点：

（1）电动机过负荷运行。如发现电动机外壳过热，电流表所指示电流超过额定值，说明电动机已超载，过载严重时，将烧毁电机。

当电网电压过低时，电动机也会产生过载。当电源电压低于额定电压的80%时，电动机的转矩只有原转矩的64%，在这种情况下运行，电动机就会产生过载，引起绕组过热，导致烧毁电动机或引燃周围可燃物等事故。

（2）金属物体或其他固体掉进电动机内，或在检修时绝缘受损，绕组受潮，以及遇到过高电压时将绝缘击穿等原因，会造成电动机绕组匝间或相间短路或接地，电弧烧坏绕组，有时铁芯也被烧坏。

（3）当电动机接线处各接点接触不良或松动时，会使接触电阻增大引起接点发热，接点越热氧化越迅速，最后将电源接点烧毁产生电弧火花，损坏周围导线绝缘，造成短路。

（4）电动机单相运行危害极大，轻则烧毁电动机，重则引起火灾。电动机单相运行时，其中有的绕组要通 $\sqrt{3}$ 倍额定电流，而保护电动机的熔丝是按额定电流5倍选择的，所以单相运行时熔丝一般不会烧毁。单相运行时大电流长时间在定子绕组内流过，会使定子绕组过热，甚至烧毁。

## 二、电缆的防火防爆

电缆一般分为动力电缆和控制电缆两种。动力电缆用来输送和分配电能，控制电缆是用于测量、保护和控制回路。

动力电缆按其使用的绝缘材料不同，分为铠装铅包油浸纸绝缘、不燃性橡

皮绝缘和铠装聚氯乙烯绝缘电缆。油浸纸绝缘电缆的外层往往使用浸过沥青漆的麻包，这些材料都是易燃物质。按其线芯的芯数又可分为单芯、双芯、三芯和四芯电线。

电缆的敷设可以直接埋在地下，也可以用隧道、电缆沟或电缆桥架敷设。用电缆桥架架空敷设时宜采用阻燃电缆。埋设敷设时应设置标志。穿过道路或铁路时应有保护套管。户内敷设时，与热力管道的净距不应小于1m，否则，须加隔热设施。电缆与非热力管道的净距不应小于0.5m。动力电缆发生火灾的可能性很大，应注意以下几点：

（1）电缆的保护铅皮在敷设时被损坏，或运行中电缆绝缘体损伤，均会导致电缆相间或相与铅皮间的绝缘击穿而发生电弧。这种电弧能使电缆内的绝缘材料和电缆外的麻包发生燃烧。

（2）电缆长时间过负荷运行，会使电缆过分干枯。这种干枯现象，通常发生在相当长的一段电缆上。电缆绝缘过热或干枯，能使纸质失去绝缘性能，因而造成击穿着火。同时由于电缆过负荷，可能沿着电缆的长度在几个不同地方发生绝缘物质燃烧。

（3）充油电缆敷设高差过大（如6~10kV油浸纸绝缘电缆最大允许高差为15m，20~35kV为5m），可能发生电缆淌油现象。电缆淌油可导致因油的流失而干枯，使这部分电缆热阻增加，纸绝缘老化而被击穿损坏。由于上部的油向下流，在上部电缆头处产生了负压力，增加了电缆吸入潮湿空气的机会，从而使端部受潮。电缆下部由于油的积聚而产生很大的静压力，促使电缆头漏油，增加发生故障或造成火灾的机会。

（4）电缆接头盒的中间接头因压接不紧、焊接不牢或接头材料选择不当，运行中接头氧化、发热、流胶或灌注在接头盒内的绝缘剂质量不符合要求，灌注时盒内存有空气，以及电缆盒密封不好，漏入水或潮湿气体等，都能引起绝缘击穿，形成短路而发生爆炸。

（5）电缆端头表面受潮，引出线间绝缘处理不当或距离过小，往往容易导致闪络着火引起电缆头表层混合物和引出线绝缘燃烧。

（6）外界的火源和热源，也能导致电缆火灾事故。

### 三、电缆桥架的防火防爆

电缆桥架处在防火防爆的区域里，可在托盘、梯架添加具有耐火或难燃性的板、网材料构成封闭式结构，并在桥架表面涂刷防火层，其整体耐火性还应符合国家有关规范的要求。另外，桥架还应有良好的接地措施。

### 四、电缆沟的防火防爆

电缆沟与变、配电所的连通处，应采取严密封闭措施，如填砂等，以防可燃气体通过电缆沟窜入变、配电所，引起火灾爆炸事故。电缆沟中敷设的电缆可采用阻燃电缆或涂刷防火涂料。

### 五、电气照明、电气线路及电加热设备的防火防爆

（一）电气照明的防火防爆

电气照明灯具在生产和生活中使用极为普通，人们容易忽视其防火安全。照明灯具在工作时，玻璃灯泡、灯管、灯座等表面温度都较高，若灯具选用不当或发生故障，会产生电火花和电弧。接点处接触不良，局部产生高温。导线和灯具的过载和过压会引起导线发热，使绝缘破坏、短路和灯具爆碎，继而可导致可燃气体和可燃液体蒸气、落尘的燃烧和爆炸。

下面分别介绍几种灯具的火灾危险知识：

1. 白炽灯

在散热良好的情况下，白炽灯泡的表面温度与其功率的大小有关（表1-21）。在散热不良的情况下，灯泡表面温度更会高。灯泡功率越大，升温的速度也越快；灯泡距离可燃物越近，引燃时间就越短。白炽灯烤燃可燃物的时间和起火温度见表1-22。

**表 1-21　白炽灯泡表面温度**

| 灯泡功率/W | 灯泡表面温度/℃ | 灯泡功率/W | 灯泡表面温度/℃ |
|---|---|---|---|
| 40 | 56~63 | 100 | 170~216 |
| 60 | 137~180 | 150 | 148~228 |
| 75 | 136~194 | 200 | 154~296 |

此外，白炽灯耐震性差，极易破碎，破碎后高温的玻璃片和高温的灯丝溅落在可燃物上或接触到可燃气体，都能引起火灾。

2. 萤光灯

萤光灯的镇流器由铁芯线圈组成。正常工作时，镇流器本身也耗电，所以具有一定温度。若散热条件不好，或与灯管配套不合理，以及其他附件故障时，其内部温升会破坏线圈的绝缘，形成匝间短路，产生高温和电火花。

3. 高压汞灯

正常工作时高压汞灯表面温度虽比白炽灯要低，但因其功率比较大，不仅温升速度快，发出的热量也大。如400W高压汞灯，表面温度可达180~250℃，其火灾危险程度与功率200W的白炽灯相仿。高压汞灯镇流器的火灾危险性与萤光灯镇流器相似。

表1-22 白炽灯泡烤燃可燃物的时间和起火温度

| 灯泡功率/W | 可燃物 | 烤燃时间/min | 起火温度/℃ | 放置形式 |
|---|---|---|---|---|
| 100 | 稻草 | 2 | 360 | 卧式埋入 |
| 100 | 纸张 | 8 | 330~360 | 卧式埋入 |
| 100 | 棉絮 | 13 | 360~367 | 垂直紧贴 |
| 200 | 稻草 | 1 | 360 | 卧式埋入 |
| 200 | 纸张 | 12 | 330 | 垂直紧贴 |
| 200 | 棉絮 | 5 | 367 | 垂直紧贴 |
| 200 | 松木箱 | 57 | 398 | 垂直紧贴 |

4. 卤钨灯

卤钨灯工作时维持灯管点燃的最低温度为250℃。1000W卤钨灯的石英玻璃管外表面温度可达500~800℃，而其内壁的温度更高，约为1000℃。因此，卤钨灯不仅能在短时间内烤燃接触灯管较近的可燃物，其高温辐射还能将距离灯管一定距离的可燃物烤燃。所以它的火灾危险性比别的照明灯具更大。

(二)电气线路的防火防爆

电气线路往往因短路、过载和接触电阻过大等原因产生电火花、电弧，或因电线、电缆达到危险高温而发生火灾，其主要原因有以下几点：

(1)电气线路短路起火。电气线路由于意外故障可造成两相相碰而短路。短路时电流会突然增大，这就是短路电流。一般有相间短路和对地短路两种。按欧姆定律，短路时电阻突然减少，电流突然增大。而发热量是与电流平方成正比的，所以短路时瞬间放电发热相当大。其热量不仅能将绝缘烧损、使金属导线熔化，也能将附近易燃易爆物品引燃引爆。

(2)电气线路过负荷。电气线路允许连续通过而不致使电线过热的电流称为额定电流，如果超过额定电流，此时的电流就叫过载电流。过载电流通过导线时，温度相应增高。一般导线最高允许温度为65℃，长时间过载的导线其温度就会超过允许温度，会加快导线绝缘老化，甚至损坏，从而引起短路产生电火花、电弧。

（3）导线连接处接触电阻过大。导线接头处不牢固、接触不良，便会造成局部接触电阻过大，发生过热。时间越长发热量越多，甚至导致导线接头处熔化，引起导线绝缘材料中可燃物质的燃烧，同时也可引起周围可燃物的燃烧。

（三）电加热设备的防火防爆

电热设备是把电能转换为热能的一种设备。它的种类繁多，用途很广，常用的有工业电炉、电烘房、电烘箱、电烙铁、机械材料的热处理炉等。

电热设备的火灾原因，主要是加热温度过高，电热设备选用导线截面过小等。当导线在一定时间内流过的电流超过额定电流时，同样会造成绝缘的损坏而导致短路起火或闪络，引起火灾。

# 第二章 触电事故及防护

## 第一节 电气事故

电气事故是电气安全主要研究和管理的对象。掌握电气事故的特点和事故的分类，对做好电气安全工作具有重要的意义。根据电能的不同作用形式，可将电气事故分为触电事故、雷电事故、电气辐射事故、电路故障事故等，本章重点讨论其中的触电事故。

### 一、电气事故的特点

**（一）电气事故危害大**

电气事故往往伴随着人员伤害和财产损失，严重的电气事故不仅带来重大的经济损失，甚至还可能造成人员伤亡。

**（二）电气事故危险直观识别难**

由于电具有看不见、听不见、嗅不到的特点，其本身不具备为人们直观识别的特征。因此，由电引发的危险不易被人们察觉，使得电气事故往往来得猝不及防，也给电气防护带来难度。

**（三）电气事故涉及领域较广**

电气事故不仅仅局限于用电领域的触电、设备和线路故障等，在一些非用电场所，因电能的释放(如雷电、静电和电磁场危害等)，也会造成灾害或伤害。

### 二、电气事故的类型

电气事故是由于电能非正常地作用于人体或系统所造成的。根据电能的不同作用形式，可将电气事故分为以下 5 类：

**（一）触电事故**

触电事故是以电流形式的能量作用于人体造成的事故。当电流直接作用于人体或转换成其他形式的能量(如热能)作用于人体时，人体都将受到不同形式的伤害。

**（二）静电危害事故**

静电危害事故是由静电电荷或静电场能量引起的。在生产工艺过程中以及操作人员的操作过程中，某些材料的相对运动、接触与分离等很容易产生静电。尽管产生的静电其能量一般不大，不直接使人致命，但是，其电压可能高达 10kV 以上，容易发生放电，产生放电火花，进一步产生危害。

（三）雷电灾害事故

雷电是大气中的一种放电现象。雷电放电具有电流大、电压高的特点，其能量释放出来可能形成极大的破坏力。

（四）射频电磁场危害

射频是指无线电波的频率或者相应的电磁振荡频率，泛指 100kHz 以上的频率。射频伤害是由电磁场的能量造成的。在射频电磁场的作用下，人体因吸收辐射能量会受到不同程度的伤害。过量的辐射可引起中枢神经系统的机能障碍，出现神经衰弱等临床症状；可造成植物神经紊乱、心率或血压异常；可引起眼睛损伤，造成晶体混浊，严重时导致白内障；可造成皮肤表层灼伤或深度灼伤等。

（五）电气系统故障危害

电气系统故障危害是由于电能在输送、分配、转换过程中，失去控制而产生的。断线、短路、异常接地、漏电、误合闸、误掉闸、电气设备或电气元件损坏、电子设备受电磁干扰而发生误动作等都属于电气系统故障。系统中电气线路或电气设备的故障则可能引起火灾和爆炸、异常带电或停电，而导致人员伤亡及重大财产损伤。

# 第二节　电流对人体作用的机理

电击所产生的电击电流通过人体或动物躯体将产生病理性生理效应，例如肌肉收缩、呼吸困难、血压升高、形成心脏兴奋波、心房纤维性颤动及无心室纤维性颤动的短暂心脏停跳、心室纤维性颤动，甚至死亡，所以必须采取防护措施。

人或家畜触及电气设备的带电部分，称为直接接触。人或家畜与故障下带电的金属外壳接触，称为间接接触。直接接触及间接接触所造成的电击分别称为直接电击和间接电击。为了防止电击，必须先了解电击机理，然后对直接电击、间接电击以及兼有该两者电击的情况采取适当的防护措施，以保证人、畜及设备的安全。

## 一、人体阻抗的组成

电击电流大小由接触电压和人体阻抗所决定。人体阻抗主要与电流路径、皮肤潮湿程度、接触电压、电流持续时间、接触面积、接触压力、温度以及频率等有关。人体阻抗的组成如图 2-1 所示。如将两个电极接触人体的两个部分，并将电极下的皮肤去掉，则该两电极间的阻抗为人体内阻抗 $Z_i$。皮肤上电极与皮肤下导电组织之间的阻抗即为皮肤阻抗 $Z_{P1}$ 和 $Z_{P2}$。$Z_i$、$Z_{P1}$、$Z_{P2}$ 的矢量和为人体总阻抗 $Z_T$。现将这些阻抗的特征说明如下：

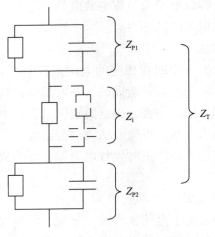

图 2 - 1　人体阻抗的组成

（一）人体内阻抗 $Z_i$

根据 IEC 测定的结果，$Z_i$ 主要是电阻，只有少量电容，如图 2 - 1 虚线所示，其数值主要决定于电流路径，一般与接触面积关系不大，但当接触面积小到几平方毫米数量级时，内阻抗才增大。

（二）皮肤阻抗 $Z_{P1}$、$Z_{P2}$

$Z_{P1}$、$Z_{P2}$ 是由半绝缘层和小的导电元件（如毛孔构成的电阻电容网络）组成。接触电压在 50V 及以下时，皮肤阻抗值随表面接触面积、温度、呼吸等显著变化；50 ~ 100V 时，皮肤阻抗降低很多；频率增高时，皮肤阻抗也随之降低；皮肤破损时，皮肤阻抗可忽略不计。

（三）人体总阻抗 $Z_T$

$Z_T$ 由电阻分量及电容分量组成。当接触电压在 500V 及以下时，$Z_T$ 值主要决定于皮肤阻抗值；接触电压越高，$Z_T$ 与皮肤阻抗关系越小；当皮肤破损后，$Z_T$ 值接近于人体内阻抗。

（四）人体初始电阻 $R_i$

在接触电压出现的瞬间，人体的电容还未充电，皮肤阻抗可忽略不计，这时的电阻值称为人体初始电阻。该值限制短时脉冲电流峰值。当电流路径从手到手或手到脚而且接触面积较大时，5% 分布值（即 5% 的人所呈现的最小初始电阻值）$Z_{5\%}$ 可认为等于 500Ω。

## 二、人体阻抗与接触状况的关系

人体阻抗的状况通常划分为以下 3 类：

### (一)状况 1

干燥或湿润的区域、干燥的皮肤、高电阻的地面，此时人体阻抗值(单位：Ω)：

$$Z_T = 1000 + 0.5Z_{5\%} \tag{2-1}$$

式中　1000——鞋袜和地面两者电阻的随机值，Ω；

　　　　0.5——考虑了双手至双脚的双重接触情况；

　　　　$Z_{5\%}$——5% 分布值，即 5% 的人呈现此最小阻抗值，Ω。

### (二)状况 2

潮湿的区域、潮湿的皮肤、低电阻的地面，此时人体阻抗值(单位：Ω)：

$$Z_T = 200 + 0.5Z_{5\%} \tag{2-2}$$

式中　200——较低的地面电阻值，不计鞋袜的电阻，Ω。

### (三)状况 3

浸入水中的情况，此时皮肤电阻、环境介质的电阻可忽略不计。在各种状况下的安全电压值，各国规定不尽相同，如表 2-1 所示。

表 2-1　国际电工委员会(IEC)标准及各国安全电压值　　　　　　　　V

| IEC 标准及有关各国规定 | 状况 1 | 状况 2 | 状况 3* |
|---|---|---|---|
| IEC | 50 | 25 | |
| 中国 | 50 | 24 | |
| 奥地利 | 65 | | |
| 美国 | 50 | 25 | |
| 英国 | 55(25)，40(住宅) | 24 | |
| 德国 | 65 | 24 | |
| 捷克 | 50 | 20 | |
| 日本 | 50 | 25 | 2.5 |
| 瑞士 | 50 | 36 | |
| 瑞典 | 50 | 25 | |
| 芬兰 | 65 | | |
| 丹麦 | 65 | | |
| 比利时 | 35 | | |

注：*"状况 3"标准未作规定，编制说明提出："例如不超过 12V"。

表 2-1 为交流电的安全电压，IEC 规定直流(无纹波)的安全电压为：状况 1，不大于 120V；状况 2，不大于 60V。安全电压包括接地系统的相对地或极对地电压，或不接地和非有效接地的相间及极间电压。

# 第三节 电流的种类及电击效应

## 一、交流电流的电击效应

IEC 经过多年的试验研究，认为心室纤维性颤动是电击致死的主要原因。一个心动周期如图 2 - 2 所示，由产生兴奋期 P、兴奋扩展期 R 和兴奋复原期 T 所组成。图中的数字表示兴奋传播的顺序。在兴奋复原期内有一个相对较小的部分称为易损期，在易损期内，心肌纤维处于兴奋的不均匀状态，如果受到足够幅度电流的刺激，心室纤维发生颤动，图 2 - 3 中 X 点受电流刺激，对心电图和血压的影响如图中曲线所示。此时发生心室纤维性颤动和血压降低，如电流足够大将导致死亡。

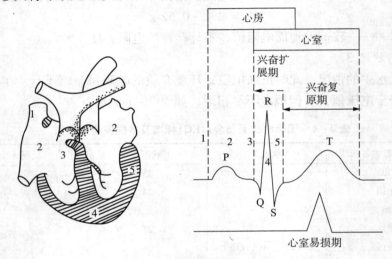

图 2 - 2 心动周期内心室易损期的出现

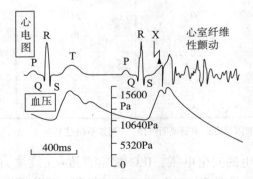

图 2 - 3 在心脏易损期内电流刺激的影响

当电流流过人体时，人身所察觉到的最小电流值称为感觉阈值。对于 15～100Hz 交流电流，此值为 0.5mA。人握电极能摆脱的电流最大值称为摆脱电流，对于 15～100Hz 交流电流为 10mA。当流过人体的电流继续增加时，人体电流 $I_B$ 和电流流过的持续时间 $t$ 的关系如图 2-4 所示。图 2-4 是按电流流过人体的路径从左手到双脚的效应绘制的。当电流为 500mA、时间为 100ms 时，产生心室纤维性颤动的几率为 14%。图 2-4 中的 I 区通常无反应性效应；II 区通常无有害的生理效应；III 区通常无器官性损伤，但可能出现肌肉收缩和呼吸困难，在心脏中形成兴奋波和传导的可逆性紊乱，包括心房纤维性颤动及短暂心脏停跳；在 IV 区内，开始出现心室纤维性颤动，到曲线 $c_1$，概率为 5%；到曲线 $c_2$，概率为 50%；曲线 $c_3$ 以外则概率超过 50%。随着电流与时间的增加，可能发生心脏停跳、呼吸停止及严重烧伤。

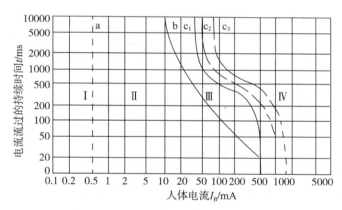

图 2-4　15～100Hz 频率范围内交流电流通过人体的心室纤维性颤动阈值

图 2-4 中的电流为"从左手到双脚"路径的电流，如为其他路径，按式（2-3）计算：

$$I_B = I_{ref}/F \tag{2-3}$$

式中　$I_B$——流经其他路径的人体电流，mA；

　　　$I_{ref}$——流经"从左手到双脚"的人体电流，mA；

　　　$F$——心电流系数，见表 2-2。

上述的感觉阈值、摆脱电流及图 2-4 中的心室纤维性颤动阈值都是对 15～100Hz 交流电流而言的。在工业企业和民用建筑中，有不少电气设备的使用频率超过 100Hz，例如有些电动工具和电焊机，可用到 450Hz；电疗设备大多数使用 4000～5000Hz；开关方式供电的设备则为 20kHz～1MHz；微波及无线电设备还有使用更高的频率的。对于这些 100Hz 以上交流电流，人体皮肤的阻抗，在数十伏数量级的接触电压下，大致与频率成反比，例如 500Hz 时

表 2 - 2　心电流系数

| 电源路径 | 心电流系数 F |
|---|---|
| 背部到右手 | 0.3 |
| 左手到右手 | 0.4 |
| 臀部到左手、右手或双手，背部到右手 | 0.7 |
| 右手到左脚、右脚或双脚 | 0.8 |
| 左手到左脚、右脚或双脚，双手到双脚 | 1 |
| 胸部到右手 | 1.3 |
| 胸部到左手 | 1.5 |

皮肤阻抗，仅约为 50Hz 时皮肤阻抗的 1/10，在很多情况下，皮肤的阻抗可以忽略不计。但因为是高频电流，对人体的感觉和对心脏的影响都比 100Hz 以下交流电小。为了与 50Hz 时阈值相比，常采用频率系数 $F_f$ 来衡量。频率系数 $F_f$ 为频率 $f$ 时产生相应生理效应的阈值电流与 50Hz 的阈值电流之比。在频率为 100 ~ 1000Hz 时，感觉阈值的频率系数和摆脱电流的频率系数见图 2 - 5；电击持续时间长于心动周期并以纵向电流流经人体躯干时，心室纤维性颤动阈值的频率系数见图 2 - 6。电击持续时间小于心动周期时，尚无试验数据。频率在 1000 ~ 10000Hz 交流电的感觉阈值的频率系数和摆脱阈值的频率系数见图 2 - 7；心室纤维性颤动阈值的频率系数，IEC 还在考虑中。频率在 10kHz 及 100Hz 之间时，阈值大致由 10mA 上升到 100mA（有效值），频率在 100kHz 以

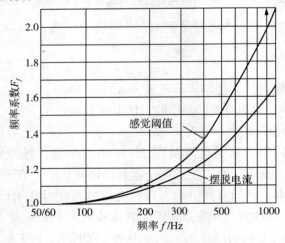

图 2 - 5　50(60) ~ 1000Hz 频率范围内感觉阈值和摆脱电流的变化

上及电流强度在数百毫安数量级时，较低频率时有针刺的感觉，频率再高则有温暖的感觉。频率在 100kHz 以上时，既没有摆脱阈值和心室纤维性颤动阈值的试验数据。也没有这方面的事故报告。频率在 100kHz 以上及电流在安（培）数量级时，可能出现烧伤，烧伤的严重程度随电流流通的持续时间而定。

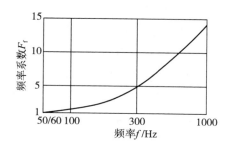

图 2 - 6　50（60）~1000Hz 频率范围内心室纤维性颤动阈值的变化
（电机持续时间长于一个心动周期，并以纵向电流路径通过人体躯干）

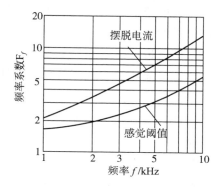

图 2 - 7　1 ~10kHz 频率范围内感觉阈值和摆脱电流的变化

## 二、直流电流的电击效应

电流对人体的效应，例如刺激神经和肌肉，引起心房或心室纤维性颤动等，与电流大小的变化有关，特别是在接通或断开电流的时候。电流幅度不变的直流电流要产生同样的效应，要比交流电流大得多。握持直流电器，事故时较易摆脱；当电击持续时间长于心动周期时，心室纤维性颤动阈值比交流的阈值高得多。直流电流从手到双脚，通过人体躯干的电流称为纵向电流；从手到手通过人体躯干的电流称为横向电流；以双脚为正极，流过人体的电流为向上电流；以双脚为负极，流经人体的电流为向下电流。直流电流与具有相同诱发心室纤维性颤动几率的等效交流电流（有效值）之比称为直流/交流等效系数。

直流电流的持续时间和电流幅值的关系见图 2 - 8。图中 I 区通常无反应性效应；II 区通常无有害的生理效应；III 区通常预期无器官损伤，随电流幅值和时间而增加其严重程度，可能出现心脏中兴奋波的形成和传导的可逆性紊乱；IV 区可能出现心室纤维性颤动，随电流幅值和时间增加，除 III 区的效应外，预计会发生严重烧伤等病理

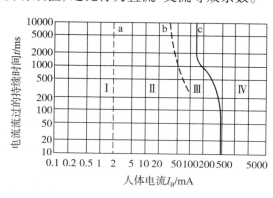

图 2 - 8　直流电流通过人体的效应

生理效应。关于心室纤维性颤动，该图所示为电流从左手到双脚，且为向上电流的效应。如为向下电流，应将电流乘以 2 的系数进行换算。当电流从手到手，不大可能产生心室纤维性颤动。在该图中，当电流流过的持续时间小于 500ms 时，尚无 Ⅱ 区和 Ⅲ 区分界线的资料。

直流电流的感觉阈值取决于接触面积、接触状态（干湿度、压力、温度）、电流流过的持续时间和各自的生理特征等，与交流电不同的是：当电流以感觉阈值强度流过人体时，只是在接通和断开电流时有感觉，其他时间没有感觉。在与测定交流电流感觉阈值相等条件下，直流电流的感觉阈值约为 2mA。

直流的摆脱阈值与交流不同，约 300mA 以下的直流电流没有可以确定的摆脱阈值，只有在接通和断开电流时，才能引起疼痛性和痉挛似的肌肉收缩。当电流大于 300mA 时，可能摆脱不了，或仅在电击持续时间达几秒或几分种后才有可能摆脱不了。

通过人体的电流约为 30mA 时，人体四肢有暖热感觉；流经人体的电流为 300mA 及以下横向电流持续几分钟时，随着时间和电流增加，可能产生可逆性的心节律障碍、电流伤痕、烧伤、眩晕，有时失去知觉；超过 300mA 时，经常出现失去知觉的情况。

### 三、特殊波形电流的电击效应

特殊波形电流在工业企业和民用建筑所用的电气设备中，有以下几种，对于人体的电击效应分别说明如下：

（一）具有直流分量的交流电流的效应

标准交流和直流的电流波形如图 2-9（a）、图 2-9（b）所示，具有直流分量的交流电流的电流波形如图 2-9（c）所示，常用的半波整流及全波整流的波形如图 2-10 所示。

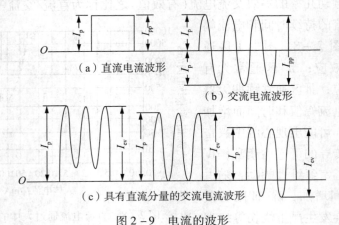

（a）直流电流波形

（b）交流电流波形

（c）具有直流分量的交流电流波形

图 2-9　电流的波形

经过整流后，如图 2 - 10 中所示波形的交流电的感觉阈值和摆脱电流取决于人体与电极的接触面积，接触状态(干湿度、压力、温度)和各自的生理特征，其阈值尚在 IEC 的考虑中。

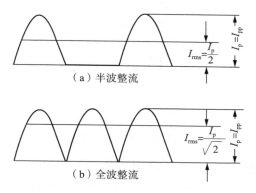

（a）半波整流

（b）全波整流

图 2 - 10　整流后的交流电流波形

在讨论心室纤维性颤动阈值时，必须区别下列的电流值：$I_{rms}$ 为合成波形电流的有效值；$I_p$ 为合成波形电流的峰值；$I_{pp}$ 为合成波形电流的峰间值；$I_{ev}$ 为产生与所涉及波形在心室纤维性颤动方向有相同危险的正弦电流的有效值，该值用来代替图 2 - 4 及图 2 - 8 中的人体电流 $I_B$ 以估计心室纤维性颤动的危险。

当电击持续时间大于 1.5 倍心动周期时：

$$I_{ev} = I_{pp}/\sqrt{2}$$

当电击持续时间小于 0.75 倍心动周期时：

$$I_{ev} = I_p/\sqrt{2}$$

当交流对直流比越小，上述关系越不能适用。对于持续时间小于 0.1s 的直流电击，其阈值等于图 2 - 8 中相应的电流值。

当电击持续时间在 0.75 ~ 1.5 倍心动周期时，量值参数由峰值转变为峰间值，IEC 认为转变的过程尚需进一步研究。

如图 2 - 10 所示的半波及全波整流的波形，由于电流峰值等于其峰间值，当电击持续时间大于 1.5 倍心动周期及小于 0.75 倍心动周期时，$I_{ev}$ 分别为 $I_{pp}/(2\sqrt{2}) = I_p/(2\sqrt{2})$ 及 $I_{pp}/\sqrt{2} = I_p/\sqrt{2}$。由图 2 - 10 可见，半波整流时 $I_{rms} = I_p/2$，全波整流时 $I_{rms} = I_p/\sqrt{2}$。因此可得半波整流时 $I_{ev}$ 值分别为 $I_{rms}/\sqrt{2}$ 及 $\sqrt{2}\,I_{rms}$；全波整流时，$I_{ev}$ 值分别为 $I_{rms}/2$ 及 $I_{rms}$。

（二）具有相位控制的交流电流的效应

一般的具有相应控制的交流电流的波形分为对称控制和不对称控制两种，分别示于图 2 - 11 的(a)和(b)。

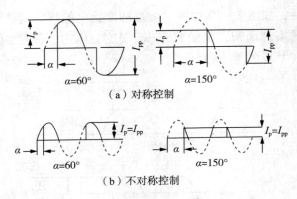

（a）对称控制

（b）不对称控制

图 2－11　具有相位控制的交流电流波形

这种波形的电流在产生感觉和阻止摆脱方面的效应大致上与具有相同 $I_p$ 的纯交流电流相同。相位控制角在 120°以上时，峰值随着电流流通持续时间的减少而增加。

对于对称控制，当电击持续时间大于 1.5 倍心动周期时，$I_{ev}$ 为具有与所涉及的相应波形电流相同的有效值；当电击持续时间小于 0.75 倍心动周期时，$I_{ev}$ 为具有与所涉及的相应波形电流相同峰值电流的有效值；如相位控制角在 120°以上，心室纤维性颤动阈值将升高；当电击时间在 0.75 倍到 1.5 倍心动周期时，$I_{ev}$ 由峰值转变为有效值，IEC 认为转变的过程尚待进一步研究。

对于不对称控制，其所产生的电流，也可能有直流分量。当电击持续时间大于 1.5 倍心动周期时，IEC 尚在考虑中；电击持续时间小于 0.75 倍心动周期时，$I_{ev}$ 为具有与所涉及的相应波形电流相同峰值电流的有效值。相位控制角在 120°以上时，心室纤维性颤动阈值将升高。

（三）具有多周期控制的交流电流的效应

具有多周期控制的交流电流的波形如图 2－12 所示。$t_s$ 为传导时间，$t_p$ 为不传导时间，$t_s + t_p$ 为工作周期，$p = t_s/(t_s + t_p)$ 为电力控制程度，$I_{1rms}$ 为电流传导期间电流的有效值，即 $I_p/\sqrt{2}$；$I_{2rms}$ 为工作周期内电流有效值，即 $I_{1rms}\sqrt{p}$。

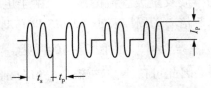

图 2－12　具有多周期控制的交流电流波形

对于感觉阈值及摆脱电流，IEC 尚在考虑中。

心室纤维性颤动阈值，IEC 在幼猪身上进行试验，试验结果如图 2－13 所示，对于人体，可作参考。当电击持续时间大于 1.5 倍心动周期时，阈值取决于 $p$。$p$ 接近 1 时，$I_{ev}$ 为与同一持续时间的正弦交流电流相同的有效值。$p$ 接近于 0.1 时 $I_{1rms}$ 与持续时间短于 0.75 倍心动周期的交流电流的阈值相同。当 $p$ 在 1~0.1 的中间值时，如图 2-13 所示，流过人体的电流逐渐增大，致使纤维 $I_{1rms}$ 与同一持续时间的正弦交流电流的有效值相同。

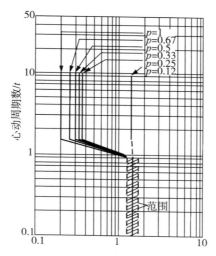

图 2-13  各种电力控制程度时的具有多周期控
制的交流电流的心室纤维性颤动阈值（平均值）

（四）短持续时间单向单脉冲电流的效应

内装电子元件的电器绝缘损坏或直接接触其带电体时可形成矩形或正弦形脉冲，如图 2-14（a）、（b）所示；电容器放电的短持续时间单向脉冲如图

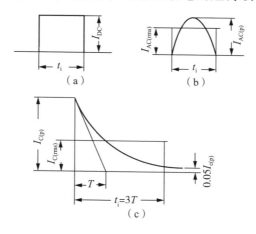

图 2-14  矩形脉冲、正弦形脉冲的电流形式及电容放电的电流形式

2－14(c)所示。这些脉冲当其持续时间为 10ms 及其以上时，对人体的效应与图 2－4 相同；对于 0.1～10ms 持续时间的脉冲，其效应按下列能量率来表征。

心室纤维性颤动能量率 $F_e$：在电流路径、心脏时相（心脏跳动的幅值与时间的关系）等给定条件下，引起一定几率的心室纤维性颤动的短持续时间单向脉冲的最小 $I^2t$ 值，以积分形式表示为

$$F_e = \int_0^{t_i} i^2 \mathrm{d}t$$

$F_e$ 乘以人体电阻得出脉冲期间耗散在人体的能量。

心室纤维性颤动电荷率 $F_q$：在给定的电流路径、心脏时相等条件下，引起一定几率的心室纤维性颤动短持续时间单向脉冲最小 $I_t$ 值，以积分形式表示为

$$F_q = \int_0^{t_i} i \mathrm{d}t$$

现以电容器放电为例。电容器由放电开始到放电电流降至其峰值的 5% 的时间间隔为电容器放电的电击持续时间 $t_i$。按指数衰减降到起初幅值 $1/e$ ＝0.3679 倍所需的时间为时间常数 $T$。当 $t_i = 3T$ 时，所有脉冲能量几乎耗尽。

电容器放电的感觉阈值和痛苦阈值取决于电极的形式、脉冲的电荷及其电流峰值。图 2－15 为以干手执大电极的人作为放电对象的感觉阈值及痛苦阈值。痛苦阈值为人感到有蜜蜂蜇或纸烟烧似的痛苦的最小电流值。以能量率 $F_e$ 表示的痛苦阈值对于通过手脚的电流路径及大接触面积来说为 $(50 \sim 100) \times 10^{-6} A^2 s$ 数量级（在图 2－15 中，如以面对图的右侧为东，则电容 C 按指向东北的对角线计量，能量 W 按指向西北的对角线计量。如已知充电电压为 100V，电容为 100nF，则由该两线的交点 $K$，可读出脉冲的电荷为 $10\mu C$，能量为 0.5mJ）。

心室纤维性颤动阈值取决于脉冲电流的形式、持续时间及幅度、脉冲开始时的心脏时相、通过人体的电流路径及人的生理特征。

IEC 曾在动物身上做过试验，其结果是：对于短持续时间的脉冲，心室纤维性颤动一般仅在脉冲落在心动周期易损时间内发生；对于电击持续时间小于 10ms 的单向脉冲，心室纤维性颤动的发生由 $F_q$ 或 $F_e$ 所决定。图 2－16 示出心室纤维性颤动的阈值，对于 50% 的纤维性颤动几率，$F_q$ 为 0.005As，$F_e$ 则由脉冲持续时间 $t_i$ ＝4ms 时的 $0.01A^2s$ 上升到 $t_i = 1ms$ 时的 $0.02A^2s$。该曲线给出路径以左手到双脚流过的电流的心室纤维性颤动危险几率。对于其他电流途径，则乘以表 2－2 的心电流系数 F。图中 $c_1$ 曲线以下，无纤维性颤动；$c_1$ 曲线以上到曲线 $c_2$ 以下，具有较低的心室纤维性颤动危险，几率值到 5%；$c_2$ 曲

线以上到 $c_3$ 曲线以下，具有中等纤维性颤动危险，几率值到 50%；$c_3$ 曲线以上，具有高纤维性颤动危险，大于 50% 几率。

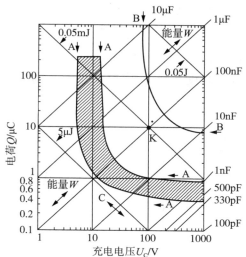

注：对角轴线按电容（$C$）的比例及能量（$W$）的比例
绘制。根据充电电压坐标及电容坐标的交叉点，
可在相应轴线上读出脉冲的电荷及能量。

图 2−15　电容放电的感觉阈值及痛苦阈值（干手、大接触面积）
A 区：感应阈值；B 曲线：典型的痛苦阈值

对于各种形式脉冲的纤维性颤动能量率 $F_e$ 可由下列公式求出：

对于矩形脉冲：

$$F_e = I_{DC}^2 t_i$$

对于正弦形脉冲：

$$F_e = (I_{AC(p)}^2 / 2) t_i = I_{AC(rms)}^2 t_i$$

对于时间常数为 T 的电容放电：

$$F_e = I_{C(p)}^2 (T/2) = I_{C(rms)}^2 t_i$$

以上各式的电流参量可由图 2−14 看出：$I_{DC}$ 为矩形脉冲电流的量值，$I_{AC(p)}$ 为正弦形脉冲电流的峰值，$I_{AC(rms)}$ 为正弦形脉冲电流的有效值，$I_{C(p)}$ 为电容放电的峰值，$I_{C(rms)}$ 为持续时间为 3T 的电容放电电流的有效值。具有相同心室纤维性颤动能量率及相同电击持续时间的矩形脉冲、正弦形脉冲及电容放电见图 2−17。

由 $F_e$ 定义可写出，电容放电的 $F_{e1}$ 为

$$F_{e1} = I_{C(p)}^2 \int_0^\infty e^{-2t/T} = I_{C(p)}^2 (T/2)$$

矩形脉冲及正弦形脉冲的 $F_{e2}$ 及 $F_{e3}$ 为

$$F_{e2} = I_{DC}^2 3T$$

$$F_{e3} = I_{C(rms)}{}^2 3T$$

因为 $F_{e1} = F_{e2} = F_{e3}$，则

$$I_{C(p)}{}^2 (T/2) = I_{DC}^2 3T = I_{C(rms)}{}^2 3T$$

即   $I_{C(p)} (1/\sqrt{6}) = I_{C(rms)} = I_{DC}$

根据上式将 $I_{DC}$ 及 $I_{C(rms)}$ 转换为相应的 $I_{C(p)}$ $(1/\sqrt{6})$ 值，则可由转换而得的相应 $I_{C(p)}$ 值在图 2-16 中找到矩形脉冲和正弦形脉冲的心室纤维性颤动阈值。

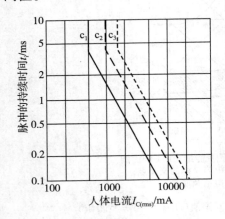

图 2-16　心室纤维性颤动阈值

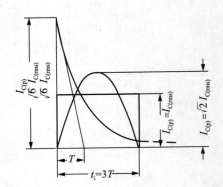

图 2-17　具有相同心室纤维性颤动能量率及相同电击持续时间的矩形脉冲、正弦形脉冲及电容放电

# 第四节　电流的伤害种类

## 一、电流大小与伤害程度

### (一)感知电流

使人体有感觉的最小电流称为感知电流。工频交流电的平均感知电流：成年男性约为 11mA，成年女性约为 0.7mA；直流电的平均感知电流约为 5mA。

### (二)摆脱电流

人体触电后能自主摆脱电源的最大电流称为摆脱电流。工频交流电的平均摆脱电流：成年男性约为 16mA 以下，成年女性约为 10mA 以下；直流电的平均摆脱电流约为 5mA；儿童的摆脱电流较成人小些。

### (三)致命电流

在较短的时间内，危及生命的最小电流称为致命电流。一般情况下，通过人体的工频电流超过 50mA 时，心脏就会停止跳动、发生昏迷，并出现致命的

电灼伤。工频 100mA 的电流通过人体时很快使人致命。

心室颤动的程度与通过电流的强度有关。现将不同电流强度对人体的影响列于表 2 − 3。

表 2 − 3　不同电流强度对人体的影响

| 电流强度/ mA | 对人体的影响 | |
|---|---|---|
| | 交流电（50Hz） | 直流电 |
| 0.6 ~ 1.5 | 开始有感觉，手指麻木 | 无感觉 |
| 2 ~ 3 | 手指强热麻刺、颤抖 | 无感觉 |
| 5 ~ 7 | 手部痉挛 | 热感 |
| 8 ~ 10 | 手部剧痛，勉强可以摆脱电源 | 热感增多 |
| 20 ~ 25 | 手迅速麻痹，不能自主，呼吸困难 | 手部轻微痉挛 |
| 50 ~ 80 | 呼吸麻痹，心室开始颤动 | 手部痉挛，呼吸困难 |
| 90 ~ 100 | 呼吸麻痹，心室经 2s 颤动即发生麻痹，心脏停止跳动 | |

## 二、触电时间与伤害程度

由于人体发热出汗和电流对人体组织的电解作用，电流通过人体的时间越长，人体电阻便逐渐降低，在电源电压一定的情况下，会使电流增大，对人体组织的破坏更大，后果更严重。

## 三、电流流通途径与伤害程度

电流通过人体的头部会使人昏迷而死亡；电流通过脊髓，会导致截瘫及严重损伤；电流通过中枢神经或有关部位，会引起中枢神经系统强烈失调而导致死亡；电流通过心脏会引起心室颤动，致使心脏停止跳动，造成死亡。

实践证明，从左手到脚是最危险的电流途径，因为心脏直接处在电路中，从右手到脚的途径危险性较小，但一般也能引起剧烈痉挛而摔倒，导致电流通过人体的全身。

## 四、人体的触电形式

（一）单相触电

当人站在地面上碰触带电设备的其中一相时，电流通过人体流入大地这种触电方式称为单相触电。

1. 低压中性点直接接地的单相触电

当人体触及一相带电体时，该相电流通过人体经大地回到中性点形成回路，由于人体电阻比中性点直接接地的电阻大得多，电压几乎全部加在人体上，造成触电。

2. 低压中性点不接地的单相触点

在 1000V 以下，人碰到任何一相带电体时，该相电流通过人体经另外两根相线对地绝缘电阻和分布电容而形成回路，如果相线对地绝缘电阻较高，一般不致于造成对人体的伤害。当电气没备、导线绝缘损坏或老化，其对地绝缘电阻降低时，同样会发生电流通过人体流入大地的单相触电事故。

在 6~10kV 高压中性点不接地系统中，特别是在较长的电缆线路上，当发生单相触电时，另两相对地电容电流较大，触电的危害程度较大。

（二）两相触电

电流从一相导线经过人体流至另一相导线的触电方式称为两相触电。两相触电时，加在人体上的电压为线电压，在这种情况下，触电者即使穿上绝缘靴或站在绝缘台上也起不了保护作用。对于 380V 的线电压，两相触电时通过人体的电流能达到 260~270mA，这样大的电流经过人体、只要经过 0.1~0.2s，人就会死亡，所以两相触电比单相触电危险得多。

（三）跨步电压触电

当某相导线断线碰地或运行小的电气设备因绝缘损坏漏电时，电流向大地流散，以碰地点或接地体为圆心，半径为 20m 的圆面积内形成分布电位。如有人在碰地故障点周围走过时，其两脚之间（按 0.8m 计算）的电位差称为跨步电压。跨步电压触电时，电流从人的一只脚经下身，通过另一只脚流入大地形成回路。触电者先感到两脚麻木，然后跌倒。人跌倒后，由于头与脚之间的距离加大，电流将在人体内脏重要器官通过，人就有生命危险。

## 五、电流对人体伤害的种类

电流对人体的伤害主要分为电击伤和电伤。

电击伤是人体触电后由于电流通过人体的各部位而造成的内部器官在生理上的变化。如呼吸中枢麻痹、肌肉痉挛、心室颤动、呼吸停止等。

电伤是由电流的热效应、化学效应、机械效应等对人体造成的伤害。造成电伤的电流都比较大。电伤会在机体表面留下明显的伤痕，但其伤害作用可能深入体内。

与电击相比，电伤属局部性伤害。电伤的危险程度决定于受伤面积、受伤深度、受伤部位等因素。

电伤包括电烧伤、电烙印、皮肤金属化、机械损伤、电光眼等多种伤害。统计资料说明：在触电伤亡事故中，纯电伤性质和带有电伤性质的占 75%。其中，电烧伤占总数的 40%，电烙印占 7%，皮肤金属化占 3%，机械损伤占

0.5%，电光眼占1.5%，综合性的占23%。

（一）电烧伤

电烧伤是最常见的电伤。大部分触电事故都含有电烧伤成分。电烧伤可分为电流灼伤和电弧烧伤。电流灼伤是人体与带电体接触，电流通过人体由电能转换成热能造成的伤害。电流越大、通电时间越长、电流途径上的电阻越大，则电流灼伤越严重。由于人体与带电体接触的面积一般都不大，加之皮肤电阻又比较高，使得皮肤与带电体的接触部位产生较多的热量，受到较体内严重得多的灼伤。但当电流较大时，可能灼伤皮下组织。

因为接近高压带电体时会发生击穿放电，所以，电流灼伤一般发生在低压电气设备上。因是低压设备，电流灼伤的电流不会太大。但是，数百毫安的电流即可导致灼伤；数安的电流将造成严重的灼伤。对于高频电流，由于皮肤电容的旁路作用，有可能导致内部组织严重灼伤而皮肤只有轻度灼伤。

电弧烧伤是由弧光放电引起的烧伤。电弧烧伤分直接电弧烧伤和间接电弧烧伤。前者是带电体与人体之间发生电弧，有电流通过人体的烧伤；后者是电弧发生在人体附近对人体的烧伤，而且包含被熔化金属溅落的烫伤。弧光放电时电流很大，能量也很大，电弧温度高达数千摄氏度，可造成大面积、大深度的烧伤，甚至烧焦、烧毁四肢及其他部位。大电流通过人体时，会在人体上产生大量热量，可能将机体组织烘干、烧焦，并以电流入口、出口处最为严重。

高压系统和低压系统都可能发生电弧烧伤。在低压系统，带负荷（特别是感性负荷）拉开裸露的闸刀开关时，电弧可能烧伤人的手部和面部；线路短路、开启式熔断器熔断时，炽热的金属微粒飞溅出来也可能造成灼伤；错误操作引起短路也可能导致电弧烧伤等。在高压系统，由于错误操作，会产生强热的电弧，导致严重的烧伤；人体过分接近带电体，其间距小于放电距离时，直接产生强烈的电弧，若人当时被打开，虽不一定因电击致死，却能因电弧烧伤而死亡。

所有电烧伤事故中，大部分发生在电气维修人员身上。

（二）电烙印

电烙印是电流通过人体后，在接触部位留下的斑痕。斑痕处皮肤变硬，失去了原有弹性和色泽，表层被破坏并失去知觉。

（三）皮肤金属化

皮肤金属化是金属微粒渗入皮肤造成的。受伤部位变得粗糙而张紧。皮肤金属化多在弧光放电时发生，而且一般都在人体的裸露部位。当然，在发生弧光放电时，与电弧烧伤相比，皮肤金属化不是主要伤害。

当人体长时间与带电体接触时，经过接触部位的理化作用，也可能导致电烙印和皮肤金属化。

（四）机械损伤

机械损伤多数是电流作用于人体，肌肉不由自主地剧烈收缩造成的，包括肌腱、皮肤、血管、神经组织断裂以及关节脱位乃至骨折等伤害。应当注意这里所说的机械伤害与由电流作用引起的坠落、碰撞等伤害是不一样的，后者属于二次伤害。

（五）电光眼

电光眼表现为角膜和结膜发炎。在弧光放电时，红外线、可见光、紫外线都可能损伤眼睛。对于短暂的照射，紫外线是引起电光眼的主要原因。

在电流伤害引起的死亡事故中，虽然由电击致死的占85%～87%，但其中大部分（死亡总数的60%～62%）带有综合性，即存在电击和电伤两种类型的伤害。

# 第五节  人体触电防护

## 一、电击接触点的防护

### （一）直接电击的防护措施

直接电击保护又称正常工作的电击保护，也称为基本保护，主要是防止直接接触到带电体，一般采取以下措施。

1. 带电体绝缘

带电部分完全用绝缘覆盖。该绝缘的类型必须符合相应电气设备的标准，且只能在遭到机械破坏后才能除去。绝缘能力必须达到长期耐受在运行中受到的机械、化学、电及热应力的要求。一般的油漆、清漆、喷漆都不符合要求。在安装过程中所用的绝缘也必须经过试验，证实合乎要求后才能使用。

2. 用遮栏和外护物防护

外护物一般为电气设备的外壳，是在任何方向都能起直接接触保护作用的部件。遮栏则只对任何经常接近的方向起直接接触保护作用。

两者的防护要求如下：

（1）最低的防护要求。在电气操作区内，防护等级为IP2X，顶部则为IP4X。在电气操作区内，如可同时触及的带电部分没有电位差时，防护等级可为IP1X。在封闭的电气操作区内可不设防护。

（2）强度及稳定性。遮栏或外护物应紧固在其所在位置，它的材料、尺寸和安装方法必须具有足够的稳定性和耐久性，并可承受在正常使用中可能出现的应力和应变。

（3）开启或拆卸。必须使用钥匙或工具，并设置联锁装置，即当开启和拆卸遮栏或外护物时，将其中可能偶然触及的所有带电部分的电源自动切断，直到遮栏或外护物复位后才能恢复电源。如遮栏或外护物中有电容器、电缆系统等储能设备并可能导致危险时，不但要在规定时间内泄放能量，而且还必须采用与上述要求相同的联锁装置。也可在带电部分与遮栏、外护物之间插入隔离网罩，当开启或拆卸遮栏或外护物时不会触及带电部分。网罩可以固定，也可在遮栏、外护物除去时自动滑入。网罩防护等级至少为 IP2X，且只有用钥匙和工具才能移开。如需更换灯泡、熔断器而在外护物和遮栏上留有较大的孔洞时，则必须采取适当措施防止人、畜无意识地触及带电部分，而且还须设置明显的标志，警告通过孔洞触及带电部分会发生危险。

3. 用阻挡物防护

阻挡物只能防护与带电部分无意识接触，但不能防护人们有意识接触。例如用保护遮栏、栏杆或隔板可以防止人体无意识接近带电部分；又如用网罩或熔断器的保护手柄，可以防止在操作电气设备时无意识触及带电部分；阻挡物可不用钥匙或工具拆除，但必须固定以免无意识地移开。

4. 置于伸臂范围以外

伸臂范围如图 2-18 所示，将带电部分置于伸臂范围以外可以防止无意识地触及。不同电位而能同时触及的部分严禁放在伸臂范围内。如两部分相距不到 2.5m，则认为是能够同时触及的。当人们的正常活动范围 S 由一个防护等级低于 IP2X 的阻挡物（如栏杆）限制时，则规定的距离应从阻挡物算起。在正常工作时需手持大或长的导电物体的地方，计算距离时需计及该物体的外形尺寸。

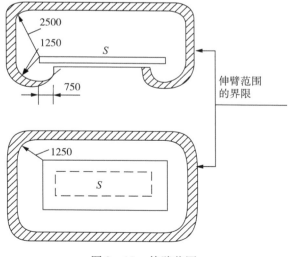

图 2-18　伸臂范围

5. 采用 RCD(剩余电流保护装置，也称漏电开关)作为附加保护

RCD 不能作为直接电击的惟一保护设备，只能作为附加保护，也就是作为其他保护失效或使用者疏忽时的附加电击保护。剩余电流动作整定值一般采用 30mA。

(二)间接电击的防护措施

间接电击保护又称故障下的电击保护，也称附加保护，一般采用以下措施：

1. 自动切断电源

当故障时，最大电击电流的持续时间超过允许范围时，自动切断电源(IT 系统的第一次故障除外)，防止电击电流造成有害的生理效应。采用这种方法的前提是：电气设备的外露导电部分必须按系统接地制式与保护线相连，同时还宜进行主等电位联结。自动切断电源法可以最大限度地利用原有的过电流保护设备，且方法简单、投资最省，是一种常用的措施。

2. 使用Ⅱ级设备或采用相当绝缘的保护

Ⅱ级设备既有基本绝缘也有双重绝缘或加强绝缘；不考虑保护接地方法；设备内导电部分严禁与保护线连接。该类设备的绝缘外护物必须能承受可能发生的机械、电或热应力，一般的油漆、清漆及类似物料的涂层不符合要求。绝缘外护物上严禁有任何非绝缘材料制作的螺栓，以免破坏外护物的绝缘。

3. 采用非导电场所

在非导电场所内，严禁有保护线，也不采取接地措施，因此可采用 0 级设备(这种设备只有基本绝缘，没有保护接地手段)。非导电场所应具有绝缘的地板和墙(用于标称电压不超过 500V 的设备，其绝缘电阻不小于 50kΩ；如标称电压超过 500V，则为 100kΩ)，其防护措施如下：

(1)外露导电部分之间、外露导电部分与外部导电部分之间的距离不小于 2m；如在伸臂范围以外，则为 1.25m。

(2)如达不到上述距离，则在两导电部分之间设置绝缘阻挡物，使越过阻挡物的距离不小于 2m。

(3)将外部导电部分绝缘起来，绝缘物要有足够的机械强度并能耐受 2000V 电压，且在正常情况下，泄漏电流不大于 1mA。

上述布置必须是永久性的，即使使用手携式或移动式设备也必须能满足上述要求；另外，还应采取措施使墙和地板不因受潮而失去原有电阻值，同时外部导电部分也不能从外部引入电位。

4. 不接地的局部等电位联结

凡是能同时触及的外露导电部分和外部导电部分采用不与大地相连的等电位联结，使其电位近似相等，以免发生电击。局部等电位联结系统严禁通

过外露导电部分或外部导电部分与大地接触，如不能满足，必须采用自动切断电源措施。为了防止进入等电位场所的人遭受危险的电位差，在和大地绝缘的导电地板与不接地的等电位联结系统连接的地方，必须采取措施减少电位差。

5. 电气隔离

将回路进行电气隔离是为了防止触及绝缘破坏的外露导电部分产生电击电流，一般采取以下措施：

（1）该回路必须由隔离变压器或有多个等效隔离绕组的发电机供电，电源设备必须采用Ⅱ级设备或与其相当的绝缘。如该电源设备供电给多个电气设备，则这些电气设备的外露导电部分严禁与电源设备的金属外壳相连。

（2）该回路电压不能超过 500V，其带电部分严禁与其他回路或大地相连，并须注意与大地之间的绝缘。继电器、接触器、辅助开关等电气设备的带电部分与其他回路的任何部分之间也需要这种电气隔离。

（3）不同回路应分开布线，如无法分开，则必须采用不带金属外皮的多芯电缆或将绝缘导线敷设在绝缘的管路或线槽中。这些电缆或导线的额定电压不低于可能出现的最高电压，但每条回路有过电流保护。

（4）被隔离回路的外露导电部分必须采用绝缘的不接地等电位联结，该连接线严禁与其他回路的保护线或外露导电部分相连接，也不与外部导电部分连接。插座必须有保护插孔，其触头上必须连接到等电位联结系统。软电缆也必须有一根保护芯线作等电位联结用（供电给Ⅱ级设备的电缆除外）。

（5）如出现影响两个外露导电部分的故障，而这两部分又接至不同相的导线时，则必须有一个保护装置能满足自动切断电源的要求。

（三）防止直接和间接电击两者的措施

兼有防止直接和间接电击的保护，也称为正常工作及故障情况下两者的电击保护，可采取以下措施。

1. 安全电压

安全电压采用的标称电压不超过安全电压 50V，如果引出中性线，中性线的绝缘与相线相同。

我国安全电压额定值的等级分别为 42V、36V、24V、12V、6V，安全电压选用见表 2-4。

2. 安全电源供电

安全电源有以下几种：

（1）安全隔离变压器，其一、二次绕组间最好用接地屏蔽隔离。

（2）电化电源，如蓄电池。

（3）与较高电压回路无关的其他电源，如柴油发电机。

表 2-4　安全电压选用

| 安全电压（交流有效值）/V | | 选 用 举 例 |
|---|---|---|
| 额定值 | 空载上限值 | |
| 42 | 50 | 在有触电危险的场所使用的手提式电动工具等 |
| 36 | 43 | 在矿井、多导电粉尘等场所使用的行灯 |
| 24 | 29 | 在金属容器内、隧道内、矿井内等工作地点狭窄、行 |
| 12 | 15 | 动不便以及周围有大面积接地导体的环境中，供某些 |
| 6 | 8 | 有人体可能偶然触及的带电体的设备选用 |

（4）按标准制造的电子装置，保证内部故障时，端子电压不超过 50V，或端子电压可能超过 50V，但电能量很小，人一接触端子，电压立即降到 50V 以下。

3. 回路配置

（1）安全电压的带电部分严禁与大地、其他回路的带电部分或保护线相连。

（2）安全电压回路的导线与其他回路导线隔离，该隔离不低于安全变压器输入和输出线圈间的绝缘强度。如无法隔离，安全电压回路的导线必须在基本绝缘外附加一个密封的非金属护套、电压不同的回路的导线必须用接地的金属屏蔽或金属护套分开。如果安全电压回路的导线与其他电压回路的导线在同一电缆或组合导线内，则安全电压回路的导线必须单独或集中地按最高电压绝缘处理。

（3）安全电压的插头不能插入其他电压的插座内，安全电压的插座也不能被其他电源的插头插入，且必须有保护触头。

（4）当标准电压超过 25V 时，正常工作的电击保护必须采用 IP2X 的遮栏或外护物，或采用包以耐压 500V 历时 1min 不击穿的绝缘。

## 二、防止电击的接地方法

防止电击接地就是将电气设备在正常情况下不带电的金属部分与接地极之间作良好的金属连接，以保护人体的安全。

从图 2-19 可以看出，当电气设备某处的绝缘损坏时外壳就带电。由于电源中性点接地，即使设备不接地，因线路与大地间存在电容，或者线路上某处绝缘不好，如果人体触及此绝缘损坏的电气设备外壳，则电流就经人体而成通路，这样就遭受了电击的危害。

图 2-20 表示有接地装置的电气设备。当绝缘损坏、外壳带电时，接地电流 $I_d$ 将同时沿着接地极和人体两条通路流过。流过每一条通路的电流值将与其电阻的大小成反比，电流分别为 $I_d$ 及 $I_B$。即

$$I_B / I_d' = R_d / R_B$$

式中　$I_d'$——沿接地极流过的电流；

　　　$I_B$——流经人体的电流；

　　　$R_B$——人体的电阻；

　　　$R_d$——接地极的接地电阻。

从式中可以看出，接地极电阻越小，流经人体的电流也就越小。通常人体的电阻比接地极电阻大数百倍，所以流经人体的电流也就比流经接地极的电流小数百倍。当接地电阻极小时，流经人体的电流几乎等于零，也就是 $I_B \approx 0$，$I_d' \approx I_d$。因而，人体就能避免触电的危险。

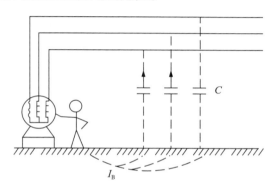

图 2-19　人体触及绝缘损坏的电机
外壳时的电流通路

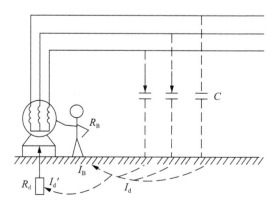

图 2-20　当设有接地装置后，人体触及
绝缘损坏的电机外壳时电流的通路

因此，不论施工或运行时，在一年中的任何季节，均应保证接地电阻不大于设计或规程中所规定的接地电阻值，以免发生电击危险。

### 三、防护人身触电的技术措施

#### (一)保护接地和接零

保护接地(图2-21)就是把电气设备的外壳、框架等用接地装置与大地可靠地连接，它适用于电源中性点不接地的低压系统中。如果电气设备的绝缘损坏使金属导体碰壳，由于接地装置的接地电阻很小，则外壳对地电压大大降低。当人体与外壳接触时，则外壳与大地之间形成两条并联支路，电气设备的接地电阻愈小，则通过人体的电流也愈小，所以可以防止触电。

保护接零(图2-22)就是在电源中性点接地的低压系统中，把电气设备的金属外壳、框架与中性线或接中干线(三相三线制电路中所敷设的接中干线)相连接。如果电气设备的绝缘损坏而碰壳，构成"相-中"线短路回路，由于中性线的电阻很小，所以短路电流很大。很大的短路电流将使电路中保护开关动作或使电路中保护熔丝断开，切断了电源，这时外壳不带电，便没有触电的可能。

但须注意，用于保护接零的中性线或专用保护接地线上不得装设熔断器或开关，以保证保护的可靠性。更要指出的是，对同一台受压器或同一段母线供电的低压线路，不宜采用接零、接地两种保护方式，即通常不应对一部分设备采取接零，而对另一部分设备则采取接地保护，以免当采用接地的设备一旦小故障形成外壳带电时，将使所有采取接地的设备外壳也均带电。一般具有自用配电变压器的用户，都采用接中性线的保护接零方式。

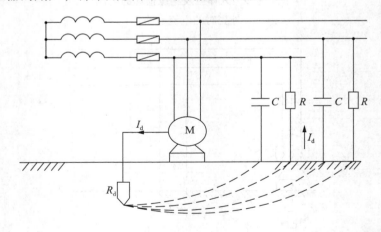

图2-21 保护接地

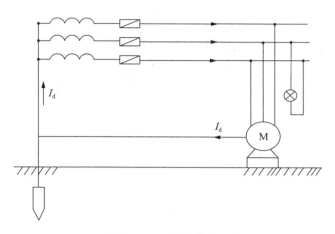

图 2 - 22　保护接零

(二)触电保护装置

采用触电保护装置可实现对人身直接接触触电的安全保护,同时,对用电设备的漏电故障也能迅速有效排除,消除漏电事故隐患。现代触电保护装置已融合了自动断路器的各项功能,因此,它除具有漏电保护功能外,还具有短路、过流等自动开关保护功能。实践证明,大力推广和普及漏电开关在我国工业企业和民用建筑中的应用,对提高我国工业企业的安全用电水平,减少触电事故死亡率都具有切实有效的作用。

漏电保护装置的种类按装置输入信号的种类和动作特点可分为电压型、零序电流型和泄漏电流型三种。零序电流型又分为有互感器和无互感器两种。各种类型的漏电保护装置的适用范围可参考表 2 - 5。

表 2 - 5　各种类型的漏电保护装置的适用范围

| 类　型 | | | 适用范围 | 备注 |
|---|---|---|---|---|
| 电压型 | | | 适用于接地或不接地设备的漏电保护,可单独使用,也可与保护接地、保护接零同时使用 | 装置的动作电压不应超过安全电压 |
| 零序电流型 | 有电流互感器 | 电磁脱扣器 | 适用于接地或不接地系统设备或线路的漏电保护 | 分高灵敏度(小于 30mA)、中灵敏度(30 ~ 1000mA)和低灵敏度大于 1000mA;动作时间有快速(小于 0.01s)、定时(0.1 ~ 2s)和反时限 |
| | | 灵敏继电器 | | |
| | | 晶体管放大器 | | |
| | 无电流互感器 | | 只适用于不接地系统线路漏电保护 | |
| | 泄漏电流型 | | 只适用于不接地系统线路漏电保护 | |

## 四、保证安全的组织措施和技术措施

（一）保证安全的组织措施

（1）凡电气工作人员必须精神正常，身体无妨碍工作的疾病，熟悉本职业务，并经考试合格。另外，还要学会紧急救护法，特别是触电急救。

（2）在电气设备上工作，应严格遵守工作票制度、操作票制度、工作许可制度、工作监护制度、工作间断、转移和终结制度。

（3）把好电气工程项目的设计关、施工关，合理设计，正确选型，电器设备质量应符合国家标准和有关规定，施工安装应符合规程要求。

（二）保证安全的技术措施

（1）在全部停电或部分停电的电器设备或线路上工作，必须完成停电、验电、装设接地线、挂标识牌和装设遮栏等技术措施。

（2）工作人员在进行工作时，正常活动范围与带电设备的距离应不小于表2－6的规定。

表2－6　正常活动范围与带电设备的距离

| 设备电压/kV | ≤10 | 10～35 | 44 | 60～110 | 154 | 220 | 330 | 500 |
|---|---|---|---|---|---|---|---|---|
| 人与带电部分的距离/m | 0.35 | 0.60 | 0.90 | 1.5 | 2.00 | 3.00 | 4.00 | 5.00 |

（3）电器安全用具。为了防止电气人员在工作中发生触电、电弧烧伤、高空摔跌等事故，必须使用静试验合格的电气安全工具，如绝缘棒、绝缘夹钳、绝缘挡板、绝缘手套、绝缘靴、绝缘鞋、绝缘台、绝缘垫、验电器、高压核相器、高低压型电流表等；还应使用一般防护安全用具，如携带型接地线、临时遮栏、警告牌、护目镜、安全带等。

# 第六节　漏电保护

漏电保护是利用漏电保护装置防止电气事故的一种安全技术措施。漏电保护装置又称为剩余电流保护装置或触电保安装置。漏电保护装置主要用于单相电击保护，也用于防止由漏电引起的火灾，还可用于检测和切断各种一相接地故障。漏电保护装置的功能是提供间接接触电击保护，而额定漏电动作电流不大于30mA的漏电保护装置，在其他保护措施无效时，也可作为直接接触电击的补充保护。有的漏电保护装置还带有过载保护、过电压和欠电压保护、缺相保护等保护功能。

漏电保护装置主要用于1000V以下的低压系统，但作为检测漏电情况时，也用于高压系统。

实践证明，漏电保护装置和其他电气安全技术措施配合使用，在防止电气事故方面有显著的作用。本节就漏电保护装置的原理及应用进行介绍。

## 一、漏电保护装置的原理

电气设备漏电时，将呈现出异常的电流和电压信号。漏电保护装置通过检测此异常电流或异常电压信号，经信号处理，促使执行机构动作，借助于开关设备迅速切断电源。根据故障电流动作的漏电保护装置是电流型漏电保护装置，根据故障电压动作的是电压型漏电保护装置。早期的漏电保护装置为电压型漏电保护装置，因其存在结构复杂，受外界干扰动作稳定性差、制造成本高等缺点，已逐步被淘汰，取而代之的是电流型漏电保护装置。电流型漏电保护装置得到了迅速的发展，并占据了主导地位。目前，国内外漏电保护装置的研究生产及有关技术标准均以电流型漏电保护装置为对象。下面主要介绍电流型漏电保护装置。

（一）漏电保护装置的组成

图 2-23 是漏电保护装置的组成方框图，其构成主要有三个基本环节，即检测元件、中间环节（包括放大元件和比较元件）和执行机构。其次，还具有辅助电源和试验装置。

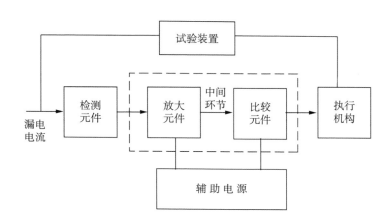

图 2-23 漏电保护器组成框图

1. 检测元件

它是一个零序电流互感器，如图 2-24 所示。图中，被保护主电路的相线和主性线穿过环形铁芯构成的互感器的一次线圈 $N_1$，均匀缠绕在环行铁芯上的绕组构成了互感器的二次线圈 $N_2$。检测元件的作用是将漏电电流信号转换为电压或功率信号输出给中间环节。

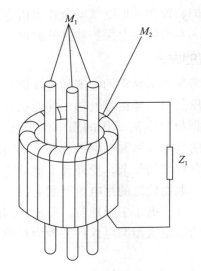

图 2 – 24  零序电流互感器

### 2. 中间环节

该环节对来自零序电流互感器的信号进行处理。中间环节通常包括放大器、比较器、脱扣器（或继电器）等，不同型式的漏电保护装置在中间环节的具体构成上型式各异。

### 3. 执行机构

该机构用于接收中间环节的指令信号，实施动作，自动切断故障处的电源。执行机构多为带有分励脱扣器的自动开关或交流接触器。

### 4. 辅助电源

当中间环节为电子式时，辅助电源的作用是提供电子电路工作所需的低压电源。

### 5. 试验装置

这是对运行中的漏电保护装置进行定期检查时所使用的装置。通常是用一只限流电阻和检查按钮相串联的支路来模拟漏电的路径，以检验装置是否正常动作。

（二）漏电保护装置的工作原理

图 2 – 25 是某三相四线制供电系统的漏电保护装置的工作原理示意图。图中 TA 为零序电流互感器，GF 为主开关，TL 为主开关的分励脱扣器线圈。下面针对此电路图，对漏电保护装置的整体工作原理进行说明。

在被保护电路工作正常、没有发生漏电或触电的情况下，由基尔霍夫定律可知，通过 TA 一次侧电流的相量和等于零，即 $I_{L1} + I_{L2} + I_{L3} = 0$。这使得 TA 铁芯中磁通的相量和也为零。TA 二次侧不产生感应电动势。漏电保护装置不动作，系统保持正常供电。

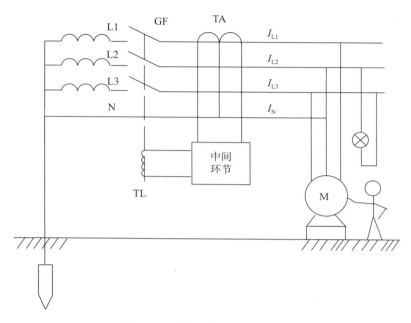

图 2-25 漏电保护器工作原理

当被保护电路发生漏电或有人触电时，三相电流的平衡遭到破坏，出现零序电流，即：$I_{L1} + I_{L2} + I_{L3} = I_N$。这零序电流是故障时流经人体，或流经故障接地点流入地下，或经保护导体返回电源的电流。由于漏电电流的存在，通过 TA 一次侧各相负载电流的相量和不再等于零，即产生了剩余电流。剩余电流是零序电流的一部分，零序电流导致了 TA 铁芯中的磁通相量和不再为零，使主开关的分励脱扣器线圈 TL 通电，驱动主开关 GF 自动跳闸，迅速切断被保护电路的供电电源，从而实现保护。

### 二、漏电保护装置的分类

（一）按漏电保护装置中间环节的结构特点分类

（1）电磁式漏电保护装置。该装置的中间环节为电磁元件，有电磁脱扣器和灵敏继电器两种型式。电磁式漏电保护装置因全部采用电磁元件，使得其耐过电流和过电压冲击的能力较强；由于没有电子放大环节而无需辅助电源，当主电路缺相时仍能起漏电保护作用。但其不足之处是灵敏度不高，额定漏电动作电流一般只能设计到 40~50mA，且制造工艺复杂，价格较高。

（2）电子式漏电保护装置。该装置的中间环节使用了由电子元件构成的电子电路，有的是分立元件电路，有的是集成电路。中间环节的电子电路用来对漏电信号进行放大、处理和比较。它的主要优点是灵敏度高。其额定漏电动作电流不难设计到 6mA；动作电流整定误差小，动作准确；容易取得动作延时，动作电流和动作时间容易调节，便于实现分级保护；利用电子器件的机动性，容易设计出多功能的保护器；对各元件的要求不高，工艺制造比较简单。但其不足之处是应用元件较多，可靠性较低；电子元件承受冲击能力较弱，抗过电流和过电压的能力较差；当主电路缺相时，电子式漏电保护装置可能失去辅助电源而丧失保护功能。

（二）按结构特征分类

（1）开关型漏电保护装置。它是一种将零序电流互感器、中间环节和主开关组合安装在同一机壳内的开关电器，通常称为漏电开关或漏电断路器。其特点是：当检测到触电、漏电后，保护器本身即可直接切断被保护主电路的供电电源。这种保护器有的还兼有短路保护及过载保护功能。

（2）组合型漏电保护装置。它是一种由漏电继电器和主开关通过电气连接组合而成的漏电保护装置。当发生触电、漏电故障时，由漏电继电器进行信号检测、处理和比较，通过其脱扣器或继电器动作，发出报警信号；也可通过控制触点去操作主开关切断供电电源。漏电继电器本身不具备直接断开主电路的功能。

（三）按安装方式分类

（1）固定位置安装、固定接线方式的漏电保护装置。

（2）带有电缆的可移动使用的漏电保护装置。

（四）按极数和线数分类

按照主开关的极数和穿过零序电流互感器的线数可将漏电保护装置分为：单极二线漏电保护装置、二极漏电保护装置、二极三线漏电保护装置、三极漏电保护装置、三极四线漏电保护装置和四极漏电保护装置。其中，单极二线漏电保护装置、二极三线漏电保护装置、三极四线漏电保护装置均有一根直接穿过零序电流互感器而不能被主开关断开的中性线。

（五）按运行方式分类

（1）不需要辅助电源的漏电保护装置。

（2）需要辅助电源的漏电保护装置。此类中又分为辅助电源中断时可自动切断的漏电保护装置和辅助电源中断时不可自动切断的漏电保护装置。

（六）按动作时间分类

按动作时间可将漏电保护装置分为：快速动作型漏电保护装置、延时型漏电保护装置和反时限型漏电保护装置。

（七）按动作灵敏度分类

按照动作灵敏度可将漏电保护装置分为：高灵敏度型漏电保护装置、中灵敏度型漏电保护装置和低灵敏度型漏电保护装置。

### 三、漏电保护装置的主要技术参数

（一）动作参数

动作参数是漏电保护装置最基本的技术参数，包括漏电动作电流和漏电动作时间。

（1）额定漏电动作电流（$I_n$）。它是指在规定的条件下，漏电保护装置必须动作的漏电动作电流值。该值反映了漏电保护装置的灵敏度。

我国国家标准规定电流型漏电保护装置的额定漏电动作电流值为：6mA、10mA、（15mA）、30mA、（50mA）、（75mA）、100mA、（200mA）、300mA、500mA、1000mA、3000mA、5000mA、10000mA、20000mA 共 15 个等级（带括号的值不推荐优先采用）。其中，30mA 及以下者属于高灵敏度，主要用于防止各种人身触电事故；30～1000mA 者属于中灵敏度，用于防止触电事故和漏电火灾；1000mA 以上者属低灵敏度，用于防止漏电火灾和监视一相接地事故。

（2）额定漏电不动作电流（$I_{no}$）。它是指在规定的条件下，漏电保护装置必须不动作的漏电不动作电流值。为了避免误动作，漏电保护装置的额定不动作电流不得低于额定动作电流的 1/2。

（3）漏电动作分断时间。它是指从突然施加漏电动作电流开始到被保护电路完全被切断为止的全部时间。为适应人身触电保护和分级保护的需要，漏电保护装置有快速型、延时型和反时限型三种。快速型适用于单级保护，用于直接接触电击防护时必须选用快速型的漏电保护装置。延时型漏电保护装置人为地设置了延时，主要用于分级保护的首端。反时限型漏电保护装置是配合人体安全电流—时间曲线而设计的，其特点是漏电电流越大，则对应的动作时间越小，呈现反时限动作特性。

快速型漏电保护装置动作时间与动作电流的乘积不应超过 30mA·s。

我国国家标准规定漏电保护装置的动作时间见表 2-7，表中额定电流≥40A 的一栏适用于组合型漏电保护装置。

表 2-7　漏电保护装置的动作时间

| 额定动作电流 $I_a$/mA | 额定电流/A | 动作时间/s | | | |
|---|---|---|---|---|---|
| | | $I$ | $2I_n$ | 0.5A | $5I_n$ |
| ≤30 | 任意值 | 0.2 | 0.1 | 0.04 | |
| 2～30 | 任意值 | 0.2 | 0.1 | | 0.04 |
| | ≥40 | 0.2 | | | 0.15 |

延时型漏电保护装置延时时间的优选值为：0.2s、0.4s、0.8s、1s、1.5s、2s。采用 3 级保护的，最上一级动作时间也不宜超过 1s。

（二）其他技术参数

漏电保护装置的其他技术参数的额定值主要有：

（1）额定频率为50Hz；

（2）额定电压为220V或380V；

（3）额定电流（$I$）为6A、10A、16A、20A、25A、32A、40A、50A、（60A）、63A、（80A）、100A、（125A）、160A、200A、250A（带括号值不推荐优先采用）。

（三）接通/分断能力

漏电保护开关的额定接通/分断能力应符合表2-8的规定。

表2-8　漏电保护开关的额定接通/分断能力

| 额定动作电流 $I$/mA | 接通分断电流/A | 额定动作电流 $I$/mA | 接通分断电流/A |
|---|---|---|---|
| $I \leq 10$ | ≥300 | $100 < I \leq 150$ | ≥1500 |
| $10 < I \leq 50$ | ≥300 | $150 < I \leq 200$ | ≥2000 |
| $50 < I \leq 100$ | ≥1000 | $200 < I \leq 250$ | ≥3000 |

## 四、漏电保护装置的应用

（一）漏电保护装置的选用

选用漏电保护装置应首先根据保护对象的不同要求而进行选型，既要保证在技术上有效，还应考虑经济上的合理性。不合理的选型不仅达不到保护目的，还会造成漏电保护装置的拒动作或误动作。正确合理地选用漏电保护装置，是实施漏电保护措施的关键。

1. 动作性能参数的选择

（1）防止人身触电事故用于直接接触电击防护的漏电保护装置应选用额定动作电流为30mA及其以下的高灵敏度、快速型漏电保护装置。

在浴室、游泳池、隧道等场所，漏电保护装置的额定动作不宜超过10mA。

在触电后，可能导致二次事故的场合，应选用额定动作电流为6mA的快速型漏电保护装置。

漏电保护装置用于间接接触电击防护时，着眼于通过自动切断电源，消除电气设备发生绝缘损坏时因其外露可导电部分持续带有危险电压而产生触电的危险。例如，对于固定式的电动机设备、室外架空线路等，应选用额定动作电流为30mA及以上的漏电保护装置。

（2）防止火灾对木质灰浆结构的一般住宅和规模小的建筑物，考虑其供电量小、泄漏电流小的特点，并兼顾电击防护，可选用额定动作电流为30mA及以下的漏电保护装置。

对除住宅以外的中等规模的建筑物，分支回路可选用额定动作电流为30mA 及以下的漏电保护装置；主干线可选用额定动作电流为 200mA 以下的漏电保护装置。

对钢筋混凝土类建筑，内装材料为木质时，可选用 200mA 以下的漏电保护装置；内装材料为不燃物时，应区别情况，可选用 200mA 到数安的漏电保护装置。

（3）防止电气设备烧毁选择数安的电流作为额定动作电流的上限，一般不会造成电气设备的烧毁，因此，防止电气设备烧毁所考虑的主要是与防止触电事故的需要和满足电网供电可靠性问题。通常选用 100mA 到数安的漏电保护装置。

（4）施工现场临时用电采用一机一闸一保护设置。

总配电箱中漏电保护器的额定漏电动作电流应大于 30mA，额定漏电动作时间应大于 0.1s，但其额定漏电动作电流与额定漏电动作时间的乘积不应大于 30mA·s。

分开关箱中漏电保护器的额定漏电动作电流不应大于 30mA，额定漏电动作时间不应大于 0.1s。

手持式电动工具开关箱中漏电保护器，其额定漏电动作电流不得大于 15mA，额定漏电动作时间不得大于 0.1s。

2. 其他性能的选择

对于连接户外架空线路的电气设备，应选用冲击电压不动作型的漏电保护装置。

对于不允许停转的电动机，应选用漏电报警方式，而不是漏电切断方式的漏电保护装置。

对于照明线路，宜据泄漏电流的大小和分布，采用分级保护的方式，支线上用高灵敏度的漏电保护装置，干线上选用中灵敏度的漏电保护装置。

漏电保护装置的极线数应根据被保护电气设备的供电方式进行选择：单相220V 电源供电的电气设备应选用二极或单极二线式漏电保护装置；三相三线380V 电源供电的电气设备应选用三极式漏电保护装置；三相四线 220/380V 电源供电的电气设备应选用四极或三极四线式漏电保护装置。

漏电保护装置的额定电压、额定电流、分断能力等性能指标应与线路条件相适应，漏电保护装置的类型应与供电线路、供电方式、系统接地类型和用电设备特征相适应。

（二）漏电保护装置的安装

1. 需要安装漏电保护装置的场所

带金属外壳的Ⅰ类设备和手持式电动工具；安装在潮湿或强腐蚀等恶劣

场所的电气设备；建筑施工工地的电气施工机械设备；临时性电气设备；宾馆类的客房内的插座；触电危险性较大的民用建筑物内的插座；游泳池、喷水池或浴室类场所的水中照明设备；安装在水中的供电线路和电气设备，以及医院中直接接触人体的电气医疗设备(胸腔手术室除外)等均应安装漏电保护装置。

对于公共场所的通道照明及应急照明电源，消防用电梯及确保公共场所安全的电气设备的电源、消防设备(如火灾报警装置、消防水泵、消防通道照明等)的电源、防盗报警装置的电源，以及其他不允许突然停电的场所或电气装置的电源，若在发生漏电时上述电源被立即切断，将会造成严重事故或重大经济损失。因此，在上述情况下，应装设不切断电源的漏电报警装置。

2. 不需要安装漏电保护装置的设备或场所

使用安全电压供电的电气设备；一般环境情况下使用的具有双重绝缘或加强绝缘的电气设备；使用隔离变压器供电的电气设备；在采用了不接地的局部等电位联结安全措施的场所中使用的电气设备，以及其他没有间接接触电击危险场所的电气设备。

3. 漏电保护装置的安装要求

漏电保护装置的安装应符合生产厂家产品说明书的要求，应考虑供电线路、供电方式、系统接地类型和用电设备特征等因素。漏电保护装置的额定电压、额定电流、额定分断能力、极数、环境条件以及额定漏电动作电流和分断时间，在满足被保护供电线路和设备的运行要求时，还必须满足安全要求。

安装漏电保护装置之前，应检查电气线路和电气设备的泄漏电流值和绝缘电阻值。所选用漏电保护装置的额定不动作电流应不小于电气线路和设备正常泄漏电流最大值的2倍。当电器线路或设备的泄漏电流大于允许值时，必须更换绝缘良好的电气线路或设备。

安装漏电保护装置不得拆除或放弃原有的安全防护措施，漏电保护装置只能作为电气安全防护系统中的附加保护措施。

漏电保护装置标有电源侧和负载侧，安装时必须加以区别，按照规定接线，不得接反。如果接反，会导致电子式漏电保护装置的脱扣线圈无法随电源切断而断电，以致长时间通电而烧毁。

安装漏电保护装置时，必须严格区分中性线和保护线。使用三极四线式和四极四线式漏电保护装置时，中性线应接入漏电保护装置。经过漏电保护装置的中性线不得作为保护线、不得重复接地或连接设备外露的可导电部分。

保护线不得接入漏电保护装置。

漏电保护装置安装完毕后应操作试验按钮试验 3 次，带负载分合 3 次，确认动作正常后，才能投入使用。

漏电保护装置接线方式见图 2 - 26。

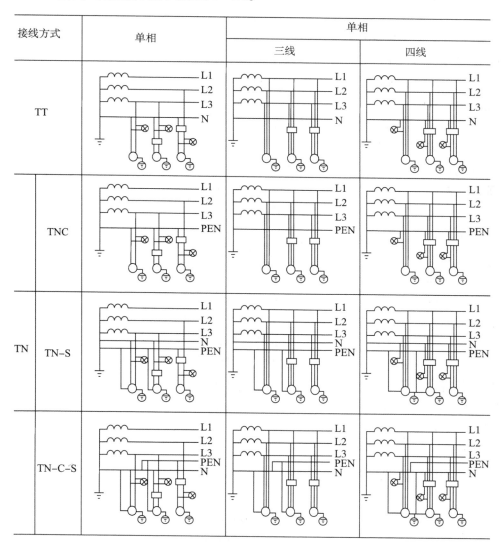

图 2 - 26　漏电保护装置接线方式

注：1. L1、L2、L3 为相线；N 为中性线；PE 为保护线；PEN 为中性线和保护线合一。

2. 图中单相负载或三相负载在不同的接地保护系统中的接线方式，左侧设备为未装有漏电保护器，中间和右侧为装有漏电保护器的接线图。

3. 在 TN 系统中使用漏电保护器的电气设备，其外露可导电部分的保护线可接在 PEN 线。也可以接在单独接地装置上形成局部 TT 系统，如 TN 系统接线方式图的右侧设备的接线。

(三)漏电保护装置的运行

1. 漏电保护装置的运行管理

为了确保漏电保护装置的正常运行，须加强运行管理。

(1)对使用中的漏电保护装置应定期试验其可靠性。

(2)为验漏电保护装置使用中动作特性的变化，应定期对其动作特性(包括漏电动作电流值、漏电不动作电流值及动作时间)进行试验。

(3)运行中漏电保护器跳闸后，应认真检查其动作原因，排除故障后再合闸送电。

2. 漏电保护装置的误动作和拒动作分析

(1)误动作。它是指线路或设备未发生预期的触电或漏电时漏电保护装置产生的动作。误动作的原因主要来自两方面：一方面是由漏电保护装置本身的原因引起的；另一方面是由来自线路的原因而引起的。

由漏电保护装置本身引起误动作的主要原因是质量问题。如装置在设计上存在缺陷，选用元件质量不良、装配质量差、屏蔽不良等，均会降低保护器的稳定性和平衡性，使可靠性下降，从而导致误动作。

由线路原因引起误动作的原因主要有：

①接线错误。例如，保护装置后方的零线与其他零线连接或接地，或保护装置的后方的相线与其他支路的同相相线连接，或负载跨接在保护装置的电源侧和负载侧，则接通负载时，都可能造成保护装置的误动作。

②绝缘恶化。保护装置后方一相或两相对地绝缘破坏，或对地绝缘不对称，都将产生不平衡的泄漏电流，从而引发保护装置的误动作。

③冲击过电压迅速分断低压感性负载时，可能产生 20 倍额定电压的冲击过电压，冲击过电压将产生较大的不平衡冲击泄漏电流，从而导致保护装置的误动作。

④不同步合闸。不同步合闸时，先于其他相合闸的一相可能产生足够大的泄漏电流，从而使保护装置误动作。

⑤大型设备启动。大型设备在启动时，启动的堵转电流很大。如果漏电保护装置内的零序电流互感器的平衡特性不好，则在大型设备启动的大电流作用下，零序电流互感器一次绕组的漏磁可造成保护装置的误动作。

⑥附加磁场。如果保护装置屏蔽不好，或附近装有流经大电流的导体，或装有磁性元件或较大的导磁体，均可能在零序电流互感器铁芯中产生附加磁通，因此而导致保护装置的误动作。

此外，偏离使用条件，例如环境温度、相对湿度、机械振动等超过保护装置的设计条件时，都会造成保护装置的误动作。

（2）拒动作。它是指线路或设备已发生预期的触电或漏电而漏电保护装置却不产生预期的动作。拒动作较误动作少见，然而拒动作造成的危险性比误动作大。造成拒动作的主要原因有：

①接线错误。错将保护线也接入漏电保护装置，从而导致拒动作。

②动作电流选择不当。额定动作电流选择过大或整定过大，从而造成保护装置的拒动作。

③线路绝缘阻抗降低或线路太长。由于部分电击电流不沿配电网工作接地或保护装置前方的绝缘阻抗而沿保护装置后方的绝缘阻抗流经零序电流互感器返回电源，从而导致保护装置的拒动作。

此外，产品质量低劣，例如零序电流互感器二次线圈断线、脱扣线圈粘连等各种各样的漏电保护装置内部故障、缺陷均可造成保护装置的拒动作。

# 第七节　触电急救

## 一、迅速脱离电源

1. 触电急救

首先要使触电者迅速脱离电源，越快越好。因为电流作用的时间越长，伤害越重。

2. 脱离电源

就是要把触电者接触的那一部分带电设备的所有断路器（开关）、隔离开关（刀闸）或其他断路设备断开；或设法将触电者与带电设备脱离开。在脱离电源过程中，救护人员也要注意保护自身的安全。

3. 低压触电可采用下列方法使触电者脱离电源

（1）如果触电地点附近有电源开关或电源插座，可立即拉开开关或拔出插头，断开电源。但应注意到拉线开关或墙壁开关等只控制一根线的开关，有可能因安装问题只能切断中性线而没有断开电源的相线。

（2）如果触电地点附近没有电源开关或电源插座（头），可用有绝缘柄的电工钳或有干燥木柄的斧头切断电线，断开电源。

（3）当电线搭落在触电者身上或压在身下时，可用干燥的衣服、手套、绳索、皮带、木板、木棒等绝缘物作为工具，拉开触电者或挑开电线，使触电者脱离电源。

（4）如果触电者的衣服是干燥的，又没有紧缠在身上，可以用一只手抓住他的衣服，拉离电源。但因触电者的身体是带电的，其鞋的绝缘也可能遭到破坏，救护人不得接触触电者的皮肤，也不能抓他的鞋。

(5)若触电发生在低压带电的架空线路上或配电台架、进户线上,对可立即切断电源的,则应迅速断开电源,救护者迅速登杆或登至可靠地方,并做好自身防触电、防坠落安全措施,用带有绝缘胶柄的钢丝钳、绝缘物体或干燥不导电物体等工具将触电者脱离电源。

**4. 高压触电可采用下列方法之一使触电者脱离电源**

(1)立即通知有关供电单位或用户停电。

(2)戴上绝缘手套,穿上绝缘靴,用相应电压等级的绝缘工具按顺序拉开电源开关或熔断器。

(3)抛掷裸金属线使线路短路接地,迫使保护装置动作,断开电源。注意抛掷金属线之前,应先将金属线的一端固定可靠接地,然后另一端系上重物抛掷,注意抛掷的一端不可触及触电者和其他人。另外,抛掷者抛出线后,要迅速离开接地的金属线8m以外或双腿并拢站立,防止跨步电压伤人。在抛掷短路线时,应注意防止电弧伤人或断线危及人员安全。

**5. 脱离电源后救护者应注意的事项**

(1)救护人不可直接用手、其他金属及潮湿的物体作为救护工具,而应使用适当的绝缘工具。救护人最好用一只手操作,以防自己触电。

(2)防止触电者脱离电源后可能的摔伤,特别是当触电者在高处的情况下,应考虑防止坠落的措施。即使触电者在平地,也要注意触电者倒下的方向,注意防摔。救护者也应注意救护中自身的防坠落、摔伤措施。

(3)救护者在救护过程中特别是在杆上或高处抢救伤者时,要注意自身和被救者与附近带电体之间的安全距离,防止再次触及带电设备。电气设备、线路即使电源已断开,对未做安全措施挂上接地线的设备也应视作有电设备。救护人员登高时应随身携带必要的绝缘工具和牢固的绳索等。

(4)如事故发生在夜间,应设置临时照明灯,以便于抢救,避免意外事故,但不能因此延误切除电源和进行急救的时间。

**6. 现场就地急救**

触电者脱离电源以后,现场救护人员应迅速对触电者的伤情进行判断,对症抢救。同时设法联系医疗急救中心(医疗部门)的医生到现场接替救治。要根据触电伤员的不同情况,采用不同的急救方法。

(1)触电者神志清醒、有意识,心脏跳动,但呼吸急促、面色苍白,或曾一度昏迷、但未失去知觉。此时不能用心肺复苏法抢救,应将触电者抬到空气新鲜,通风良好地方躺下,安静休息1~2h,让他慢慢恢复正常。天凉时要注意保温,并随时观察呼吸、脉搏变化。

(2)触电者神志不清,判断意识无,有心跳,但呼吸停止或极微弱时,应立即用仰头抬颏法，使气道开放，并进行口对口人工呼吸。此时切记不能对触电者施行心脏按压。如此时不及时用人工呼吸法抢救，触电者将会因缺氧过久而引起心跳停止。

（3）触电者神志丧失，判定意识无，心跳停止，但有极微弱的呼吸时，应立即施行心肺复苏法抢救。不能认为尚有微弱呼吸，只需做胸外按压，因为这种微弱呼吸已起不到人体需要的氧交换作用，如不及时人工呼吸即会发生死亡，若能立即施行口对口人工呼吸法和胸外按压，就能抢救成功。

（4）触电者心跳、呼吸停止时，应立即进行心肺复苏法抢救，不得延误或中断。

（5）触电者和雷击伤者心跳、呼吸停止，并伴有其他外伤时，应先迅速进行心肺复苏急救，然后再处理外伤。

（6）发现杆塔上或高处有人触电，要争取时间及早在杆塔上或高处开始抢救。触电者脱离电源后，应迅速将伤员扶卧在救护人的安全带上（或在适当地方躺平），然后根据伤者的意识、呼吸及颈动脉搏动情况来进行前（1）～（5）项不同方式的急救。应提醒的是高处抢救触电者，迅速判断其意识和呼吸是否存在是十分重要的。若呼吸已停止，开放气道后立即口对口（鼻）吹气2次，再测试颈动脉，如有搏动，则每5s继续吹气1次；若颈动脉无搏动，可用空心拳头叩击心前区2次，促使心脏复跳。若需将伤员送至地面抢救，应再口对口（鼻）吹气4次，然后立即用绳索参照图2-27所示的下放方法，迅速放至地面，并继续按心肺复苏法坚持抢救。

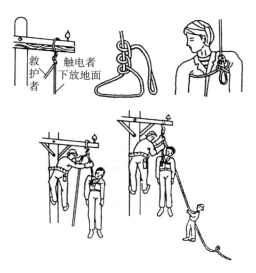

图2-27　杆塔上或高处触电者放下方法

(7)触电者衣服被电弧光引燃时，应迅速扑灭其身上的火源，着火者切忌跑动，方法可利用衣服、被子、湿毛巾等扑火，必要时可就地躺下翻滚，使火扑灭。

## 二、伤员脱离电源后的处理

(一)判断意识和通畅呼吸道

1. 判断伤员有无意识的方法

(1)轻轻拍打伤员肩部，高声喊叫，"喂！你怎么啦?"，如图 2 - 28 所示。

图 2 - 28　判断伤员有无意识

(2)如认识，可直呼喊其姓名。有意识，立即送医院。

(3)无反应时，立即用手指甲掐压人中穴、合谷穴约 5s。

注意，以上 3 步动作应在 10s 以内完成，不可太长，伤员如出现眼球活动、四肢活动及疼痛感后，应即停止掐压穴位，拍打肩部不可用力太重，以防加重可能存在的骨折等损伤。

2. 呼救

一旦初步确定伤员神志昏迷，应立即招呼周围的人前来协助抢救，哪怕周围无人，也应该大叫"来人啊！救命啊!"，如图 2 - 29 所示。

图 2 - 29　呼救

注意，一定要呼叫其他人来帮忙，因为一个人作心肺复苏术不可能坚持较长时间，而且劳累后动作易走样。叫来的人除协助作心肺复苏外，还应立即打电话给救护站或呼叫受过救护训练的人前来帮忙。

3. 将伤员旋转适当体位

正确的抢救体位是：仰卧位。患者头、颈、躯干平卧无扭曲，双手放于两侧躯干旁。

如伤员摔倒时面部向下，应在呼救同时小心将其转动，使伤员全身各部成一个整体。尤其要注意保护颈部，可以一手托住颈部，另一手扶着肩部，使伤员头、颈、胸平稳地直线转至仰卧，在坚实的平面上，四肢平放，如图 2 – 30 所示。

图 2 – 30　放置伤员

注意，抢救者跪于伤员肩颈侧旁，将其手臂举过头，拉直双腿，注意保护颈部。解开伤员上衣，暴露胸部（或仅留内衣），冷天要注意使其保暖。

（二）通畅气道

当发现触电者呼吸微弱或停止时，应立即通畅触电者的气道以促进触电者呼吸或便于抢救。通畅气道主要采用仰头举颏（颌）法。即一手置于前额使头部后仰，另一手的食指与中指置于下颌骨近下颏或下颌角处，抬起下颏（颌），如图 2 – 31 所示。

注意：严禁用枕头等物垫在伤员头下；手指不要压迫伤员颈前部、颏下软组织，以防压迫气道，颈部上抬时不要过度伸展，有假牙托者应取出。儿童颈部易弯曲，过度抬颈反而使气道闭塞，因此不要抬颈牵拉过甚。成人头部后仰程度应为 90°，儿童头部后仰程度应为 60°，婴儿头部后仰程度应为 30°，颈椎有损伤的伤员应采用双下颌上提法。

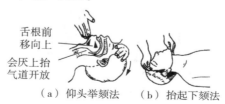

舌根前
移向上
会厌上抬
气道开放

（a）仰头举颏法　　（b）抬起下颏法

图 2 – 31　抬起下齐颏（颌）

（三）判断呼吸

在通畅呼吸道之后，由于气道通畅可以明确判断呼吸是否存在。维持开放气道位置，用耳贴近伤员口鼻，头部侧向伤员胸部，眼睛观察其胸有无起伏；面部感觉伤员呼吸道有无气体排出；或耳听呼吸道有无气流通过的声音，如图 2-32 所示。

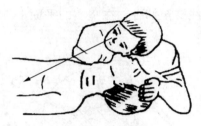

图 2-32　看、听、试伤员呼吸

注意：①保持气道开放位置；②观察 5s 左右；③有呼吸者，注意保持气道通畅；④无呼吸者，立即进行口对口人工呼吸；⑤通畅呼吸道：部分伤员因口腔、鼻腔内异物（分泌物、血液、污泥等）导致气道阻塞时，应将触电者身体侧向一侧，迅速将异物用手指抠出；⑥不通畅而产生窒息，以致心跳减慢。可因呼吸道畅通后，随着气流冲出，呼吸恢复，而致心跳亦恢复。

（四）判断伤员有无脉搏

在检查伤员的意识、呼吸、气道之后，应对伤员的脉搏进行检查，以判断伤员的心脏跳动情况。具体方法如下：

（1）在开放气道的位置下进行（首次人工呼吸后）。

（2）一手置于伤员前额，使头部保持后仰，另一手在靠近抢救者一侧触摸颈动脉。

（3）可用食指及中指指尖先触及气管正中部位，男性可先触及喉结，然后向两侧滑移 2~3cm，在气管旁软组织处轻轻触摸颈动脉搏动，如图 2-33 所示。

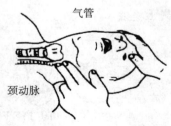

气管

颈动脉

图 2-33　触摸劲动脉搏

注意：①触摸颈动脉不能用力过大，以免推移颈动脉，妨碍触及；②不要同时触摸两侧颈动脉，造成头部供血中断；③不要压迫气管，造成呼吸道阻塞；④检查时间不要超过10s；⑤未触及搏动：心跳已停止，或触摸位置有错误；触及搏动：有脉搏、心跳，或触摸感觉错误（可能将自己手指的搏动感觉为伤员脉搏）；⑥判断应综合审定：如无意识，无呼吸，瞳孔散大，面色紫绀或苍白，再加上触不到脉搏，可以判定心跳已经停止；⑦婴、幼儿因颈部肥胖，颈动脉不易触及，可检查肱动脉，肱动脉位于上臂内侧腋窝和肘关节之间的中点，用食指和中指轻压在内侧，即可感觉到脉搏。

不同状态下电击伤患者的急救措施见表2-9。

**表 2-9　不同状态下电击伤患者的急救措施**

| 神志 | 心跳 | 呼吸 | 对症救治措施 |
|---|---|---|---|
| 清醒 | 存在 | 存在 | 静卧、保暖、严密观察 |
| 昏迷 | 停止 | 存在 | 胸外心脏按压术 |
| 昏迷 | 存在 | 停止 | 口对口（鼻）人工呼吸 |
| 昏迷 | 停止 | 停止 | 同时作胸外心脏按压和口对口（鼻）人工呼吸 |

## 三、口对口（鼻）呼吸

当判断伤员确实不存在呼吸时，应即进行口对口（鼻）的人工呼吸，其具体方是：

（1）在保持呼吸通畅的位置下进行。用按于前额一手的拇指与食指，捏住伤员鼻孔（或鼻翼）下端，以防气体从口腔内经鼻孔逸出，施救者深吸一口气屏住并用自己的嘴唇包住（套住）伤员微张的嘴。

（2）用力快而深地向伤员口中吹（呵）气，同时仔细地观察伤员胸部有无起伏，如无起伏，说明气未吹进，如图2-34所示。

图 2-34　口对口吹气

（3）一次吹气完毕后，应立即与伤员口部脱离，轻轻抬起头部，面向伤员胸部，吸入新鲜空气，以便作下一次人工呼吸。同时使伤员的口张开，捏鼻的手也可放松，以便伤员从鼻孔通气，观察伤员胸部向下恢复时，则有气流从伤员口腔排出，如图2-35所示。

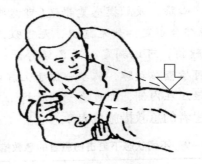

图2-35  口对口吸气

抢救一开始，应即向伤员先吹气两口，吹气有起伏者，人工呼吸有效；吹气无起伏者，则表示气道通畅不够，或鼻孔处漏气、或吹气不足、或气道有梗阻。

注意：①每次吹气量不要过大，大于1200mL会造成胃扩张；②吹气时不要按压胸部，如图2-36所示；③儿童伤员需视年龄不同而异，其吹气量约为800mL，以胸廓能上抬时为宜；④抢救一开始的首次吹气两次，每次时间约1～1.5s；⑤有脉搏无呼吸的伤员，则每5s吹一口气，每分钟吹气12次；⑥口对鼻的人工呼吸，适用于有严重的下颌及嘴唇外伤，牙关紧闭，下颌骨骨折等情况的伤员，难以采用口对口吹气法；⑦婴、幼儿急救操作时要注意，因婴、幼儿韧带、肌肉松弛，故头不可过度后仰，以免气管受压，影响气道通畅，可用一手托颈，以保持气道平直；另一方面婴、幼儿口鼻开口均较小，位置又很靠近，抢救者可用口贴住婴幼儿口与鼻的开口处，施行口对口（鼻）呼吸。

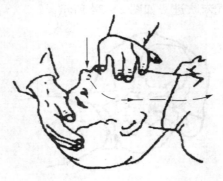

图2-36  吹时不要压胸部

## 四、人工循环（体外按压）

人工建立的循环方法有两种：第一种是体外心脏按压（胸外按压）；第二种是开胸直接压迫心脏（胸内按压）。在现场急救中，采用的是第一种方法，应牢记掌握。

**1. 按压部位**

胸骨中1/3与下1/3交界处，如图2－37所示。

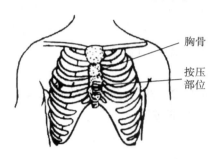

图2－37　胸外按压位置

**2. 伤员体位**

伤员应仰卧于硬板床或地上。如为弹簧床，则应在伤员背部垫一硬板。硬板长度及宽度应足够大，以保证按压胸骨时，伤员身体不会移动。但不可因找寻垫板而延误开始按压的时间。

**3. 快速测定按压部位的方法**

快速测定按压部位可分5个步骤，如图2－38所示。

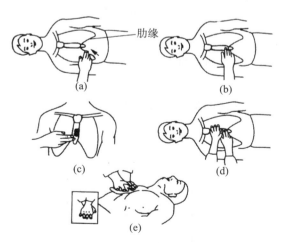

图2－38　快速测定按压部位分解图

（a）二指沿肋弓向中移滑；（b）切迹定位标志；（c）按压区；

（d）掌根部放在按压区；（e）重叠掌根

(1)首先触及伤员上腹部，以食指及中指沿伤员肋弓处向中间移滑，如图2-38(a)所示。

(2)在两侧肋弓交点处寻找胸骨下切迹。以切迹作为定位标志。不要以剑突下定位如图2-38(b)所示。

(3)然后将食指及中指两横指放在胸骨下切迹上方，食指上方的胸骨正中部即为按压区，如图2-38(c)所示。

(4)以另一手的掌根部紧贴食指上方，放在按压区，如图2-38(d)所示。

(5)再将定位之手取下，重叠将掌根放于另一手背上，两手手指交叉抬起，使手指脱离胸壁，如图2-38(e)所示。

4. 按压姿势

正确的按压姿势，如图2-39所示。抢救者双臂绷直，双肩在伤员胸骨上方正中，靠自身重量垂直向下按压。

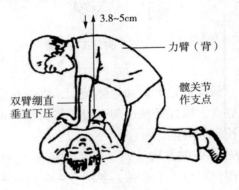

图2-39　按压正确姿势

5. 按压用力方式

(1)按压应平稳，有节律地进行，不能间断。

(2)不能冲击式的猛压。

(3)下压及向上放松的时间应相等，如图2-40所示。压按至最低点处，应有一明显的停顿。

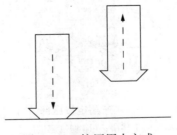

图2-40　按压用力方式

（4）垂直用力向下，不要左右摆动。

（5）放松时定位的手掌根部不要离开胸骨定位点，但应尽量放松，务使胸骨不受任何压力。

6. 按压频率

按压频率应保持在 100 次/min。

7. 按压与人工呼吸比例

按压与人工呼吸的比例关系通常是，单人为 15∶2，双人复苏为 5∶1，婴儿、儿童为 5∶1。

8. 按压深度

通常，成人伤员为 3.8～5cm，5～13 岁伤员为 3cm，婴幼儿伤员为 2cm。

9. 胸外心脏按压常见的错误

（1）按压除掌根部贴在胸骨外，手指也压在胸壁上，这容易引起骨折（肋骨或肋软骨）。

（2）按压定位不正确，向下易使剑突受压折断而致肝破裂。向两侧易致肋骨或肋软骨骨折，导致气胸、血胸。

（3）按压用力不垂直，导致按压无效或肋软骨骨折，特别是摇摆式按压更易出现严重并发症，如图 2－41（a）所示。

（4）抢救者按压时肘部弯曲，因而用力不够，按压深度达不到 3.8～5cm，如图 2－41（b）所示。

（5）按压冲击式，猛压，其效果差，且易导致骨折。

（6）放松时抬手离开胸骨定位点，造成下次按压部位错误，引起骨折。

（7）放松时未能使胸部充分松弛，胸部仍承受压力，使血液难以回到心脏。

（8）按压速度不自主地加快或减慢，影响按压效果。

（9）双手掌不是重叠放置，而是交叉放置，如图 2－41（c）所示胸外心脏按压常见错误。

## 五、心肺复苏法

1. 操作过程有以下步骤

（1）首先判断昏倒的人有无意识。

（2）如无反应，立即呼救，叫"来人啊！救命啊！"等。

（3）迅速将伤员放置于仰卧位，并放在地上或硬板上。

（4）开放气道（仰头举颏或颌）。

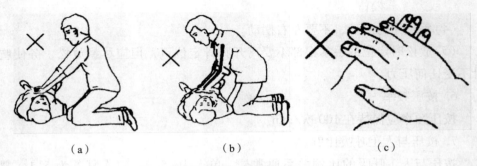

（a） （b） （c）

图 2-41 常见的心肺复苏错误的手法

（5）判断伤员有无呼吸（通过看、听和感觉来进行）。

（6）如无呼吸，立即口对口吹气两口。

（7）保持头后仰，另一手检查颈动脉有无搏动。

（8）如有脉搏，表明心脏尚未停跳，可仅做人工呼吸，每分钟 12~16 次。

（9）如无脉搏，立即在正确定位下在胸外按压位置进行心前区叩击 1~2 次。

（10）叩击后再次判断有无脉搏，如有脉搏即表明心跳已经恢复，可仅做人工呼吸即可。

（11）如无脉搏，立即在正确的位置进行胸外按压。

（12）每作 15 次按压，需作两次人工呼吸，然后再在胸部重新定位，再作胸外按压，如此反复进行，直到协助抢救者或专业医务人员赶来。按压频率为 100 次/min。

（13）开始 1min 后检查一次脉搏、呼吸、瞳孔，以后每 4~5min 检查一次，检查不超过 5s，最好由协助抢救者检查。

（14）如有担架搬运伤员，应该持续作心肺复苏，中断时间不超过 5s。

2. 心肺复苏操作的时间要求

0~5s：判断意识。

5~10s：呼救并放好伤员体位。

10~15s：开放气道，并观察呼吸是否存在。

15~20s：口对口呼吸两次。

20~30s：判断脉搏。

30~50s：进行胸外心脏按压 15 次，并再人工呼吸 2 次，以后连续反复进行。

以上程序尽可能在 50s 以内完成，最长不宜超过 1min。

3. 双人复苏操作要求

（1）两人应协调配合，吹气应在胸外按压的松弛时间内完成。

（2）按压频率为 100 次／min。

（3）按压与呼吸比例为 15：2，即 15 次心脏按压后，进行 2 次人工呼吸。

（4）为达到配合默契，可由按压者数口诀 1，2，3，4，…，14 吹，当吹气者听到"14"时，做好准备，听到"吹"后，即向伤员嘴里吹气，按压者继而重数口诀 1，2，3，4，…，14 吹，如此周而复始循环进行。

（5）人工呼吸者除需通畅伤员呼吸道、吹气外，还应经常触摸其颈动脉和观察瞳孔等，如图 2－42 所示。

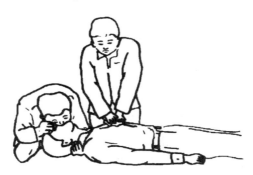

图 2－42　双人复苏法

4. 心肺复苏法注意事项

（1）吹气不能在向下按压心脏的同时进行。数口诀的速度应均衡，避免快慢不一。

（2）操作者应站在触电者侧面便于操作的位置，单人急救时应站立在触电者的肩部位置；双人急救时，吹气人应站在触电者的头部，按压心脏者应站在触电者胸部、与吹气者相对的一侧。

（3）人工呼吸者与心脏按压者可以互换位置，互换操作，但中断时间不超过 5s。

（4）第二抢救者到现场后，应首先检查颈动脉搏动，然后再开始作人工呼吸。如心脏按压有效，则应触及到搏动，如不能触及，应观察心脏按压者的技术操作是否正确，必要时应增加按压深度及重新定位。

（5）可以由第三抢救者及更多的抢救人员轮换操作，以保证精力充沛、姿势正确。

## 六、心肺复苏的有效指标、转移和终止

1. 心肺复苏的有效指标

心肺复苏术操作是否正确，主要靠平时严格训练，掌握正确的方法。而在

急救中判断复苏是否有效，可以根据以下5方面综合考虑：

(1)瞳孔。复苏有效时，可见伤员瞳孔由大变小。如瞳孔由小变大、固定、角膜混浊，则说明复苏无效。

(2)面色(口唇)。复苏有效，可见伤员面色由紫绀转为红润，如若变为灰白，则说明复苏无效。

(3)颈动脉搏动。按压有效时，每一次按压可以摸到一次搏动，如若停止按压，搏动亦消失，应继续进行心脏按压；如若停止按压后，脉搏仍然跳动，则说明伤员心跳已恢复。

(4)神志。复苏有效，可见伤员有眼球活动，睫毛反射与对光反射出现，甚至手脚开始抽动，肌张力增加。

(5)出现自主呼吸。伤员自主呼吸出现，并不意味可以停止人工呼吸。如果自主呼吸微弱，仍应坚持口对口呼吸。

2. 转移和终止

(1)转移：在现场抢救时，应力争抢救时间，切勿为了方便或让伤员舒服去移动伤员，从而延误现场抢救的时间。

现场心肺复苏应坚持不断地进行，抢救者不应频繁更换，即使送往医院途中也应继续进行。鼻导管给氧绝不能代替心肺复苏术。如需将伤员由现场移往室内，中断操作时间不得超过7s；通道狭窄、上下楼层、送上救护车等的操作中断不得超过30s。

将心跳、呼吸恢复的伤员用救护车送医院时，应在伤员背部放一块宽、阔适当的硬板，以备随时进行心肺复苏。将伤员送到医院而专业人员尚未接手前，仍应继续进行心肺复苏。

(2)终止：何时终止心肺复苏是一个涉及到医疗、社会、道德等方面的问题。不论在什么情况下，终止心肺复苏，决定于医生，或医生组成的抢救组的首席医生，否则不得放弃抢救。高压或超高压电击的伤员心跳、呼吸停止，更不应随意放弃抢救。

3. 电击伤伤员的心脏监护

被电击伤并经过心肺复苏抢救成功的电击伤员，都应让其充分休息，并在医务人员指导下进行不少于48h的心脏监护。因为伤员在被电击过程中，由于电压、电流、频率的直接影响和组织损伤而产生的高钾血症，以及由于缺氧等因素，引起的心肌损害和心律失常，经过心肺复苏抢救，在心跳恢复后，有的伤员还可能会出现"继发性心跳停止"，故应进行心脏监护，以对心律失常和高钾血症的伤员及时予以治疗。

对前面详细介绍的各项操作，现场心肺复苏法应进行的抢救步骤可归纳如图2-43所示。

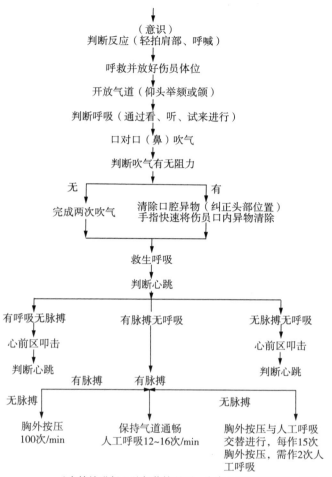

图2-43　现场心肺复苏法的抢救程序

## 七、抢救过程注意事项

1. 抢救过程中的再判定

（1）按压吹气1min后(相当于单人抢救时做了4个15:2压吹循环)，应用看、听、试方法在5~7s时间内完成对伤员呼吸和心跳是否恢复的再判定。

（2）若判定颈动脉已有搏动但无呼吸，则暂停胸外按压，而再进行2次口对口人工呼吸，接着每5s吹气一次（即每分钟12次）。如脉搏和呼吸均未恢复，则继续坚持心肺复苏法抢救。

（3）抢救过程中，要每隔数分钟再判定一次，每次判定时间均不得超过5~7s。在医务人员未接替抢救前，现场抢救人员不得放弃现场抢救。

2. 现场触电抢救，对采用肾上腺素等药物应持慎重态度

如没有必要的诊断设备条件和足够的把握，不得乱用。在医院内抢救触电者时，由医务人员经医疗仪器设备诊断，根据诊断结果决定是否采用。

触电急救必须分秒必争，立即就地迅速用心肺复苏法进行抢救，并坚持不断地进行，同时及早与医疗部门联系，争取医务人员接替救治。在医务人员未接替救治前，不应放弃现场抢救，更不能只根据没有呼吸或脉搏擅自判定伤员死亡，放弃抢救。只有医生有权做出伤员死亡的诊断。根据实际经验，使用人工呼吸法抢救触电者，有长达 7～10h 后救活的。与医务人员接替时，应提醒医务人员在触电者转移到医院的过程中不得间断抢救。

3. 在人工急救的过程中，加压时不可用力过猛，防止压断肋骨，并注意不要压胃上，以防把食物压出堵住气管

急救如有效果，触电者的肤色即可恢复，瞳孔缩小，颈动脉搏动可以摸到，恢复自发性呼吸。

施行人工呼吸时，应留心观察触电者脸部的变化。如果发现嘴唇张开、眼皮活动以及喉咙有咽东西的动作时，说明触电者开始自发呼吸。这时应该暂时停止几秒钟，观察触电者自发呼吸的情况，如果仍旧不正常或者很微弱，应继续进行，直到恢复正常的呼吸为止。

当触电者清醒以后，应让他继续躺着，不可坐起或者站起，以免引起危险。触电者恢复正常以后，应该看护几小时，以便正常呼吸一有停止，立即施行人工呼吸。在室外施行人工呼吸时，如遇雷雨而触电者还没有恢复正常呼吸，应搬到室内继续进行，不能停止。

# 第三章　输配电和供用电安全

石油化工企业具有高温、高压、易燃、易爆的生产性质，其工艺流程较长，一旦打断，再恢复生产损失很大。石化企业的工艺生产中大量采用各种机泵，一般均为电机带动，一旦发生停电事故，必将对其造成重大影响。国内多家石化企业都曾经发生过因外电网晃电或停电造成全厂生产大幅波动甚至停工的事故。石化企业生产需要大量使用蒸汽，用电量很大，所以一般都建有自备电站。保证发电、供用电安全，对石化企业至关重要。本着"安全第一、预防为主"的原则，做好石化企业的电气安全工作意义重大。

## 第一节　输配电安全

为保障用电的安全可靠性，石化企业与电力系统绝大部分采用双线路或多线路连接。电力线路多采用架空输电线路，电压等级一般为 110kV 或 220kV。厂内电力分配由降压配电变电所实现，如何保障输电线路及配电变电所的安全运行，对石化企业的安全生产意义重大。

### 一、架空输电线路安全运行

（一）保证架空线路安全运行的具体要求

为保证架空线路安全运行，有以下具体要求：

（1）如线路采用水泥杆，水泥电杆应无混凝土脱落、露筋现象。如采用铁塔，铁塔应结构完好，无严重锈蚀。

（2）导线截面和弧度应符合要求，一个档距内一根导线上的接头不得超过一个，且接头位置距导线固定处应在 0.5m 以上；裸铝绞线不应有严重腐蚀现象；钢绞线、镀锌铁线的表面良好，无锈蚀。

（3）金具应光洁，无裂纹、砂眼、气孔等缺陷，安全强度系数不应小于 2.5。

（4）绝缘子瓷件与铁件应结合紧密，铁件镀锌良好；绝缘子瓷釉光滑，无裂纹、斑点，无损坏。

（5）线间、交叉、跨越和对地距离，均应符合规程要求。

（6）防雷、防振设施良好，接地装置完整无损，接地电阻符合要求，避雷器预防试验合格。

(7)运行标志完整醒目。运行资料齐全，数据正确，且与现场情况相符。

（二）危害架空线路的行为及制止

常见的危害架空线路的行为有：（1）向线路设施射击、抛掷物体；（2）在导线两侧300m内放风筝；（3）擅自攀登杆塔或杆塔上架设各种线路和广播喇叭；（4）擅自在导线上接用电器；（5）利用杆塔、拉线作起重牵引地锚，或拴牲畜、悬挂物体和攀附农作物；（6）在杆塔、拉线基础的规定保护范围内取土、打桩、钻探、开挖或倾倒有害化学物品；（7）在杆塔与拉线间修筑道路；（8）拆卸杆塔或拉线上的器材；（9）在架空线廊下植树。要制止上述行为，除了广泛宣传电气安全知识外，还要加强巡视检查。发现问题，立即处理，以防止发生各种事故。

（三）采用架空线路时应注意的几个问题

架空线路一般都采用多股钢芯铝绞线，很少采用单股线。当截面较大时，若单股线由于制造工艺或外力而造成缺陷，不能保证其机械强度，而多股线在同一处都出现缺陷的几率很小，所以，相对来说，多股线的机械强度较高。当截面较大时，多股线较单股线柔性高，所以制造、安装和存放都较容易。当导线受风力作用而产生振动时，单股线容易折断，多股线则不易折断。因此，架空线路一般都采用多股绞线。

同一电杆上架设铜线和铝线时要把铜线架在上方。因为铝线的膨胀系数大于铜线，在同一长度下，铝线弛度较铜线大。将铜线架设在铝线上方，可以保持铜线与铝线的垂直距离，防止发生事故。

铜导线与铝导线相接时会产生电解腐蚀。铜导线与铝导线相接时，由于材质不同，互相之间存在一定的电位差。铜铝之间的电位差约为1.7V，如果有水汽，便会产生电解作用，接触面逐渐被腐蚀和氧化，导致接触面接触不良、接触电阻增大、导线发热而发生事故。因此，铜导线与铝导线相接时，应采取必要的防腐措施，如采用铜铝过渡线夹、铜铝过渡接头等，以避免电解腐蚀。此外，也可采用铜线搪锡法，即在铜导线的线头上镀上一层锡，然后与铝导线相接。虽然铜的导电率比锡高，但锡的表面氧化后会形成一层很薄的氧化膜，紧附在铜表面，从而可以防止导线内部继续被氧化。而且，这种锡的氧化物导电率较高，与铝导线之间的电触腐蚀作用也较小，不致因接触不良而发生事故。

同一档距内的各相导线的弧垂必须保持一致。同一档距内的各相导线的弧垂，在放线时必须保持一致。如果松紧不一、弧度不同，则在风吹摆动时，摆动幅度和摆动周期便不相同，容易造成碰线短路事故。通常，同一档距内的各相导线的弧垂不宜过大或过小，弧垂一般应根据架线时当地气温下的规定值或计算值来确定。弧垂如果过大，则在夏天气温很高时，导线会因热胀而伸长，弧垂更大，对地或建筑物等的距离就会不符合要求；弧垂如果过小，则在冬天气温很低时，导线冷缩，承受的张力很大，遇到大风和冰冻，荷重更大，因而容易引起断线事故。导线弧垂的大小与电杆的档距也有关，档距越大弧垂也越大（导线材质、型号确定后）。因此架线时必须按规定的弧垂放线，并进行适当的调整。在架设新线路的施工中，导线要稍收紧一些，一般比规定弧垂小15%左右。

架空线路终端杆塔上的绝缘子损坏的几率较高。终端杆塔上的绝缘子位于线路尽头，当雷电波侵袭时，在终端杆发生反射，最严重时达雷电压的 2 倍，而直线杆塔上的绝缘子承受的电压则小于该电压值，所以终端杆上的绝缘子损坏的几率较高。

（四）线路上绝缘子损坏的原因及检查方法

线路绝缘子损坏的主要原因有：（1）人为破坏，如击伤、击碎等；（2）安装不符合规定，或承受的应力超过了允许值；（3）由于气候骤冷骤热，电瓷内部产生应力，或者受冰雹等击伤击碎；（4）因脏污而发生污闪事故，或者在雨雪或雷雨天出现表面放电现象（闪络）而损坏；（5）在过电压下运行时，由于绝缘强度和机械强度不够，或者绝缘子本身质量欠佳而损坏。

绝缘子的裂纹既可在巡视时进行检查，也可在停电时检查。检查的方法有：（1）目测观察，绝缘子的明显裂纹，一般在巡线时肉眼观察就可以发现；（2）望远镜观察，借助望远镜进一步仔细察看，通常可以发现不太明显的裂纹；（3）声响判断，如果绝缘子有不正常的放电声，根据声音可以判断是否损坏和损坏程度；（4）停电时用兆欧表摇测其绝缘电阻，或者采用固定火花间隙对绝缘子进行带电测量。

（五）污秽闪络的形式、危害及防止污秽闪络事故的措施

所谓污秽闪络，就是积聚在线路绝缘子表面上的具有导电性能的污秽物质，在潮湿天气受潮后，使绝缘子的绝缘水平大大降低，在正常运行情况下发生的闪络事故。绝缘子表面的污秽物质，一般分为两大类：（1）自然污秽，空气中飘浮的微尘，海风带来的盐雾（在绝缘子表面形成盐霜）和鸟粪等。（2）工业污秽，火力发电厂、化工厂、玻璃厂、水泥厂、冶金厂和蒸汽机车等排出的烟尘和废气。

绝缘子表面的自然污秽物质易被雨水冲洗掉，而工业污秽物质则附着在绝缘子表面构成薄膜，不易被雨水冲洗掉。当空气湿度很高时，就能导电而使泄漏电流大大增加。如果是木杆，泄漏电流可使木杆和木横担发生燃烧；如果是铁塔，可使绝缘子发生严重闪络而损坏，造成停电事故。此外，有些污秽区的

线路绝缘子表面，在恶劣天气还会发生局部放电，对无线电广播和通信产生干扰作用。

为了防止架空线路绝缘子的污秽闪络事故，一般应采取以下措施：

（1）定期清扫绝缘子。每年在污闪事故多发季节到来之前，必须对绝缘子进行一次普遍清扫；在污秽严重地区，应适当增加清扫次数。

（2）增加爬电距离，提高绝缘水平。如增加污秽地区的绝缘子片数，或采用防尘绝缘子。运行经验表明，在严重污秽地段，采用防尘绝缘子，防污效果较好。

（3）采用防尘涂料，即将地蜡、石蜡、有机硅等材料涂在绝缘子表面上，以提高绝缘子的抗污能力。如果绝缘子上涂有这种防尘涂料，则雨水落在其余上，会形成水珠顺着绝缘子表面滚下，不会使绝缘子表面湿润，不会降低绝缘子的绝缘水平而造成闪络。此外，防尘涂料还有包围污秽微粒的作用，使其与雨水隔离，保持绝缘子的绝缘性能。

（4）加强巡视检查，定期对绝缘子进行测试，及时更换不良的绝缘子。

## 二、电缆输电线路的安全运行

### （一）敷设电缆时对其弯曲半径的规定

在施工过程中，如果过度弯曲电力电缆，就会损伤其绝缘、线芯和外部包皮等。因此，规程规定电缆的弯曲半径不得小于其直径的 6～25 倍。具体的弯曲半径，应根据产品说明书或地区标准确定。无说明书或标准时，橡胶绝缘和塑料绝缘的多芯和单芯电力电缆，铅包铠装或塑料铠装的电力电缆，弯曲半径均为电缆外径的 10 倍（无铠装时为 6 倍）。

### （二）电缆穿管保护

为保证电缆在运行中不受外力损伤，在下列情况下应将电缆穿入具有一定机械强度的管内或采取其他保护措施：（1）电缆引入和引出建筑物、隧道、沟道、楼板等处时；（2）电缆通过道路、铁路时；（3）电缆引出或引进地面时；（4）电缆与各种管道、沟道交叉时；（5）电缆通过其他可能受机械损伤的地段时。

电缆保护管的内径一般不应小于下列值：（1）保护管长度在 30m 以内时，管子内径不小于电缆外径的 1.5 倍；（2）保护管长度大于 30m 时，管子内径应不小于电缆外径的 2.5 倍。

### （三）电缆线路设标志牌的规定

通常，在电缆线路的下列地点应设标识牌：（1）电缆线路的首尾端；（2）电缆线路改变方向的地点；（3）电缆从一平面跨越到另一平面的地点；（4）电缆隧道、电缆沟、混凝土隧道管、地下室和建筑物等处的电缆出入口；（5）电缆敷设在室内隧道和沟道内时，每隔30m的地点；(6)电缆头装设地点和电缆接头处；(7)电缆穿过楼板、墙和间壁的两侧；(8)隐蔽敷设的电缆标记处。

制作标识牌时，规格应统一，其上应注明线路编号，电缆型号、芯数、截面和电压，起迄点和安装日期。

（四）防止电缆终端头套管的污闪事故的措施

(1)定期清扫套管。除在停电检修时进行较彻底的清扫之外，在运行中可用绝缘棒刷子进行带电清扫。(2)采用防污涂料。将有机硅树脂涂在套管表面，可使套管安全使用周期达一年以上，特别是在严重污秽地区，常用此法。(3)采用较高绝缘等级的套管。严重污秽地区可将电压等级较高的套管降纸使用。

（五）运行中的电缆被击穿的原因

电缆在运行中被击穿的原因很多，其中最主要的原因是绝缘强度降低及受外力的损伤，归纳起来大致有以下几种原因：(1)由于电源电压与电缆的额定电压不符，或者在运行中有高压窜入，使绝缘强度受到破坏而被击穿。(2)负荷电流过大，致使电缆发热，绝缘变坏而导致电缆击穿。(3)曾发生接地短路故障，当时未发现，但运行一段时间后电缆被击穿。(4)保护层腐蚀或失效。例如，使用时间过久，麻皮脱落，铠装、铅皮腐蚀，保护失效，不能保护绝缘层，最终电缆被击穿。(5)外部机械损伤，或者敷设时留有隐患，运行一段时间电缆被击穿。(6)电缆头是电缆线路中的薄弱环节，常因电缆头本身的缺陷或制作质量不佳，或者密封性不好而漏油，使其绝缘枯干，侵入水汽，导致绝缘强度降低，从而使电缆被击穿。

（六）防止电缆线路受外力损坏的措施

统计资料表明，在电缆线路的事故中，外力损坏事故约占50%。为了防止发生这类事故，应注意以下几点：(1)电缆线路的巡查应有专人负责，并根据具体情况制定设备巡查的周期和检查项目。对于穿越河道、铁路、公路的电缆线路以及装在杆塔、支架上的电缆设备，尤应作为重点进行检查。(2)在电缆线路附近进行机械挖掘土方作业时，必须采取有效的保护措施；或者先用人力将电缆挖出并加以保护，再根据操作机械设备和人员的条件，在保证安全距离的情况下进行施工，并加强监护。施工时，专门守护电缆的人员不得离开现场。(3)施工中挖出的电缆和中间接头应加以保护，并在其附近设立警告标志，以提醒施工人员注意和防止行人接近。

（七）保证电缆线路安全运行应注意事项

要保证电缆线路安全、可靠地运行，除应全面了解敷设方式、结构布置、走线方向和电缆接头位置等之外，还应注意以下事项：(1)每季进行一次巡视检查，对室外电缆头则每月应检查一次。遇大雨、洪水等特殊情况和发生故障时，应酌情增加巡视次数。(2)巡视检查的主要内容包括：①是否受到机械损伤；②有无腐蚀和浸水情况；③电缆头绝缘套有无破损和放电现象等。(3)为了防止电缆绝缘过早老化，线路电压不得过高，一般不应超过电缆额定电压的15%。(4)保持电线路在规定的允许持续载流量下运行。由于过负荷对电缆的危害很大，应经常测量和监视电缆的负荷。(5)定期检测电缆外皮的温度，监视其发热情况。一般应在负荷最大时测量电缆外皮的温度，并选择散热条件最差的线段进行重点测试。

（八）电力电缆的正常巡视检查项目

对电力电缆进行正常巡视检查时应检查以下各项：(1)查看地下敷设有电缆线路的路面是否正常，有无挖掘痕迹和线路标桩是否完整。(2)在电缆线路附近的扩建和新建施工期间，电缆线路上不得堆置瓦石、矿渣、建筑材料、笨重物件、酸碱性排泄物或砌石灰坑等。(3)进入房屋的电缆沟出口不得有渗水现象；电缆隧道和电缆沟内不应积水或堆积杂物和易燃物；不许向隧道或沟内排水。(4)电缆隧道和电缆沟内的支架必须牢固，无松动或锈蚀现象，接地应良好。(5)电缆终端头应无漏油、溢胶、放电、发热等现象。(6)电缆终端瓷瓶应完整、清洁；引出线的连接线夹应紧固，无发热现象。(7)电缆终端头接地必须良好，无松动、断股和锈蚀现象。(8)室外电缆头每3个月巡视检查一次，通常可与其他设备的检查同时进行。

## 三、变配电安全

（一）变配电安全保障

(1)变配电室是全厂供电枢纽，严禁非值班电气人员入内，所有上锁的配电室钥匙至少配备3套，2套由运行班组保管，1套由分厂或车间保管，专供紧急时使用。外来参观、检查人员必须经本厂指定部门批准并登记方可入内。

(2)电气值班人员要严格执行各项安全工作规程和制度，班前、班中不准饮酒，进入配电室工作，必须精力集中，严禁在室内打闹、逗留、吸烟。

(3)配电室内绝缘用具（手套、胶靴等），由值班电工负责使用，集中存放并编号，不准滥用，使用前应检查有无破损，要按规定定期试验。

(4)变配电室门窗要严密、完整，且通风良好，挡鼠板按规定装设，并不得随便挪动，电缆沟口要盖严，房顶不能漏雨水，室内严禁存放食物及杂物。

(5)变配电室内所有电气设备及室外瓷瓶，要保持卫生状况良好。

(6)发生火灾时要迅速切断电源，扑救带电设备应使用二氧化碳、四氯化碳灭火器,对注油设备用泡沫灭火器或干燥沙子灭火,不准用水扑救,并及时报告消防部门。

(7)发生事故除积极抢修外,必须及时报告供电部门及其他有关部门。

(二)变配电设备定期巡视检查

为了加强对静止电气设备的维护和保养,确保企业电力系统和设备的安全、可靠运行,对变配电设备定期巡视检查时应注意以下几点。

(1)除每日正常巡检外,需要定期巡检静止电气设备,主要包括:高压开关柜、油(真空)开关、变压器、电容器、低压进线开关、高低压母线、高压电缆中间接头。

(2)巡检内容:接点及设备温度、运行电流、油位及渗漏情况、声音有无异常。

(3)巡检周期:每周定期进行一次。

(4)巡检要有班组技术员具体负责进行。

(5)巡检要做到严格、认真、不得有遗漏,不得走过场。

(6)发现问题要及时汇报给有关领导和技术人员,以便安排进行处理。

(三)变配电设备检修维护保养

(1)电力变压器、高压开关柜、低压开关柜、动力配电箱、架空线路、电力电缆、电力电容器要按照本单位电气主管部门下达的年度检修、试验周期计划表执行。

(2)上述电气设备,每3个月进行一次保养,每1年进行一次小修。

(3)工作负责人应按检修验收单中的保养或小修项目,逐项进行检修,检修后填写检修验收单,并存档。

(4)变压器大修,每5~10年进行一次(干式变压器除外)。

(5)当变压器经检查有缺陷或绝缘过低时,应立即进行检修,对淘汰型的变压器(及其他电气设备)应进行更换。

(6)避雷器、避雷针应在每年雷雨季节前进行测试,运行5年的应考虑淘汰更新。

(7)避雷器、避雷针及其他接地装置,每年春季必须测量一次接地电阻值,并符合规程要求。

(8)检修班长(运行班长)应负责检查检修项目和检修质量。

(9)分管领导、设备员、检修组长应共同对抢修后的设备进行验收,并签名,做好记录。

# 第二节　发电安全

## 一、发电机工作原理简介

同步发电机主要由定子和转子两部分组成。它的定子是将三相交流绕组嵌置于由冲好槽的硅钢片叠压而成的铁芯里，它的转子由磁极铁芯及励磁绕组构成。

如果用原动机拖动同步发电机的转子，以每分钟 $n$ 转的速度旋转，同时在转子的励磁绕组中通入一定的直流电励磁，那么转子磁极产生的磁场随转子一起以 $n(r/min)$ 的速度旋转，它和定子有了相对运动，根据电磁感应原理，就在定子绕组中感应出交流电势，在定子三相绕组的引出端可以得到三相交流电势，该电势的大小用下式表示：

$$E = 4.44 fN\phi k_1$$

式中　$N$——每相定子绕组串联匝数；

　　　$f$——电势的频率，Hz；

　　　$\phi$——每极基波磁通，Wb；

　　　$k_1$——基波绕组系数。

电势频率 $f$ 决定于转子的转速 $n$ 和磁极对数 $p$，它们之间的关系为：

$$f = pn/60$$

式中　$p$——极对数。

如果定子三相绕组的出线端接三相负载，便有电能输出，发电机将机械能转换为电能。

石化企业自备电站的发电机一般是用汽轮机作为原动机，所以整个机组称为汽轮发电机组。也有部分企业采用燃气轮机做为原动机。

## 二、发电机正常运行的规定

(一)发电机电压、周波、力率变动运行规定

(1)发电机定子电压允许在额定值的 ±5% 范围内变动，此时，定子电流可相应变化 ±5%。电压最高不得超过额定值的 10% 运行，最低不允许低于额定值的 10% 运行。

(2)发电机正常运行中，周波应保持在 50 周/s，正常变动范围为 ±0.2 周/s，即 49.8 ~ 50.2 周/s，最大允许变动范围为 ±0.5 周/s。在事故情况下，例如发电机脱网运行时，可根据具体情况制定相应的事故处理方案。

(3)发电机正常运行中，功率因数一般不超过迟相 0.95，即发电机有功与无功之比约为 3:1，许多石化企业的发电机受热负荷限制，不能长年满发，这

种情况下可安排发电机组承担部分无功补偿的任务，以减少线损，但不能影响发电机安全运行。

（二）发电机运行中电流的规定

（1）正常运行中发电机定子电流及转子电流不允许超过额定值。

（2）发电机定子三相不平衡电流，在连续运行中不得超过额定值的10%，在额定电压下，最大一相也不应超过额定值。

（三）发电机的允许温度及温升

（1）在冷却空气的各种不同温度下，发电机各主要部件的允许温升见表3-1。

表3-1　发电机的允许温升　　　　　　　　　　　　℃

| 发电机主要部件 | 冷却气体温度 | | |
| --- | --- | --- | --- |
| | +40 | +30 | +25 |
| | 允许温升限度 | | |
| 定子绕组 | 80 | 90 | 95 |
| 转子绕组 | 90 | 100 | 105 |
| 定子铁芯 | 80 | 90 | 95 |

（2）发电机定子线圈、铁芯、出风温度超过规定值经调整无效，应降低发电机出力，直至其恢复正常值，并尽快查明原因。

（3）发电机正常运行其额定入口风温为+40℃，最高不得超过+55℃，最低不得低于+5℃。

（4）发电机两侧进风温度之差不超过3℃，发电机出口风温最高不得超过+75℃。

（四）发电机绝缘电阻的测定

（1）测量发电机定子回路绝缘电阻选用2500V摇表，定子回路的对地绝缘电阻值应不小于1MΩ/kV，吸收比不应小于1.3，相间通路。

（2）发电机转子回路绝缘电阻的测定应在发电机电刷架上进行，测量时选用500V摇表，分别测量正极对地和负极对地绝缘，其绝缘电阻值应大于0.5MΩ。

（3）发电机开机前或停机后，必须测量定子线圈及全部励磁回路的绝缘电阻值，并做记录。在绝缘达不到上述规定要求时，应请示有关领导后，再定是否开机。发电机正常停机不超过24h，再行开机可以不测量其绝缘电阻。

### 三、发电机启动前的检查、测量与试验

发电机开机前应进行检查、测量和试验工作，以便发现问题并及早进行处理。

(一)发电机开机前的检查

(1)检查所有的安全措施已全部拆除，工作票办理结束，检修工作交代齐全。

(2)检查发电机各部及励磁系统正常，卫生清洁，温度计完整，指示正确。

(3)发电机定子窥视孔玻璃应完整透明。

(4)冷风室无杂物，地面干燥，冷却器应无漏水及结露。

(5)发电机引出线及励磁回路接线应良好，发电机 PT 各部接线应良好。

(6)轴承绝缘垫及油管法兰绝缘垫应清洁完整。

(7)滑环表面光滑清洁，电刷及刷架应牢固无损坏现象，刷握与滑环表面的距离应在 2~4mm 之间。

(8)电刷型号应一致，压力均匀，不要过松或过紧，电刷在刷握内能自由活动。

(9)电刷不应低于刷握的三分之一，若低于三分之一时应及时更换。

(10)发电机的接地碳刷应完好。

(11)检查发电机所属开关、刀闸、PT、CT、自动装置、继电保护装置以及仪表等应良好。

(12)检查发电机保护投入正确。

(二)发电机启动前的试验

(1)用 2500V 摇表测量发电机定子回路的绝缘应良好。

(2)用 500V 摇表测量发电机励磁回路及转子回路的绝缘应良好。

(3)试验调速电机良好。

(4)试验发电机出线开关和励磁开关的联锁应良好。

(5)做发电机和汽机的联锁试验良好。

(6)做发电机的整组试验良好。

(7)发电机在大修或在同期电压回路上工作后，必须由继电保护试验班进行核相，核相正确后，方可开机。

### 四、发电机启动和并列

(1)发电机一经转动，即认为发电机带有电压，任何人不准在定子回路上进行工作。

（2）当发电机转速至1500r/min，应进行一次动态检查。检查项目如下：

①发电机有无振动和摩擦声；

②电刷的工作情况是否正常，是否有振动、接触不良及跳动现象；

③发电机风温是否正常，空冷器有无漏水及结露现象。

（3）发电机的并列操作应在接到汽机可并列命令后进行。并列前应联系电气调度部门，调度许可后方可进行操作。

（4）发电机开机操作需严格执行操作票制。

（5）在发电机升压过程中应注意检查发电机三相电压应平衡；检查发电机三相定子电流应显示为零。

（6）发电机定子三相电压升至额定值时，应注意核对发电机的空载值和额定空载值基本一致，以便及早发现励磁回路的故障。

（7）发电机电压、周波调至与系统一致时投入自动准同期装置进行并列操作，或用手动准同期装置进行手动并列操作。

（8）发电机与系统并列采用自动准同期并列，并列时应满足以下条件：

①发电机电压与系统电压相等；

②发电机电压相位与系统电压相位一致；

③发电机周波与系统周波相等；

④发电机相序与系统相序一致（在安装或检修后核对）。

（9）发电机进行同期并列时，严禁两只同期开关同时投入。并列后应及时退出发电机同期开关。

（10）发电机并列后，应及时告知汽机值班人员发电机已并列，并汇报电气高调度部门。

（11）发电机并列后应进行一次重点检查，检查内容为：

①检查发电机各参数正常；

②发电机出线开关、励磁开关工作良好，励磁冷却风扇运转良好；

③发电机温度显示正常，电刷工作情况良好；

④发电机冷却系统工作正常；

⑤发电机各保护装置处于工作状态。

（12）发电机并列后，有功负荷的增加应根据汽机的要求或由汽机值班人员进行调整。按机组运行规定，发电机并入电网后可带30%的额定负荷，然后在30min内可均匀增至额定负荷（应以汽轮机厂家提供的使用说明为准）。

（13）发电机并列操作，应由两人进行，一人操作，另一人监护。

### 五、发电机运行中的检查与维护

(一)发电机运行中应进行的检查

(1)检查发电机各运行参数指示正确。

(2)检查发电机各部温度应正常。

(3)检查发电机运转声音应正常。

(4)检查发电机端部不应有电晕、水珠,从窥视孔看端部应清洁,无绝缘物和垫块脱落。

(5)发电机滑环电刷接触应良好,无发热、卡涩、冒火及跳动现象。

(6)发电机运行中的检查,每2h一次。当外部发生严重故障或过负荷运行时,应增加检查次数,并进行某些特殊检查。

(二)发电机正常运行中的维护

(1)电气值班人员应定期对发电机滑环进行清扫擦拭,定期用吹风机吹扫滑环电刷和电刷架,并做记录。

(2)运行中发现电刷长度已达到最低使用极限,应按下列要求进行更换。

(3)更换电刷,同一机组不得两人同时进行。更换时,应扣紧袖口,站在绝缘垫上,并特别注意,不得使衣服被转动部分挂住,女同志应把辫子或长发盘在帽子内。

(4)所使用的工具,应用绝缘胶布包扎好后使用,以免造成接地短路。更换电刷时不得同时触及不同极性的导体或一手触及导体,另一手触及接地部分。

(5)更换新电刷,型号应与旧电刷相同,新电刷应与滑环接触面积在70%以上,并且同一极上更换的电刷不得超过两块。

(6)更换电刷的工作应由两人进行,一人工作,另一人监护。

(三)滑环冒火时的处理

(1)若冒火是由滑环表面脏污引起的,应用白布进行擦拭。如不见效,可在白布上涂少许凡士林或四氯化碳,进行擦拭。但应注意,所涂凡士林越少越好,且一定要反复擦拭直至干净为止。

(2)若电刷过短或破裂,电刷在刷握内卡住或摇摆,电刷研磨不良,弹簧压力不均,电刷质量问题造成冒火,应及时分析出原因,进行处理。

(3)若冒火是由滑环表面粗糙引起,应用0#细玻璃砂纸打磨表面,严禁用金刚砂纸及其他砂纸打磨。

(4)若机组振动造成电刷冒火严重无法处理时,应请示有关领导,并做好停机准备。

## 六、发电机停机

正常情况下，发电机解列停机应按领导或调度员命令进行，解列前应与汽机和变电所值班人员进行联系。发电机正常停机时，由汽机司机将发电机有功负荷减到零。发电机停机操作应严格按照操作规程操作，并严格执行操作票制度。紧急情况下，满足下列条件之一，应用紧急停机按钮将发电机立即解列：

（1）发电机着火；

（2）发电机出现强烈振动；

（3）需要停机的人身事故；

（4）发电机保护动作停机。

## 七、发电机的异常运行及事故处理

（一）并列时发电机不能升压

1. 表征

（1）升压时发电机定子电压、转子电压、转子电流均无显示，表计无指示。

（2）升压时发电机定子电压无显示，转子电压表和电流表有显示。

2. 处理

（1）出现表征 1 时，说明励磁回路断线或励磁装置本身有故障，应检查励磁屏上表计指示是否正确，检查励磁开关、刀闸是否接触良好。

（2）出现表征 2 时，应首先检查定子电流表是否有指示，若有指示，说明发电机一次回路有短路，应立即停止操作，进行检查并消除。若定子电流表无指示，应检查发电机测量电压互感器一、二次保险是否良好，表计回路是否良好，发现问题及时进行处理。

（3）升压时发现上述象征时，应立即停止操作，汇报车间，断开励磁开关，待消除原因后再升压并列。

（二）发电机失去励磁

1. 表征

（1）转子电流表指示为零或接近零。

（2）转子电压表指示为零（励磁回路故障）或转子电压表指示升高（转子回路断路）。

（3）发电机无功负荷显示零以下。

（4）定子电流显示升高且波动。

（5）发电机母线电压可能降低少许。

（6）励磁屏上发故障报警信号。

2. 原因

(1)发电机转子回路断线。

(2)发电机滑环电刷冒火严重。

(3)励磁装置本身故障。

(4)系统电压波动引起。

3. 处理

(1)值班人员应立即根据微机显示的励磁电压、励磁电流判断事故原因，如果是由于系统电压波动引起失磁，应及时调整发电机无功负荷。

(2)检查发电机滑环、碳刷有无异常。

(3)至机柜室检查励磁调节屏有无故障信号，表计指示是否正常，若无明显故障，手动增磁，看励磁电压，励磁电流能否恢复。

(4)经上述检查处理后，发电机励磁仍不能恢复，在母线电压未降到额定值的90%以下时，则不必将发电机解列停机，此时可降低发电机的有功负荷，设法恢复励磁，并向车间、厂调汇报。若在30min内无法恢复励磁时，应将发电机解列。

(三)发电机变成同步电动机运行

1. 表征

(1)发电机有功负荷显示零值以下，无功负荷显示升高。

(2)定子电流显示降低，定子电压和其他参数显示正常。

(3)汽机主汽门关闭，蒸汽流量降到零。

2. 处理

(1)立即向汽机询问情况，密切监视有功负荷的变化。

(2)调整发电机无功负荷至正常值。

(3)若接到汽机停机命令后，立即将发电机解列停机。

(4)及时汇报到车间、调度。

(四)发电机失去同期

1. 表征

(1)定子电流显示剧烈变化，并超过正常值。

(2)发电机电压及所在母线上的电压显示上下变化。

(3)转子电压、电流显示在正常值左右变化。

(4)发电机周波显示忽高忽低。

(5)发电机发出有节奏的鸣声，与上述参数显示变化相反。

(6)故障机组与正常机组的参数变化相反。

2. 原因

(1)系统发生短路故障，非同期合闸而破坏了系统的稳定性。

（2）大型机组失磁或电压严重下降，破坏了系统的稳定。

3. 处理

（1）立即增加发电机励磁。

（2）减少发电机的有功负荷。

（3）采取上述措施，在2min内不能将发电机拉入同期时，应将发电机从系统解列，待系统稳定后重新并入电网。

（五）发电机开关跳闸

1. 表征

（1）计算机上发报警信号，发电机开关跳闸。

（2）发电机跳闸原因如果是由于保护动作引起，事故报警窗显示发电机跳闸原因，发电机相应的保护动作信号发出。

（3）发电机有功、无功负荷显示为零。

（4）发电机各参数显示为零。

（5）事故打印机打印开关和保护的动作情况。

2. 原因

（1）发电机内部故障造成差动保护动作跳闸。

（2）发电机外部故障造成复合电压闭锁过流保护跳闸。

（3）发电机定子接地保护动作跳闸。

（4）总变电所零序保护联锁跳发电机开关。

（5）汽机联锁保护造成发电机停机。

（6）励磁联锁保护造成发电机停机。

（7）保护误动作、人员误操作造成开关跳闸。

3. 处理

（1）发电机开关跳闸后，应立即检查励磁开关是否断开，如未断开，应立即断开。

（2）告知汽机值班人员发电机已跳闸。

（3）值班人员应迅速查明原因，并及时向厂调和车间汇报，并做好记录。

（4）根据动作情况，判断发电机开关跳闸的故障原因，并及时和总变电所联系，确定是系统故障造成发电机开关跳闸后，应待系统故障消除稳定后，重新将发电机并入电网运行。

（5）若发电机差动保护动作开关跳闸，应做以下检查处理：立即对差动保护范围内的一次设备进行检查。从发电机窥视孔里检查内部有无烟火，有无绝缘物烧焦味，询问汽机发电机跳闸前的情况，检查发电机的差动保护动作是否正确。测量发电机绝缘，并做进一步检查。将检查情况汇报车间及厂调。未查明原因和消除故障前，不允许将发电机再行启动和并列。

（6）发电机复闭过流动作跳闸的处理：立即联系总变，询问系统情况。若是6kVⅡ段母线故障，则应待故障消除后再开机。发现发电机内部故障，而差动保护拒动，导致复闭过流保护动作时，则应进行停机，做进一步检查。若是发电机母线配出线路故障而造成越级跳发电机开关，应及时切断故障线路，待母线供电正常后，发电机再升压并列。

（7）发电机接地保护动作跳闸时，应对发电机各部及出线设备进行检查，摇测定子绝缘，寻找事故原因，在查明原因前不允许将发电机重新启动。

（8）若是励磁故障导致发电机开关跳闸，应对励磁装置进行检查处理，处理好后再行开机。

（9）若是汽机保护动作导致发电机开关跳闸，待汽机处理好后再开机。

（10）若是总变零序保护动作导致发电机开关跳闸，应及时联系总变，接到再开机并网的命令后再并网。

（11）若发电机各保护均未动作而设备又无异常，则说明有可能是人员误操作或开关误跳闸，判断正确后可立即将发电机并入电网。

（六）发电机着火

1. 表征

（1）发电机内部冒烟着火并有焦臭味。

（2）发电机定子线圈、铁芯及各部温度升高。

（3）发电机差动保护可能跳闸。

2. 原因

引起发电机着火的原因很多，例如短路绝缘击穿、绝缘表面脏污、接头过热、局部铁芯过热、杂散电流引起火花等都有可能引起电机着火。

3. 处理

（1）立即将发电机解列，并立即告知汽机司机。

（2）通知汽机维持转速200~300r/min，开启发电机灭火装置，用水灭火。火没有完全扑灭之前，发电机不能停转。

（3）在必要时，除泡沫式灭火机及砂子外，其他对发电机绝缘没有损坏的灭火设备均可启用。

（4）做好记录并及时汇报车间及厂调。

（七）发电机母线接地

1. 表征

（1）发电机母线接地信号发出，音响报警。

（2）切换监控画面，发电机母线相电压一相显示到零或降低，其他两相升高。

（3）发电机各参数指示正常。

2. 处理

（1）检查造成发电机母线接地的原因是配出线路还是母线。

（2）检查发电机出线是否正常。

（3）如果接地故障点在发电机定子接地保护范围以内，则说明发电机接地保护拒动，则应手动解列发电机，断开励磁开关，按停机处理。

（4）如果接地故障点在发电机定子接地保护范围以外，则应及时进行查找并消除。

（5）中性点不接地系统单相接地的时间不允许超过 2h，如果在 2h 之内无法将接地故障消除时，则应联系总变和有关人员将发电机停机。

（6）及时汇报并做好记录。

（八）发电机电压互感器高压保险熔断

1. 表征

发电机测量用电压互感器高压保险熔断一相时，发电机的电压、周波、有功负荷等参数显示降低；同时熔断两相高压保险时，上述参数显示接近于零或到零；三相高压保险全部熔断时，上述参数显示全为零。

2. 处理

（1）立即通知汽机人员，告之事故原因，注意监视压力和流量，准备更换保险。

（2）将复闭过流保护联板解除。

（3）询问总变电所电气值班人员，系统有无发生接地、短路等故障。

（4）若系统未发生故障，则应仔细检查电压互感器，判断是否本身故障和二次保险熔断。

（5）确实证明非电压互感器本身故障而是由于系统故障造成时，应拉开电压互感器乙刀闸（注意在拉电压互感器刀闸时，必须先核实系统已供电正常），然后更换好的高压保险。更换时必须两人进行，戴绝缘手套，穿绝缘靴，使用绝缘安全用具。

（6）换完保险后，检查各参数是否已显示正常，各参数显示正常后，恢复联板，告知汽机人员并做好记录。

（九）发电机温度升高

1. 表征

（1）发电机出、入口风温超过正常值范围。

（2）定子线圈检测报警。

2. 处理

(1) 值班人员应检查发电机三相电流是否超过额定值,定子三相电流是否平衡。

(2) 检查发电机各部有无异常。

(3) 会同汽机值班人员检查冷却系统。

(4) 减少发电机有功、无功负荷,通知仪表维护人员检查温度表计是否有问题。

(5) 及时汇报车间及厂调。

(十)发电机过负荷

1. 表征

(1) 发电机定子电流超过额定值。

(2) 转子电压、电流可能超过额定值。

(3) 发电机电压、周波可能降低。

2. 处理

正常运行时,发电机定子、转子电流不允许超过额定值,只有在事故情况下,允许短时间内按温度的规定过负荷运行,但转子和定子绕组的温度不得超过其绝缘等级所允许的最高温度。发电机短时间允许过负荷的数值和时间可参考表 3 - 2。

表 3 - 2    发电机短时间允许过负荷倍数及允许时间表

| 定子电流倍数($I/I_e$) | 1.15 | 1.2 | 1.25 | 1.3 | 1.4 | 1.5 | 2.0 | 2.5 | 3.0 | >3 |
|---|---|---|---|---|---|---|---|---|---|---|
| 持续时间 $t$/min | 15 | 6 | 5 | 4 | 3 | 2 | 1 | 0.5 | 0.3 | 0.15 |

有功负荷超过额定值时,应立即减至额定值。定子电流超过允许值,机端电压在额定值的 90% 以上时,可减少发电机的无功负荷消除过负荷。如果发电机电压低于额定值的 90% 时,且此时发电机又过负荷,应立即汇报车间及调度,及时调整系统负荷,消除发电机过负荷。

(十一)发电机非同期并列

1. 表征

发电机合闸瞬间引起运行机组和并列机组的定子电压、电流、有功负荷、无功负荷、转子电压与电流显示大幅度变化,机组发出鸣声,严重时将引起强烈振动或造成机组大轴变形。

2. 原因

(1) 发电机回路或电压互感器高压侧接线错误。

(2) 发电机电压互感器二次回路和同期回路接线错误。

（3）自动准同期装置故障。

（4）汽机调速系统不稳定。

（5）机组并列人员操作不当。

3. 处理

（1）非同期并列严重时，发电机保护将动作解列发电机，值班人员按发电机主开关跳闸处理，并立即对发电机进行全面检查，测量其绝缘电阻，并及时向厂调、车间领导汇报。

（2）发电机非同期并列后引起的冲击达不到本身保护动作值而又不能及时消失时，此时值班人员应立即增加发电机的励磁电流以便将其拉入同期，若在1min内不能将发电机拉入同期时，应将发电机解列。

（3）发电机并列后发生冲击，但很快被拉入同步，又未发生明显的异常时，可不停机但应做好记录并向领导汇报。

（十二）发电机脱网

1. 表征

（1）发电机脱网信号发出，两段周波表显示不同。

（2）发电机电压、周波、以及负荷突变，超过正常值。

（3）带低周减载的配出可能跳闸。

（4）若发电机脱网由企业内部开关跳闸引起，则相应的开关跳闸报警信号发出。

2. 处理

（1）此时应迅速调整发电机的励磁，使机端电压在正常值附近。

（2）迅速和汽机值班人员联系，调整发电机负荷，维持发电机周波。

（3）如果发电机周波下降，不能维持，而投低周减载的开关拒动，可手动将其分闸。

（4）在发电机周波稳定运行，发电机又无异常时按以下处理：询问总变值班人员，弄清事故原因，汇报车间及调度，做好发电机重新并网的准备。电气值班人员加强联系，在发电机并网之前注意监盘，加强调整，维持好发电机的电压和周波。

# 第三节　供电安全

## 一、系统接线及运行方式

由于石油化工企业对供电可靠性的要求非常高，在设计石化企业电气主接线时，应针对不同的需要，采用不同的接线方式。对全厂供电影响最大的主要变电所可考虑采用双母线带旁路母线的接线方式，这样在母线检修和开关检修时不影响正常供电。如考虑电气系统与全厂装置同步检修，也可考虑采用双母线接线或单母线分段接线方式。对企业内的自备电站，由于一般机组容量较小，在发电机出口开关遮断容量满足要求的情况下，宜优先选用设发电机机端母线的接线方式，而尽量不选用单元制接线。设机端母线后，厂用电可由机端母线引接，接线比较方便，运行方式也比较灵活，并可省去高压厂用启备变。设机端母线后，可由机端母线向外配电，减少主变升压造成的电损。在系统供电出现问题时，可由发电机带机端母线运行，保证厂用电的正常供给。石化企业与外电网联网至少要有两条线路，以提高供电安全性。对生产装置供电也需采用双电源供电，装置配电接线方式可采用双母线或单母线分段接线。

石化企业一般都建有自备热电站，自发电可靠性高，如果能做好电力平衡，自发电可作为第三路电源保障石化生产的安全供电。可在全厂分散安装低周减载装置，在外电网故障时，切除部分非重要负荷，维持发电量与用电量的平衡，调节发电机单机运行时的电压和周波在规定范围内，用发电机自发电向重要生产装置供电，减少因外电网故障造成的损失。待系统供电恢复正常后，利用同期装置将发电机重新与系统并网。

## 二、电动机的运行管理

### （一）绝缘电阻值的规定

6kV 高压电动机送电前用 2500V 摇表测量其绝缘电阻，其值应不小于 1MΩ/kV。低压电动机送电前应用 500V 摇表测量其绝缘电阻，其值应大于 0.5MΩ。如果绝缘电阻低于上述规定应向有关领导汇报后，再决定是否送电。

### （二）起动前的检查

电机送电前应检查工作票办理结束，全部安全措施拆除，检修交代齐全后，方可进行送电操作。对于停机时间较长或大修后的电动机，在送电前要进行绝缘电阻测量。测量绝缘电阻的标准按本章第一节执行。检查电动机上或其附近有无杂物和有无人员工作，接地线是否良好，各部螺丝是否紧固。检查电动机盘车良好，无偏重感。电动机的开关、电缆、电流互感器、仪表保护等一次、二次回路均良好。

### （三）电动机的起动

电动机经上述检查完毕，符合送电条件时，经过运行值班人员的许可，方可进行送电操作。送电操作应注意：

（1）低压电动机送电时，要检查其保险的接触情况，保险的容量应与电动机容量相适应。刀闸的接触是否良好。

（2）由直流控制操作的电动机，要检查操作保险是否接触良好，开关柜上指示灯应良好。

（3）有联动装置的电动机，应按要求投入或切除相应的联板。

（4）带变频调速的电动机送电时，合上相应的电源开关后，应检查变频器的面板显示正常。

（5）电动机送电完毕后，应通知运行人员现场启动。

（6）鼠笼式转子电动机在冷、热态下允许启动的次数，应按制造厂的规定执行。正常情况下，在冷态下允许启动 2 次，每次间隔时间不得小于 5min；在热态下允许启动一次。只有在事故处理时以及启动时间不超过 2～3s 的电动机可以多启动一次。

（7）电动机在合闸后应监视启动过程，对于有电流表的电动机，在启动结束后要监视电流的指示是否超过额定值，超过额定值时应切断电源，查明原因后再行启动。

（四）事故处理

1. 电动机不能启动

电动机不能启动，可能为电源缺相，此时应进行下列检查：

（1）测量电源电压，检查电源线、保险等是否有断线的地方。

（2）测量电源电压，检查电源电压是否在额定值附近。

（3）转动转子，检查转子和定子是否有相碰的部位。

（4）用表测量定子绕组是否有断线的地方。

（5）带变频调速的电动机应检查变频器的运行情况。

2. 电动机启动后达不到额定转速

原因：电源电压低；鼠笼式电动机转子断条；负荷过大或定、转子间有摩擦。

处理：恢复电源电压；更换电动机转子；减小负荷、调整间隙。

3. 电动机运行中温度过高或冒烟

原因：

（1）负载过大。

（2）电动机冷却系统故障。

（3）定子绕组匝间或相间短路。

（4）缺相运行。

（5）环境温度过高。

（6）定、转子扫膛。

（7）电源电压过高或过低。

（8）转子回路开焊。

处理：针对上述原因进行检查，并及时汇报给值长及车间领导，不能处理的应开启备用电动机，及时停下故障机组。

4. 电动机在运行中有不正常的振动和杂音

原因：

（1）基础不坚固和地脚螺丝松动。

（2）轴承损坏。

（3）电动机与被拖动机械的中心不正。

（4）定、转子有摩擦。

（5）电动机所带的机械损坏。

（6）定转子的绕组有局部短路。

（7）失去平衡。

处理：

（1）及时汇报给领导及车间领导。

（2）及时针对上述原因进行检查处理。

（3）及时开启备用电动机，停止故障电动机的运行。

5. 低压电动机启动后跳闸

现象：计算机发出相应的电机跳闸信号；低压配电屏上的故障信号灯可能亮。

原因：低压电动机回路热保护元件的定值太小；电动机本身故障，保护动作跳闸。

处理：首先，检查电动机本身有无异常，如无异常，可将保护复位后再启动一次。若保护定值太小，应将定值调至正常范围；若电机本身故障，应启动备用机组，并联系检修。

### 三、变压器运行管理

#### （一）变压器电压、绝缘电阻的规定

变压器额定电压变化在 ±5% 范围内，变压器的出力不变，无论调压器分接开关在何位置，只要加于变压器一次侧的最高电压不超过额定值的 105%，则二次侧可全力运行。在用同一等级的摇表摇测的绝缘电阻值（MΩ）与上次所测得的结果比较，若低于 70%，则认为不合格。变压器绕组电压等级在 500V 以下的，用 500V 摇表测量不小于 0.5MΩ，变压器绕组电压等级在 500V 以上者，用 2500V 摇表测量，每 kV 不小于 1MΩ。高、低压绕组对地绝缘电阻应用吸收比法测量，若 $R60/R15 \geqslant 1.3$，则认为合格。

（二）变压器投用前的准备

检修完毕，收回全部工作票，并经电气试验班验收合格后，进行送电准备工作。值班人员在投用变压器前，应仔细检查，并确认变压器处于完好状态，具备带电运行的条件。变压器投用前应做下列检查：

（1）变压器本体及周围环境应清洁。

（2）设备的瓷质部件无破裂、放电痕迹及积灰现象。

（3）各引线接触良好，螺丝无松动，无过热痕迹。

（4）变压器外壳接地线应良好。

（5）油枕内及充油套管油面高度正常，油色正常，各部无漏油现象。

（6）呼吸器内的干燥剂无受潮现象。

（7）做变压器高压侧断路器和低压侧开关切合试验，并根据情况做保护动作试验。

（8）变压器检修后应对一次、二次电压进行核相。

（三）变压器的运行检查与维护

运行人员应定期、定时对运行中的变压器进行巡视检查，以掌握变压器的运行工况，及时发现缺陷，及时处理，保证变压器的安全运行。对检查中发现的问题，应及时汇报并填写在运行记录本或设备缺陷记录本内。变压器在运行中应做以下检查：

（1）监视变压器的负荷电流是否超过允许值。

（2）监视变压器一次、二次额定电压，看其是否正常。

（3）监视变压器二次侧三相电压、三相电流是否平衡。

（4）监视变压器的声音是否正常，正常运行时为连续的“嗡嗡”声。

（5）检查变压器的绝缘套管是否清洁，有无裂纹及闪络放电现象，连接线接触是否良好，有无放电及过热现象。

（6）检查变压器间门窗是否完整，照明及通风是否良好。

（四）变压器的异常运行及处理

1. 变压器声音异常

变压器在运行中有均匀的嗡嗡声是正常的，但出现下列声音时为异常：

（1）过负荷，变压器发出高而沉重的“嗡嗡”声。

（2）负荷变化大，变压器声响随之变化也大，如有高次谐波分量，会使变压器有较重的“哇哇”声。

（3）零件松动，夹件，铁芯松动，造成变压器内部发出异常声响。

（4）内部接头焊接或接触不良，或有击穿处均使变压器有“哧哧”声或有“劈啪”放电声。

（5）由于系统短路或接地，通过很大的短路电流，使变压器有很大的噪音。

（6）铁磁振荡，使变压器发出时粗时细不均匀的噪音。

2. 变压器三相电压不平衡原因

（1）三相负荷不平衡，导致中性点位移。

（2）系统发生铁磁谐振。

（3）绕组发生匝间或层间短路。

3. 接线端子发热

因接线端子接触不良，接触电阻增大所致。

4. 变压器过负荷

变压器过负荷运行，三相电流超过额定值。

上述四种情况在事故之前应严密监视负荷及缺陷的变化，并及时做出处理，不能处理的要及时汇报给厂调及车间领导。

## 四、真空开关运行管理

### （一）运行方式

目前，石化企业内部发、供电应用最为广泛的就是中置式真空开关柜，做好真空开关的运行维护有助于企业安全供电。真空开关在正常情况下，工作电流不得超过铭牌的规定值。操作电压为直流 220V 的真空开关最高允许合闸电压为 240V，最低允许合闸电压为 180V，最高允许分闸电压为 240V，最低允许分闸电压为 145V，不同厂家的产品略有不同。真空开关的操作，信号回路的绝缘电阻用 500V 摇表测量其绝缘电阻不少于 1MΩ。真空开关的绝缘电阻值用 2500V 摇表测量不得低于 300MΩ。在进行开关选择时应计算短路电流大小，防止误选遮断容量不足的开关造成事故。

### （二）真空开关的投用及运行检查

1. 合闸前的检查

真空开关合闸前应检查开关及其连接的设备和二次回路的工作票全部结束，安全措施及标示牌应拆除，接地刀闸应拉开。开关投用前应进行一次全面的外观检查，应将绝缘件表面擦干净，机械转动摩擦部位应涂润滑油。投运前，应检查开关本身及附近无遗留工具及杂物。开关本身及套管应清洁，无损坏及裂纹现象。表示开关位置的信号指示装置应正确、明显，分合指示正确。开关各部接触应紧固，螺丝无松动，小车插头应正常。开关机械掉闸装置应完整。测量开关各相对地绝缘及相间绝缘应合格。开关在大修后投用前必须做开关的跳合闸试验或根据要求做开关的保护跳闸试验。开关在投用前应按继电保护的要求切换保护压板。

2. 开关的合闸操作

开关操作必须在接到操作命令并联系好后方可进行。开关停送电操作必须填写操作票并严格按操作票执行。在进行真空开关操作时应同时投入相应的继电保护装置和联锁装置。对同期点的开关应注意防止误合造成非同期并列。开关合闸后应检查刺儿头位置指示和运行参数。开关合闸后，应到配电装置室检查开关柜运行的位置显示、信号指示、表计指示、声音等是否正常。

3. 开关运行中的检查

真空开关在正常情况下，工作电压、工作电流不得超过额定值。运行中的开关应按巡检规定每班定时检查。检查开关的位置指示应正确，指示信号灯、表计应正常。检查开关室内有无异味、异音和振动现象。检查有无电晕及放电现象。

（三）真空开关的事故处理

1. 真空开关拒绝合闸

原因：控制电源开关未合；合闸电源开关未合；控制、合闸电源电压太低；开关辅助接点接触不好；二次回路接线错误；微机监控系统故障；开关本身机械故障。

处理：检查电源电压，合上电源开关，二次回路查线，现场开关进行分、合闸试验，检查开关是否良好。

2. 开关合闸后又跳开的原因及处理

原因：操作机构失灵，挂钩没挂上；联动跳闸接点没有打开；继电保护误动或出口中间继电器接点闭合；保护联锁压板没解；接线错误。

处理：检查联动跳闸的接点或开关，处理操作机构，检查继电保护联板，查线等。

3. 开关拒绝跳闸

原因：控制电源不正常；控制回路接线错误；操作机构卡住失灵；开关辅助接点不通。

处理：按上述原因进行分项检查，如需要应立即切断此开关，应到现场用脚踏脱扣器进行分闸操作。

## 五、石化企业电力安全管理

1. 电力安全管理的目标

为了贯彻"安全第一、预防为主"的方针，保证员工在电力生产活动中的人身安全，保证电网安全可靠供电，保证石化企业生产装置的安全运行，电力安全管理的目标是防止发生对生产造成重大影响、对资产造成重大损失的恶性事故，保证：

(1)不发生人身死亡事故；

(2)不发生重大电网停电事故；

(3)不发生有人员责任的重大设备事故；

(4)不发生重大火灾事故。

2. 安全生产责任制

企业各级行政正职是安全第一责任人，对本企业的安全生产工作和安全生产目标负全面责任。各级行政副职是分管工作范围内的安全第一责任人，对分管工作范围的安全生产工作负领导责任，向行政正职负责；总工程师对本企业的安全技术管理工作负领导责任，向行政正职负责。各部门、各岗位应有明确的安全职责，做到责任分担，并实行下级对上级的安全生产逐级负责制。各企业应建立健全各级人员的安全生产责任制。

3. 安全规章制度

石化企业电气系统必须按规定严格执行"两票"（工作票、操作票）、"三制"（交接班制、巡回检查制、设备定期试验轮换制）和设备缺陷管理等制度；施工作业必须严格执行安全施工作业票和安全交底制度。发电、供电必须严格执行各项技术监督规程、标准，充分发挥技术监督专责人员的技术管理作用，保证设备和电网安全可靠运行。电气系统还应建立完善的安全监督机制。

4. 反事故措施、安全技术、劳动保护措施

石化企业电气专业每年应编制年度的反事故措施计划和安全技术劳动保护措施计划。反事故措施计划应由分管生产的领导组织，以生产技术部门为主，各有关部门参加制定；安全技术劳动保护措施计划由分管安全工作的领导组织，以安监或劳动人事部门为主，各有关部门参加制定。反事故措施计划应根据上级颁发的反事故技术措施、需要消除的重大缺陷、提高设备可靠性的技术改进措施以及本企业事故防范对策进行编制。反事故措施计划应纳入检修、技改计划。安全技术劳动保护措施计划、安全技术措施计划应根据国家、行业、国家电力公司颁发的标准，从改善劳动条件、防止伤亡事故、预防职业病等方面进行编制；项目安全施工措施应根据施工项目的具体情况，从作业方法、施工机具、工业卫生、作业环境等方面进行编制。安全性评价结果应作为制定反事故措施计划和安全技术劳动保护措施计划的重要依据。防汛、抗震、防台风等应急预案所需项目，可作为制定和修订反事故措施计划的依据。企业主管部门应优先安排反事故措施计划、安全技术劳动保护措施计划所需资金。安全技术劳动保护措施计划所需资金每年从更新改造费用或其他生产费用中提取。安全监督部门负责监督反事故措施计划和安全技术劳动保护措施计划的实施，对存在的问题应及时向主管领导汇报。企业主管领导和车间负责人应定期检查反

事故措施计划、安全技术劳动保护措施计划的实施情况，并保证反事故措施计划、安全技术劳动保护措施计划的落实。

5. 教育培训

新入厂的生产人员，必须经厂、车间和班组三级安全教育，经《电业安全工作规程》考试合格后方可进入生产现场工作。新上岗生产人员必须经过下列培训，并经考试合格后上岗：（1）运行、调度人员（含技术人员），必须经过现场规程制度的学习、现场见习和跟班实习，200MW 及其以上机组的主要岗位运行人员，还应上仿真机培训；（2）检修、试验人员（含技术人员），必须经过检修、试验规程的学习和跟班实习；（3）特种作业人员，必须经过国家规定的专业培训，持证上岗。在岗生产人员的培训包括：（1）在岗生产人员应定期进行有针对性的现场考问，反事故演习、技术问答、事故预想等现场培训活动；（2）离开运行岗位 3 个月及其以上的值班人员，必须经过熟悉设备系统、熟悉运行方式的跟班实习，并经《电业安全规程》考试合格后，方可再上岗工作；（3）生产人员调换岗位、所操作设备或技术条件发生变化，必须进行适应新岗位、新操作方法的安全技术教育和实际操作训练，经考试合格后，方可上岗；（4）200MW 及以上机组主要岗位运行人员、调度部门的调度人员和 220kV 及以上变电站的值班人员，应创造条件进行仿真系统的培训；（5）所有生产人员必须熟练掌握触电现场急救方法，所有职工必须掌握消防器材的使用方法。

## 六、防止电气误操作装置的管理

1. 防误装置运行管理

防误装置是防止工作人员发生电气误操作的有效技术措施。防误装置包括：微机防误、电气闭锁、电磁闭锁、机械联锁、机械程序锁、机械锁、带电显示装置等。防误装置实行统一管理、分级负责的原则，应配备防误装置专责人员。各企业应定期对管辖范围内的防误装置进行试验、检查、维护、检修，以确保装置的正常运行。对新建或更新改造的电气设备，防误装置必须同步设计、同步施工、同步投运。防误装置正常情况下严禁解锁或退出运行。防误装置的解锁工具（钥匙）或备用解锁工具（钥匙）必须有专门的保管和使用制度。电气操作时防误装置发生异常，应立即停止操作，及时报告运行值班负责人，在确认操作无误，经变电站负责人或发电厂当班值长同意后，方可进行解锁操作，并做好记录。当防误装置确因故障处理和检修工作需要，必须使用解锁工具（钥匙）时，需经变电站负责人或发电厂当班值长同意，做好相应的安全措施，在专人监护下使用，并做好记录。在危及人身、电网、设备安全且确需解锁的紧急情况下，经变电站负责人或发电厂当班值长同意后，可以对断路器进行解锁操作。防误装置整体停用应经本单位总工程师批准，才能退出，并报有关主管部门备案。同时，要采取相应的防止电气误操作的有效措施，并加强操作监护。运行值班人员（或操作人员）及检修维护人员应熟悉防误装置的管理规定和实施细则，做到"三懂二会"（懂防误装置的原理、性能、结构；会操作、维护）。新上岗的运行人员应进行使用防误装置的培训。防误装置的管理应纳入厂站的现场规程，明确技术要求、运行巡视内容等，并定期维护。防误装置的检修工作应与主设备的检修项目协调配合，定期检查防误装置的运行情况，并做好检查记录。防误装置的缺陷定性应与主设备的缺陷管理相同。

2. 防误装置的技术原则和使用原则

（1）防误装置应实现以下功能（简称"五防"）：防止误分、误合开关；防止带负荷拉、合隔离刀闸；防止带电挂（合）接地线（接地刀闸）；防止带接地线（接地刀闸）合开关（隔离刀闸）；防止误入带电间隔。凡有可能引起以上事故的一次电气设备，均应装设防误装置。

（2）选用防误装置的原则。防误装置的结构应简单、可靠，操作维护方便，尽可能不增加正常操作和事故处理的复杂性。电磁锁应采用间隙式原理，锁栓能自动复位。成套高压开关设备，应具有机械联锁或电气闭锁。防误装置应有专用的解锁工具（钥匙）。防误装置应满足所配设备的操作要求，并与所配用设备的操作位置相对应。防误装置应不影响开关、隔离刀闸等设备的主要技术性能（如合闸时间、分闸时间、速度、操作传动方向角度等）。防误装置所用的直流电源应与继电保护、控制回路的电源分开，使用的交流电源应是不间断供电系统。防误装置应做到防尘、防蚀、不卡涩、防干扰、防异物开启。户外的防误装置还应防水、耐低温。"五防"功能中除防止误分、误合开关可采用提示性方式，其余四防必须采用强制性方式。变、配电装置改造加装防误装置时，应优先采用电气闭锁方式或计算机"五防"。对使用常规闭锁技术无法满足防误要求的设备（或场合），宜加装带电显示装置达到防误要求。采用计算机监控系统时，远方、就地操作均应具备电气"五防"闭锁功能。若具有前置机操作功能的，亦应具备上述闭锁功能。开关和隔离刀闸电气闭锁回路严禁用重动继电器，应直接用开关和隔离刀闸的辅助接点。防误装置应选用符合产品标准、并经国家鉴定的产品。已通过鉴定的防误装置，必须经运行考核，取得运行经验后方可推广使用。

新建的变电站、发电厂（110kV及以上电气设备）防误装置应优先采用单元电气闭锁回路加微机"五防"的方案；变电站、发电厂采用计算机监控系统时，计算机监控系统中应具有防误闭锁功能；无人值班变电站采用在集控站配置中央监控防误闭锁系统时，应实现对受控站的远方防误操作。对上述三种防误闭锁设施，应做到：对防误装置主机中一次电气设备的有关信息做好备份。当信息变更时，要及时更新备份，信息备份应存储在磁带、磁盘或光盘等外介质上，满足当防误装置主机发生故障时的恢复要求。制定防误装置主机数据库、口令权限管理办法。防误装置主机不能和办公自动化系统合用，严禁与因特网互联，网络安全要求等同于电网二次系统实时控制系统。对计算机防误闭锁装置：现场操作通过电脑钥匙实现，操作完毕后，要将电脑钥匙中当前状态信息返回给防误装置主机进行状态更新，以确保防误装置主机与现场设备状态的一致性。对计算机监控系统的防误闭锁功能：应具有所有设备的防误操作规则，并充分应用监控系统中电气设备的闭锁功能实现防误闭锁。对中央监控防误闭锁系统：要实现对受控站电气设备位置信号、电控锁的锁销位置信号以及其他辅助接点信号的实时采集，实现防误装置主机与现场设备状态的一致性，当这些信号故障时应发出警告信息，中央监控防误闭锁系统能实现远程解锁功能。远方操作无人值班的受控变电站，应具备完善的闭锁功能，集控站通过该功能进行操作。

## 七、防止触电的技术措施

为了保障安全供电，必须采用可靠的技术措施，防止触电事故发生。绝缘、安全间距、漏电保护、安全电压、遮栏及阻挡物等都是防止直接触电的防护措施。保护接地、保护接零是间接触电防护措施中最基本的措施。所谓间接触电防护措施是指防止人体各个部位触及正常情况下不带电，而在故障情况下才变为带电的电器金属部分的技术措施。

专业电工人员在全部停电或部分停电的电气设备上工作时，在技术措施上，必须完成停电、验电、装设接地线、悬挂标示牌和装设遮栏后，才能开始工作。

（一）绝缘

1. 绝缘的作用

绝缘是用绝缘材料把带电体隔离起来，实现带电体之间、带电体与其他物体之间的电气隔离，使设备能长期安全、正常地工作，同时可以防止人体触及带电部分，避免发生触电事故，所以绝缘在电气安全中有着十分重要的作用。良好的绝缘是设备和线路正常运行的必要条件，也是防止触电事故的重要措施。绝缘具有很强隔电能力，被广泛地应用在许多电器、电气设备、装置及电气工程上，如胶木、塑料、橡胶、云母及矿物油等都是常用的绝缘材料。

2. 绝缘破坏

绝缘材料经过一段时间的使用会发生绝缘破坏。绝缘材料除因在强电场作用下被击穿而破坏外，自然老化、电化学击穿、机械损伤、潮湿、腐蚀、热老化等也会降低其绝缘性能或导致绝缘破坏。绝缘体承受的电压超过一定数值时，电流穿过绝缘体而发生放电现象称为电击穿。气体绝缘在击穿电压消失后，绝缘性能还能恢复；液体绝缘经多次击穿后，将严重降低绝缘性能；而固体绝缘被击穿后，就不能再恢复绝缘性能。在长时间存在电压的情况下，由于绝缘材料的自然老化、电化学作用、热效应作用，使其绝缘性能逐渐降低，有时电压并不是很高也会造成电击穿。所以绝缘需定期检测，保证电气绝缘的安全可靠。

3. 绝缘安全用具

在一些情况下，手持电动工具的操作者必须戴绝缘手套、穿绝缘鞋（靴），或站在绝缘垫（台）上工作，采用这些绝缘安全用具使人与地面，或使人与工具的金属外壳，其中包括与相连的金属导体，隔离开来。这是目前简便可行的安全措施。

为了防止机械伤害，使用手电钻时不允许戴线手套。绝缘安全用具应按有关规定进行定期耐压试验和外观检查，凡是不合格的安全用具严禁使用，绝缘用具应由专人负责保管和检查。

常用的绝缘安全用具有绝缘手套、绝缘靴、绝缘鞋、绝缘垫和绝缘台等。绝缘安全用具可分为基本安全用具和辅助安全用具。基本安全用具的绝缘强度能长时间承受电气设备的工作电压，使用时，可直接接触电气设备的有电部分。辅助安全用具的绝缘强度不足以承受电气设备的工作电压，只能加强基本安全用具的保安作用，必须与基本安全用具一起使用。在低压带电设备上工作时，绝缘手套、绝缘鞋（靴）、绝缘垫可作为基本安全用具使用，在高压情况下，只能用作辅助安全用具。

（二）屏护

屏护是指采用遮栏、围栏、护罩、护盖或隔离板等把带电体同外界隔绝开来，以防止人体触及或接近带电体所采取的一种安全技术措施。除防止触电的作用外，有的屏护装置还能起到防止电弧伤人、防止弧光短路或便利检修工作等作用。配电线路和电气设备的带电部分，如果不便加包绝缘或绝缘强度不足时，就可以采用屏护措施。

开关电器的可动部分一般不能加包绝缘，而需要屏护。其中防护式开关电器本身带有屏护装置，如胶盖闸刀开关的胶盖、铁壳开关的铁壳等；开启式石板闸刀开关需要另加屏护装置。起重机滑触线以及其他裸露的导线也需另加屏护装置。对于高压设备，由于全部加绝缘往往有困难，而且当人接近至一定程度时，即会发生严重的触电事故。因此，不论高压设备是否已加绝缘，都要采取屏护或其他防止接近的措施。

变配电设备，凡安装在室外地面上的变压器以及安装在车间或公共场所的变配电装置，都需要设置遮栏或栅栏作为屏护。临近带电体的作业中，在工作人员与带电体之间及过道、入口等处应装设可移动的临时遮栏。

屏护装置不直接与带电体接触，对所用材料的电性能没有严格要求。屏护装置所用材料应当有足够的机械强度和良好的耐火性能。但是金属材料制成的屏护装置，为了防止其意外带电造成触电事故，必须将其接地或接零。

屏护装置的种类，有永久性屏护装置，如配电装置的遮栏、开关的罩盖等；临时性屏护装置，如检修工作中使用的临时屏护装置和临时设备的屏护装置；固定屏护装置，如母线的护网；移动屏护装置，如跟随天车移动的天车滑线的屏护装置等。

使用屏护装置时，还应注意以下内容：

(1)屏护装置应与带电体之间保持足够的安全距离。

(2)被屏护的带电部分应有明显标志，标明规定的符号或涂上规定的颜色。

遮栏、栅栏等屏护装置上应有明显的标志，如根据被屏护对象挂上"止步，高压危险！"、"禁止攀登，高压危险！"等标示牌，必要时还应上锁。标示牌只应由担负安全责任的人员进行布置和撤除。

(3)遮栏出入口的门上应根据需要装锁，或采用信号装置、联锁装置。前者一般是用灯光或仪表指示有电；后者是采用专门装置，当人体超过屏护装置而可能接近带电体时，被屏护的带电体将会自动断电。

(三)漏电保护器

漏电保护器是一种在规定条件下电路中漏(触)电流(mA)值达到或超过其规定值时能自动断开电路或发出报警的装置。

漏电是指电器绝缘损坏或其他原因造成导电部分碰壳时，如果电器的金属外壳是接地的，那么电就由电器的金属外壳经大地构成通路，从而形成电流，即漏电电流，也叫做接地电流。当漏电电流超过允许值时，漏电保护器能够自动切断电源或报警，以保证人身安全。

漏电保护器动作灵敏，切断电源时间短，因此只要能够合理选用和正确安装、使用漏电保护器，除了保护人身安全以外，还有防止电气设备损坏及预防火灾的作用。

必须安装漏电保护器的设备和场所：

(1)属于Ⅰ类的移动式电气设备及手持式电气工具；

(2)安装在潮湿、强腐蚀性等恶劣环境场所的电气设备；

(3)建筑施工工地的电气施工机械设备，如打桩机、搅拌机等；

（4）临时用电的电气设备；

（5）宾馆、饭店及招待所客房内及机关、学校、企业、住宅等建筑物内的插座回路；

（6）游泳池、喷水池、浴池的水中照明设备；

（7）安装在水中的供电线路和设备；

（8）医院内直接接触人体的电气医用设备；

（9）其他需要安装漏电保护器的场所。

漏电保护器的安装、检查等应由专业电工负责进行。对电工应进行有关漏电保护器知识的培训、考核。内容包括漏电保护器的原理、结构、性能、安装使用要求、检查测试方法、安全管理等。

（四）安全电压

把可能加在人身上的电压限制在某一范围之内，使得在这种电压下，通过人体的电流不超过允许的范围，这种电压就叫做安全电压，也叫做安全特低电压。但应注意，任何情况下都不能把安全电压理解为绝对没有危险的电压。具有安全电压的设备属于Ⅲ类设备。

我国确定的安全电压标准是 42V、36V、24V、12V、6V。特别危险环境中使用的手持电动工具应采用 42V 安全电压；有电击危险环境中，使用的手持式照明灯和局部照明灯应采用 36V 或 24V 安全电压；金属容器内、特别潮湿处等特别危险环境中使用的手持式照明灯应采用 12V 安全电压；在水下作业等场所工作应使用 6V 安全电压。

当电气设备采用超过 24V 的安全电压时，必须采取防止直接接触带电体的保护措施。

（五）安全间距

安全间距是指在带电体与地面之间、带电体与其他设施、设备之间、带电体与带电体之间保持的一定安全距离，简称间距。设置安全间距的目的是：防止人体触及或接近带电体造成触电事故；防止车辆或其他物体碰撞或过分接近带电体造成事故；防止电气短路事故、过电压放电和火灾事故；便于操作。安全间距的大小取决于电压高低、设备类型、安装方式等因素。

1. 线路间距

架空线路导线与地面或水面的距离不应低于表 3-3 所列的数值。

架空线路应避免跨越建筑物。架空线路不应跨越可燃材料作屋顶的建筑物。架空线路必须跨越建筑物时，应与有关部门协商并取得有关部门的同意。架空线路与建筑物的距离不应小于表 3-4 的数值。

表3-3　导线与地面或水面的最小距离

| 线路经过地区 | 线路电压/kV | | |
| --- | --- | --- | --- |
| | 1以下 | 10 | 35 |
| 居民区 | 6m | 6.5m | 7m |
| 非居民区 | 5m | 5.5m | 6m |
| 交通困难地区 | 4m | 4.5m | 5m |
| 不能通航或浮运的河、湖冬季水面(或冰面) | 5m | 5m | 5.5m |
| 不能通航或浮运的河、湖最高水面(50年一遇的洪水水面) | 3m | 3m | 3m |

表3-4　导线与建筑物的最小距离

| 线路电压/kV | 1以下 | 10 | 35 |
| --- | --- | --- | --- |
| 水平距离/m | 1.0 | 1.5 | 3.0 |
| 垂直距离/m | 2.5 | 3.0 | 4.0 |

架空线路导线与街道或厂区树木的距离不应低于表3-5所列的数值。

表3-5　导线与街道或厂区树木的最小距离

| 线路电压/kV | 1以下 | 10 | 35 |
| --- | --- | --- | --- |
| 水平距离/m | 1.0 | 2.0 | — |
| 垂直距离/m | 1.0 | 1.5 | 3.0 |

架空线路也应与有爆炸危险的厂房或有火灾危险的厂房保持必要的防火间距。架空线路与铁道、道路、索道及其他架空线路之间的距离应符合有关规定。

2. 设备间距

配电装置的布置应考虑到设备搬运、检修、操作和试验的方便性。为了工作人员安全，配电装置以外需要保持必要的安全通道。如在配电室内，低压配电装置正面通道宽度，单列布置时应不小于1.5m。室内变压器与四壁应留有适当距离。

3. 检修间距

检修间距是指在维护检修中人体及所带工具与带电体之间必须保持的足够的安全距离。在低压工作中，人体及所携带的工具与带电体距离不应小于0.1m。

起重机械在架空线路附近进行作业时，要注意其与线路导线之间应保持足够的安全距离(表3-6)。

表 3-6 起重机械与线路导线的最小距离

| 电压/kV | 1 以下 | 10 | 35 |
|---|---|---|---|
| 距离/m | 1.5 | 2 | 4 |

（六）接零与接地

在工厂里，使用的电气设备很多。为了防止触电，通常可采用绝缘、隔离等技术措施以保障用电安全。但工人在生产过程中经常接触的是电气设备不带电的外壳或与其连接的金属体。这样当设备万一发生漏电故障时，平时不带电的外壳就带电，并与大地之间存在电压，就会使操作人员触电。这种意外的触电是非常危险的。为了解决这个不安全的问题，采取的主要的安全措施，就是对电气设备的外壳进行保护接地或保护接零。

1. 保护接零

将电气设备在正常情况下不带电的金属外壳与变压器中性点引出的工作零线或保护零线相连接，这种方式称为保护接零。当某相带电部分碰触电气设备的金属外壳时，通过设备外壳形成该相线对零线的单相短路回路，该短路电流较大，足以保证在最短的时间内使熔丝熔断、保护装置或自动开关跳闸，从而切断电流，保障人身安全。保护接零的应用范围，主要是用于三相四线制中性点直接接地供电系统中的电气设备，在工厂里也就是用于 380V/220V 的低压设备上。

在中性点直接接地的低压配电系统中，为确保保护接零方式的安全可靠，防止零线断线所造成的危害，系统中除了工作接地外，还必须在整个零线的其他部位再进行必要的接地。这种接地称为重复接地。

2. 保护接地

保护接地是指将电气设备平时不带电的金属外壳用专门设置的接地装置实行良好的金属性连接。保护接地的作用是当设备金属外壳意外带电时，将其对地电压限制在规定的安全范围内，消除或减小触电的危险。保护接地最常用于低压不接地配电网中的电气设备。

## 八、电力二次系统安全防护

（一）电力二次系统的定义

目前，电力监控系统以微机监控为主，做好电力二次系统的安全防护对保障石化企业供电安全尤为重要。电力二次系统，包括电力监控系统、电力通信及数据网络等。电力监控系统，是指用于监视和控制电网及电厂生产运行过程的、基于计算机及网络技术的业务处理系统及智能设备等。包括电力数据采集与监控系统、能量管理系统、变电站自动化系统、换流站计算机监控系统、发电厂计算机监控系统、配电自动化系统、微机继电保护和安全自动装置、广域相量测量系统、负荷控制系统、水调自动化系统和水电梯级调度自动化系统、电能量计量计费系统、实时电力市场的辅助控制系统等。电力调度数据网络，是指各级电力调度专用广域数据网络、电力生产专用拨号网络等。

（二）电力二次系统安全防护措施

电力二次系统安全防护工作应当坚持安全分区、网络专用、横向隔离、纵向认证的原则，保障电力监控系统和电力调度数据网络的安全。电力二次系统的规划设计、项目审查、工程实施、系统改造、运行管理等应当符合本规定的要求。

石化企业电气系统内部基于计算机和网络技术的业务系统，原则上划分为生产控制大区和管理信息大区。生产控制大区可以分为控制区（安全区Ⅰ）和非控制区（安全区Ⅱ）；管理信息大区内部在不影响生产控制大区安全的前提下，可以根据各企业不同安全要求划分安全区。根据应用系统实际情况，在满足总体安全要求的前提下，可以简化安全区的设置，但是应当避免通过广域网形成不同安全区的纵向交叉连接。电力调度数据网应当在专用通道上使用独立的网络设备组网，在物理层面上实现与电力企业其他数据网及外部公共信息网的安全隔离。电力调度数据网划分为逻辑隔离的实时子网和非实时子网，分别连接控制区和非控制区。在生产控制大区与管理信息大区之间必须设置经国家指定部门检测认证的电力专用横向单向安全隔离装置。生产控制大区内部的安全区之间应当采用具有访问控制功能的设备、防火墙或者相当功能的设施，实现逻辑隔离。在生产控制大区与广域网的纵向交接处应当设置经过国家指定部门检测认证的电力专用纵向加密认证装置或者加密认证网关及相应设施。安全区边界应当采取必要的安全防护措施，禁止任何穿越生产控制大区和管理信息大区之间边界的通用网络服务。生产控制大区中的业务系统应当具有高安全性和高可靠性，禁止采用安全风险高的通用网络服务功能。依照电力调度管理体制建立基于公钥技术的分布式电力调度数字证书系统，生产控制大区中的重要业务系统应当采用认证加密机制。

# 第四节　电业安全工作规程

## 一、高压设备工作的基本要求

（一）一般安全要求

（1）电气设备分为高压和低压两种：电压等级在1000V及以上者为高压电气设备；电压等级在1000V以下者为低压电气设备。

（2）运行人员应熟悉电气设备。单独值班人员或运行值班负责人还应有实际工作经验。

（3）高压设备符合下列条件者，可由单人值班或单人操作：

①室内高压设备的隔离室设有遮栏，遮栏的高度在1.7m以上，安装牢固并加锁者。

②室内高压断路器（开关）的操动机构（操作机构）用墙或金属板与该断路器（开关）隔离或装有远方操动机构（操作机构）者。

（4）换流站不允许单人值班或单人操作。

（5）无论高压设备是否带电，工作人员不得单独移开或越过遮栏进行工作；若有必要移开遮栏时，应有监护人在场，并符合表3-7的安全距离。

表3-7 设备不停电时的安全距离

| 电压等级/kV | 安全距离/m | 电压等级/kV | 安全距离/m |
|---|---|---|---|
| 10 及以下（13.8） | 0.70 | 750 | 7.20* |
| 20、35 | 1.00 | 1000 | 8.70 |
| 63（66）、110 | 1.50 | ±50 及以下 | 1.50 |
| 220 | 3.00 | ±500 | 6.00 |
| 330 | 4.00 | ±660 | 8.40 |
| 500 | 5.00 | ±800 | 9.30 |

注：表中未列电压等级按高一档电压等级安全距离；

*750kV 数据是按海拔2000m校正的，其他等级数据按海拔1000m校正。

（6）10kV、20kV、35kV 户外（内）配电装置的裸露部分在跨越人行过道或作业区时，若导电部分对地高度分别小于2.7m（2.5m）、2.8m（2.5m）、2.9m（2.6m），该裸露部分两侧和底部应装设护网。

（7）户外 10kV 及以上高压配电装置场所的行车通道上，应根据表3-8设置行车安全限高标志。

表3-8 车辆（包括装载物）外廓至无遮栏带电部分之间的安全距离

| 电压等级/kV | 安全距离/m | 电压等级/kV | 安全距离/m |
|---|---|---|---|
| 10 | 0.95 | 500 | 4.55 |
| 20 | 1.05 | 750 | 6.70* |
| 35 | 1.15 | 1000 | 8.25 |
| 63（66） | 1.40 | ±50 及以下 | 1.65 |
| 110 | 1.65（1.75） | ±500 | 5.60 |
| 220 | 2.55 | ±660 | 8.00 |
| 330 | 3.25 | ±800 | 9.00 |

注：括号内数字为110kV 中性点不接地系统所使用。

*750kV 数据是按海拔2000m校正的，其他等级数据按海拔1000m校正。

（8）室内母线分段部分、母线交叉部分及部分停电检修易误碰有电设备的，应设有明显标志的永久性隔离挡板(护网)。

(9)待用间隔(母线连接排、引线已接上母线的备用间隔)应有名称、编号，并列入调度管辖范围。其隔离开关(刀闸)操作手柄、网门应加锁。

(10)在手车开关拉出后，应观察隔离挡板是否可靠封闭。封闭式组合电器引出电缆备用孔或母线的终端备用孔应用专用器具封闭。

(11)运行中的高压设备其中性点接地系统的中性点应视作带电体，在运行中若必须进行中性点接地点断开的工作时，应先建立有效的旁路接地才可进行断开工作。

(12)换流站内，运行中高压直流系统直流场中性区域设备、站内临时接地极、接地极线路及接地极均应视为带电体。

(13)换流站阀厅未转检修前，人员禁止进入作业(巡视通道除外)。

(二)高压设备的巡视

(1)经本单位批准允许单独巡视高压设备的人员巡视高压设备时，不准进行其他工作，不准移开或越过遮栏。

(2)雷雨天气，需要巡视室外高压设备时，应穿绝缘靴，并不准靠近避雷器和避雷针。

(3)火灾、地震、台风、冰雪、洪水、泥石流、沙尘暴等灾害发生时，如需要对设备进行巡视时，应制定必要的安全措施，得到设备运行单位分管领导批准，并至少两人一组，巡视人员应与派出部门之间保持通信联络。

(4)高压设备发生接地时，室内不准接近故障点4m以内，室外不准接近故障点8m以内。进入上述范围人员应穿绝缘靴，接触设备的外壳和构架时，应戴绝缘手套。

(5)巡视室内设备，应随手关门。

(6)高压室的钥匙至少应有3把，由运行人员负责保管，按值移交。1把专供紧急时使用，1把专供运行人员使用，其他可以借给经批准的巡视高压设备人员和经批准的检修、施工队伍的工作负责人使用，但应登记签名，巡视或当日工作结束后交还。

(三)倒闸操作

(1)倒闸操作应根据值班调度员或运行值班负责人的指令受令人复诵无误后执行。发布指令应准确、清晰，使用规范的调度术语和设备双重名称，即设备名称和编号。发令人和受令人应先互报单位和姓名，发布指令的全过程(包括对方复诵指令)和听取指令的报告时双方都要录音并做好记录。操作人员(包括监护人)应了解操作目的和操作顺序。对指令有疑问时应向发令人询问清楚无误后执行。

（2）倒闸操作可以通过就地操作、遥控操作、程序操作完成。遥控操作、程序操作的设备应满足有关技术条件。

（3）倒闸操作的分类：

①监护操作：由两人进行同一项的操作。

监护操作时，其中一人对设备较为熟悉者作监护。特别重要和复杂的倒闸操作，由熟练的运行人员操作，运行值班负责人监护。

②单人操作：由一人完成的操作。

单人值班的变电站或发电厂升压站操作时，运行人员根据发令人用电话传达的操作指令填用操作票，复诵无误。

实行单人操作的设备、项目及运行人员需经设备运行管理单位批准，人员应通过专项考核。

③检修人员操作：由检修人员完成的操作。

经设备运行单位考试合格、批准的本单位的检修人员，可进行 220kV 及以下的电气设备由热备用至检修或由检修至热备用的监护操作，监护人应是同一单位的检修人员或设备运行人员。

检修人员进行操作的接、发令程序及安全要求应由设备运行单位总工程师审定，并报相关部门和调度机构备案。

（4）操作票：

①倒闸操作由操作人员填用操作票。

②操作票应用黑色或蓝色的钢（水）笔或圆珠笔逐项填写。用计算机开出的操作票应与手写票面统一；操作票票面应清楚整洁，不得任意涂改。操作票应填写设备的双重名称，即设备名称和编号。操作人和监护人应根据模拟图或接线图核对所填写的操作项目，并分别手工或电子签名，然后经运行值班负责人（检修人员操作时由工作负责人）审核签名。

每张操作票只能填写一个操作任务。

③下列项目应填入操作票内：

a. 应拉合的设备[断路器（开关）、隔离开关（刀闸）、接地刀闸（装置）等]，验电，装拆接地线，合上（安装）或断开（拆除）控制回路或电压互感器回路的空气开关、熔断器，切换保护回路和自动化装置及检验是否确无电压等。

b. 拉合设备[断路器（开关）、隔离开关（刀闸）、接地刀闸（装置）等]后检查设备的位置。

c. 进行停、送电操作时，在拉合隔离开关（刀闸）、手车式开关拉出、推入前，检查断路器（开关）确在分闸位置。

d. 在进行倒负荷或解、并列操作前后，检查相关电源运行及负荷分配情况。

e. 设备检修后合闸送电前，检查送电范围内接地刀闸（装置）已拉开，接地线已拆除。

f. 高压直流输电系统启停、功率变化及状态转换、控制方式改变、主控站转换，控制、保护系统投退，换流变压器冷却器切换及分接头手动调节。

g. 阀冷却、阀厅消防和空调系统的投退、方式变化等操作。

h. 直流输电控制系统对断路器进行的锁定操作。

（5）倒闸操作的基本条件：

①有与现场一次设备和实际运行方式相符的一次系统模拟图（包括各种电子接线图）。

②操作设备应具有明显的标志，包括命名、编号、分合指示，旋转方向、切换位置的指示及设备相色等。

③高压电气设备都应安装完善的防误操作闭锁装置。防误操作闭锁装置不得随意退出运行，停用防误操作闭锁装置应经本单位分管生产的行政副职或总工程师批准；短时间退出防误操作闭锁装置时，应经变电站站长或发电厂当班值长批准，并应按程序尽快投入。

④有值班调度员、运行值班负责人正式发布的指令，并使用经事先审核合格的操作票。

⑤下列三种情况应加挂机械锁：

a. 未装防误操作闭锁装置或闭锁装置失灵的刀闸手柄、阀厅大门和网门。

b. 当电气设备处于冷备用时，网门闭锁失去作用时的有电间隔网门。

c. 设备检修时，回路中的各来电侧刀闸操作手柄和电动操作刀闸机构箱的箱门。

d. 机械锁要1把钥匙开1把锁，钥匙要编号并妥善保管。

（6）倒闸操作的基本要求：

①停电拉闸操作应按照断路器（开关）—负荷侧隔离开关（刀闸）—电源侧隔离开关（刀闸）的顺序依次进行，送电合闸操作应按与上述相反的顺序进行。禁止带负荷拉合隔离开关（刀闸）。

②开始操作前，应先在模拟图（或微机防误装置、微机监控装置）上进行核对性模拟预演，无误后，再进行操作。操作前应先核对系统方式、设备名称、编号和位置，操作中应认真执行监护复诵制度（单人操作时也应高声唱票），宜全过程录音。操作过程中应按操作票填写的顺序逐项操作。每操作完一步，应检查无误后做一个"√"记号，全部操作完毕后进行复查。

③监护操作时，操作人员在操作过程中不准有任何未经监护人同意的操作

行为。

④操作中发生疑问时，应立即停止操作并向发令人报告。待发令人再行许可后，方可进行操作。不准擅自更改操作票，不准随意解除闭锁装置。解锁工具(钥匙)应封存保管，所有操作人员和检修人员禁止擅自使用解锁工具(钥匙)。若遇特殊情况需解锁操作，应经运行管理部门防误操作装置专责人到现场核实无误并签字后，由运行人员报告当值调度员，方能使用解锁工具(钥匙)。单人操作、检修人员在倒闸操作过程中禁止解锁。如需解锁，应待增派运行人员到现场，履行上述手续后处理。解锁工具(钥匙)使用后应及时封存。

⑤电气设备操作后的位置检查应以设备实际位置为准，无法看到实际位置时，可通过设备机械位置指示、电气指示、带电显示装置、仪表及各种遥测、遥信等信号的变化来判断。判断时，应有两个及以上的指示，且所有指示均已同时发生对应变化，才能确认该设备已操作到位。以上检查项目应填写在操作票中作为检查项。

⑥换流站直流系统应采用程序操作，程序操作不成功，在查明原因并经调度值班员许可后可进行遥控步进操作。

⑦用绝缘棒拉合隔离开关(刀闸)、高压熔断器或经传动机构拉合断路器(开关)和隔离开关(刀闸)，均应戴绝缘手套。雨天操作室外高压设备时，绝缘棒应有防雨罩，还应穿绝缘靴。接地网电阻不符合要求的，晴天也应穿绝缘靴。雷电时，一般不进行倒闸操作，禁止就地进行倒闸操作。

⑧装卸高压熔断器，应戴护目眼镜和绝缘手套，必要时使用绝缘夹钳，并站在绝缘垫或绝缘台上。

⑨断路器(开关)遮断容量应满足电网要求。如遮断容量不够，应将操动机构(操作机构)用墙或金属板与该断路器(开关)隔开，应进行远方操作，重合闸装置应停用。

⑩电气设备停电后(包括事故停电)，在未拉开有关隔离开关(刀闸)和做好安全措施前，不得触及设备或进入遮栏，以防突然来电。

⑪单人操作时不得进行登高或登杆操作。

⑫在发生人身触电事故时，可以不经许可，即行断开有关设备的电源，但事后应立即报告调度(或设备运行管理单位)和上级部门。

⑬同一直流系统两端换流站间发生系统通信故障时，两站间的操作应根据值班调度员的指令配合执行。

⑭双极直流输电系统单极停运检修时，禁止操作双极公共区域设备，禁止合上停运极中性线大地/金属回线隔离开关(刀闸)。

⑮直流系统升降功率前应确认功率设定值不小于当前系统允许的最小功

率，且不能超过当前系统允许的最大功率限制。

⑯手动切除交流滤波器（并联电容器）前，应检查系统有足够的备用数量，保证满足当前输送功率无功需求。

⑰交流滤波器（并联电容器）退出运行后再次投入运行前，应满足电容器放电时间要求。

（7）下列各项工作可以不用操作票：

①事故应急处理。

②拉合断路器（开关）的单一操作。

上述操作在完成后应做好记录，事故应急处理应保存原始记录。

（8）同一变电站的操作票应事先连续编号，计算机生成的操作票应在正式出票前连续编号，操作票按编号顺序使用。作废的操作票，应注明"作废"字样，未执行的应注明"未执行"字样，已操作的应注明"已执行"字样。操作票应保存一年。

## 二、保证安全的组织措施

（一）在电气设备上工作，保证安全的组织措施

（1）工作票制度。

（2）工作许可制度。

（3）工作监护制度。

（4）工作间断、转移和终结制度。

（二）工作票制度

（1）在电气设备上的工作，应填用工作票或事故应急抢修单。

（2）填用第一种工作票的工作为：

①高压设备上工作需要全部停电或部分停电者。

②二次系统和照明等回路上的工作，需要将高压设备停电者或做安全措施者。

③高压电力电缆需停电的工作。

④换流变压器、直流场设备及阀厅设备需要将高压直流系统或直流滤波器停用者。

⑤直流保护装置、通道和控制系统的工作，需要将高压直流系统停用者。

⑥换流阀冷却系统、阀厅空调系统、火灾报警系统及图像监视系统等工作，需要将高压直流系统停用者。

⑦其他工作需要将高压设备停电或要做安全措施者。

（3）填用第二种工作票的工作有：

①控制盘和低压配电盘、配电箱、电源干线上的工作。

②二次系统和照明等回路上的工作，无需将高压设备停电者或做安全措施者。

③转动中的发电机、同期调相机的励磁回路或高压电动机转子电阻回路上的工作。

④非运行人员用绝缘棒、核相器和电压互感器定相或用钳型电流表测量高压回路的电流。

⑤大于表3-1距离的相关场所和带电设备外壳上的工作以及无可能触及带电设备导电部分的工作。

⑥高压电力电缆不需停电的工作。

⑦换流变压器、直流场设备及阀厅设备上工作，无需将直流单、双极或直流滤波器停用者。

⑧直流保护控制系统的工作，无需将高压直流系统停用者。

⑨换流阀水冷系统、阀厅空调系统、火灾报警系统及图像监视系统等工作，无需将高压直流系统停用者。

(4)填用带电作业工作票的工作为：

带电作业或与邻近带电设备距离小于表3-7规定的工作。

(5)填用事故应急抢修单的工作为：

事故应急抢修可不用工作票，但应使用事故应急抢修单。

事故应急抢修工作是指：电气设备发生故障被迫紧急停止运行，需短时间内恢复的抢修和排除故障的工作。

非连续进行的事故修复工作，应使用工作票。

(6)工作票的填写与签发：

①工作票应使用黑色或蓝色的钢(水)笔或圆珠笔填写与签发，一式两份，内容应正确，填写应清楚，不得任意涂改。如有个别错、漏字需要修改，应使用规范的符号，字迹应清楚。

②用计算机生成或打印的工作票应使用统一的票面格式，由工作票签发人审核无误，手工或电子签名后方可执行。

工作票有一份应保存在工作地点，由工作负责人收执；另一份由工作许可人收执，按值移交。工作许可人应将工作票的编号、工作任务、许可及终结时间记入登记簿。

③一张工作票中，工作票签发人、工作负责人和工作许可人三者不得互相兼任。

④工作票由工作负责人填写，也可以由工作票签发人填写。

⑤工作票由设备运行单位签发，也可由经设备运行单位审核合格且经批准

的修试及基建单位签发。修试及基建单位的工作票签发人及工作负责人名单应事先送有关设备运行单位备案。

⑥承发包工程中，工作票可实行"双签发"形式。签发工作票时，双方工作票签发人在工作票上分别签名，各自承担本规程工作票签发人相应的安全责任。

⑦第一种工作票所列工作地点超过两个，或有两个及以上不同的工作单位（班组）在一起工作时，可采用总工作票和分工作票。总、分工作票应由同一个工作票签发人签发。

总工作票上所列的安全措施应包括所有分工作票上所列的安全措施。几个班同时进行工作时，总工作票的工作班成员栏内，只填明各分工作票的负责人，不必填写全部工作人员姓名。分工作票上要填写工作班人员姓名。

总、分工作票在格式上与第一种工作票一致。

分工作票应一式两份，由总工作票负责人和分工作票负责人分别收执。分工作票的许可和终结，由分工作票负责人与总工作票负责人办理。分工作票必须在总工作票许可后才可许可；总工作票必须在所有分工作票终结后才可终结。

⑧供电单位或施工单位到用户变电站内施工时，工作票应由有权签发工作票的供电单位、施工单位或用户单位签发。

（7）工作票的使用。

①一个工作负责人不能同时执行多张工作票，工作票上所列的工作地点，以一个电气连接部分为限。

a. 所谓一个电气连接部分是指：电气装置中，可以用隔离开关同其他电气装置分开的部分。

b. 直流双极停用，换流变压器及所有高压直流设备均可视为一个电气连接部分。

c. 直流单极运行，停用极的换流变压器，阀厅，直流场设备、水冷系统可视为一个电气连接部分。双极公共区域为运行设备。

②一张工作票上所列的检修设备应同时停、送电，开工前工作票内的全部安全措施应一次完成。若至预定时间，一部分工作尚未完成，需继续工作而不妨碍送电者，在送电前，应按照送电后现场设备带电情况，办理新的工作票，布置好安全措施后，方可继续工作。

③若以下设备同时停、送电，可使用同一张工作票：

a. 属于同一电压、位于同一平面场所，工作中不会触及带电导体的几个电气连接部分。

b. 一台变压器停电检修，其断路器也配合检修。

c. 全站停电。

④同一变电站内在几个电气连接部分上依次进行不停电的同一类型的工作，可以使用一张第二种工作票。

⑤在同一变电站内，依次进行的同一类型的带电作业可以使用一张带电作业工作票。

⑥应增填工作票份数，由变电站或发电厂工作许可人许可，并留存。

上述单位的工作票签发人和工作负责人名单应事先送有关运行单位备案。

⑦需要变更工作班成员时，应经工作负责人同意，在对新的作业人员进行安全交底手续后，方可进行工作。非特殊情况不得变更工作负责人，如确需变更工作负责人应由工作票签发人同意并通知工作许可人，工作许可人将变动情况记录在工作票上。工作负责人允许变更一次。原、现工作负责人应对工作任务和安全措施进行交接。

⑧在原工作票的停电及安全措施范围内增加工作任务时，应由工作负责人征得工作票签发人和工作许可人同意，并在工作票上增填工作项目。若需变更或增设安全措施者应填用新的工作票，并重新履行签发许可手续。

⑨变更工作负责人或增加工作任务，如工作票签发人无法当面办理，应通过电话联系，并在工作票登记簿和工作票上注明。

⑩第一种工作票应在工作前一日送达运行人员，可直接送达或通过传真、局域网传送，但传真传送的工作票许可应待正式工作票到达后履行。临时工作可在工作开始前直接交给工作许可人。

第二种工作票和带电作业工作票可在进行工作的当天预先交给工作许可人。

⑪工作票有破损不能继续使用时，应补填新的工作票，并重新履行签发许可手续。

（8）工作票的有效期与延期：

①第一、第二种工作票和带电作业工作票的有效时间，以批准的检修期为限。

②第一、第二种工作票需办理延期手续，应在工期尚未结束以前由工作负责人向运行值班负责人提出申请（属于调度管辖、许可的检修设备，还应通过值班调度员批准），由运行值班负责人通知工作许可人给予办理。第一、第二种工作票只能延期一次。带电作业工作票不准延期。

（9）工作票所列人员的基本条件：

①工作票的签发人应是熟悉人员技术水平、熟悉设备情况、熟悉本规程，

并具有相关工作经验的生产领导人、技术人员或经本单位分管生产领导批准的人员。工作票签发人员名单应书面公布。

②工作负责人（监护人）应是具有相关工作经验，熟悉设备情况和本规程，经工区（所、公司）生产领导书面批准的人员。工作负责人还应熟悉工作班成员的工作能力。

③工作许可人应是经工区（所、公司）生产领导书面批准的有一定工作经验的运行人员或检修操作人员（进行该工作任务操作及做安全措施的人员）；用户变、配电站的工作许可人应是持有效证书的高压电气工作人员。

④专责监护人应是具有相关工作经验，熟悉设备情况和本规程的人员。

（10）工作票所列人员的安全责任。

①工作票签发人：

a. 工作必要性和安全性。

b. 工作票上所填安全措施是否正确完备。

c. 所派工作负责人和工作班人员是否适当和充足。

②工作负责人（监护人）：

a. 正确安全地组织工作。

b. 负责检查工作票所列安全措施是否正确完备，是否符合现场实际条件，必要时予以补充。

c. 工作前对工作班成员进行危险点告知，交待安全措施和技术措施，并确认每一个工作班成员都已知晓。

d. 严格执行工作票所列安全措施。

e. 督促、监护工作班成员遵守本规程，正确使用劳动防护用品和执行现场安全措施。

f. 工作班成员精神状态是否良好，变动是否合适。

③工作许可人：

a. 负责审查工作票所列安全措施是否正确、完备，是否符合现场条件。

b. 工作现场布置的安全措施是否完善，必要时予以补充。

c. 负责检查检修设备有无突然来电的危险。

d. 对工作票所列内容即使发生很小疑问，也应向工作票签发人询问清楚，必要时应要求作详细补充。

④专责监护人：

a. 明确被监护人员和监护范围。

b. 工作前对被监护人员交待安全措施，告知危险点和安全注意事项。

c. 监督被监护人员遵守本规程和现场安全措施，及时纠正不安全行为。

⑤工作班成员：

a. 熟悉工作内容、工作流程，掌握安全措施，明确工作中的危险点，并履行确认手续。

b. 严格遵守安全规章制度、技术规程和劳动纪律，对自己在工作中的行为负责，互相关心工作安全，并监督本规程的执行和现场安全措施的实施。

c. 正确使用安全工器具和劳动防护用品。

（三）工作许可制度

（1）工作许可人在完成施工现场的安全措施后，还应完成以下手续，工作班方可开始工作：

①会同工作负责人到现场再次检查所做的安全措施，对具体的设备指明实际的隔离措施，证明检修设备确无电压。

②对工作负责人指明带电设备的位置和注意事项。

③和工作负责人在工作票上分别确认、签名。

（2）运行人员不得变更有关检修设备的运行接线方式。工作负责人、工作许可人任何一方不得擅自变更安全措施，工作中如有特殊情况需要变更时，应先取得对方的同意并及时恢复。变更情况及时记录在值班日志内。

（四）工作监护制度

（1）工作许可手续完成后，工作负责人、专责监护人应向工作班成员交待工作内容、人员分工、带电部位和现场安全措施，进行危险点告知，并履行确认手续，工作班方可开始工作。工作负责人、专责监护人应始终在工作现场，对工作班人员的安全认真监护，及时纠正不安全的行为。

（2）所有工作人员（包括工作负责人）不许单独进入、滞留在高压室、阀厅内和室外高压设备区内。

若工作需要（如测量极性、回路导通试验、光纤回路检查等），而且现场设备允许时，可以准许工作班中有实际经验的一个人或几人同时在其他相关地点进行工作，但工作负责人应在事前将有关安全注意事项予以详尽的告知。

（3）工作负责人在全部停电时，可以参加工作班工作。在部分停电时，只有在安全措施可靠，人员集中在一个工作地点，不致误碰有电部分的情况下，方能参加工作。

工作票签发人或工作负责人，应根据现场的安全条件、施工范围、工作需要等具体情况，增设专责监护人和确定被监护的人员。

专责监护人不得兼做其他工作。专责监护人临时离开时，应通知被监护人员停止工作或离开工作现场，待专责监护人回来后方可恢复工作。若专责监护人必须长时间离开工作现场时，应由工作负责人变更专责监护人，履行变更手续，并告知全体被监护人员。

（4）工作期间，工作负责人若因故暂时离开工作现场时，应指定能胜任的人员临时代替，离开前应将工作现场交待清楚，并告知工作班成员。原工作负责人返回工作现场时，也应履行同样的交接手续。

若工作负责人必须长时间离开工作现场时，应由原工作票签发人变更工作负责人，履行变更手续，并告知全体工作员及工作许可人。原、现工作负责人应做好必要的交接。

（五）工作间断、转移和终结制度

（1）工作间断时，工作班人员应从工作现场撤出，所有安全措施保持不动，工作票仍由工作负责人执存，间断后继续工作，无需通过工作许可人。每日收工，应清扫工作地点，开放已封闭的通道，并将工作票交回运行人员。次日复工时，应得到工作许可人的许可，取回工作票，工作负责人应重新认真检查安全措施是否符合工作票的要求，并召开现场站班会后，方可工作。若无工作负责人或专责监护人带领，作业人员不得进入工作地点。

（2）在未办理工作票终结手续以前，任何人员不准将停电设备合闸送电。

在工作间断期间，若有紧急需要，运行人员可在工作票未交回的情况下合闸送电，但应先通知工作负责人，在得到工作班全体人员已经离开工作地点、可以送电的答复后方可执行，并应采取下列措施：

①拆除临时遮栏、接地线和标示牌，恢复常设遮栏，换挂"止步，高压危险！"的标示牌。

②应在所有道路派专人守候，以便告诉工作班人员"设备已经合闸送电，不得继续工作"。守候人员在工作票未交回以前，不得离开守候地点。

（3）检修工作结束以前，若需将设备试加工作电压，应按下列条件进行：

①全体工作人员撤离工作地点。

②将该系统的所有工作票收回，拆除临时遮栏、接地线和标示牌，恢复常设遮栏。

③应在工作负责人和运行人员进行全面检查无误后，由运行人员进行加压试验。

工作班若需继续工作时，应重新履行工作许可手续。

（4）在同一电气连接部分用同一工作票依次在几个工作地点转移工作时，全部安全措施由运行人员在开工前一次做完，不需再办理转移手续。但工作负责人在转移工作地点时，应向工作人员交待带电范围、安全措施和注意事项。

（5）全部工作完毕后，工作班应清扫、整理现场。工作负责人应先周密地检查，待全体工作人员撤离工作地点后，再向运行人员交待所修项目、发现的问题、试验结果和存在问题等，并与运行人员共同检查设备状况、状态，有无遗留物件，是否清洁等，然后在工作票上填明工作结束时间。经双方签名后，表示工作终结。

待工作票上的临时遮栏已拆除，标示牌已取下，已恢复常设遮栏，未拆除的接地线、未拉开的接地刀闸（装置）等设备运行方式已汇报调度，工作票方告终结。

（6）只有在同一停电系统的所有工作票都已终结，并得到值班调度员或运行值班负责人的许可指令后，方可合闸送电。

（7）已终结的工作票、事故应急抢修单应保存1年。

### 三、保证安全的技术措施

（一）在电气设备上工作，保证安全的技术措施。

（1）停电。

（2）验电。

（3）接地。

（4）悬挂标示牌和装设遮栏（围栏）。

上述措施由运行人员或有权执行操作的人员执行。

（二）停电。

（1）工作地点，应停电的设备如下：

①检修的设备。

②与工作人员在进行工作中正常活动范围的距离小于表3-9规定的设备。

表3-9　工作人员工作中正常活动范围与设备带电部分的安全距离

| 电压等级/kV | 安全距离/m | 电压等级/kV | 安全距离/m |
|---|---|---|---|
| 10 及以下（13.8） | 0.35 | 750 | 8.00* |
| 20、35 | 0.60 | 1000 | 9.50 |
| 63(66)、110 | 1.50 | ±50 及以下 | 1.50 |
| 220 | 3.00 | ±500 | 6.80 |
| 330 | 4.00 | ±660 | 9.00 |
| 500 | 5.00 | ±800 | 10.10 |

注：表中未列电压按高一档电压等级的安全距离；

*750kV 数据是按海拔2000m 校正的，其他等级数据按海拔1000m 校正。

③在35kV 及以下的设备处工作，安全距离虽大于表3-9规定，但小于表3-7规定，同时又无绝缘隔板、安全遮栏措施的设备。

④带电部分在工作人员后面、两侧、上下，且无可靠安全措施的设备。

⑤其他需要停电的设备。

（2）检修设备停电，应把各方面的电源完全断开（任何运行中的星形接线设备的中性点，应视为带电设备）。禁止在只经断路器（开关）断开电源或只经换流器闭锁隔离电源的设备上工作。应拉开隔离开关（刀闸），手车开关应拉至试验或检修位置，应使各方面有一个明显的断开点，若无法观察到停电设备的断开点，应有能够反映设备运行状态的电气和机械等指示。与停电设备有关的变压器和电压互感器，应将设备各侧断开，防止向停电检修设备反送电。

（3）检修设备和可能来电侧的断路器（开关）、隔离开关（刀闸）应断开控制电源和合闸电源，隔离开关（刀闸）操作把手应锁住，确保不会误送电。

（4）对难以做到与电源完全断开的检修设备，可以拆除设备与电源之间的电气连接。

（三）验电

（1）验电时，应使用相应电压等级、合格的接触式验电器，在装设接地线或合接地刀闸（装置）处对各相分别验电。验电前，应先在有电设备上进行试验，确证验电器良好；无法在有电设备上进行试验时可用工频高压发生器等确证验电器良好。

（2）高压验电应戴绝缘手套。验电器的伸缩式绝缘棒长度应拉足，验电时手应握在手柄处不得超过护环，人体应与验电设备保持表3-7中规定的距离。雨雪天气时不得进行室外直接验电。

（3）对无法进行直接验电的设备、高压直流输电设备和雨雪天气时的户外设备，可以进行间接验电，即通过设备的机械指示位置、电气指示、带电显示装置、仪表及各种遥测、遥信等信号的变化来判断。判断时，应有两个及以上的指示，且所有指示均已同时发生对应变化，才能确认该设备已无电；若进行遥控操作，则应同时检查隔离开关（刀闸）的状态指示、遥测、遥信信号及带电显示装置的指示进行间接验电。

330kV 及以上的电气设备，可采用间接验电方法进行验电。

（4）表示设备断开和允许进入间隔的信号、经常接入的电压表等，如果指示有电，则禁止在设备上工作。

（四）接地

（1）装设接地线应由两人进行（经批准可以单人装设接地线的项目及运行人员除外）。

（2）当验明设备确已无电压后，应立即将检修设备接地并三相短路。电缆及电容器接地前应逐相充分放电，星形接线电容器的中性点应接地、串联电容器及与整组电容器脱离的电容器应逐个多次放电，装在绝缘支架上的电容器外壳也应放电。

（3）对于可能送电至停电设备的各方面都应装设接地线或合上接地刀闸（装置），所装接地线与带电部分应考虑接地线摆动时仍符合安全距离的规定。

（4）对于因平行或邻近带电设备导致检修设备可能产生感应电压时，应加装工作接地线或使用个人保安线，加装的接地线应登录在工作票上，个人保安线由工作人员自装自拆。

（5）在门型构架的线路侧进行停电检修，如工作地点与所装接地线的距离小于 10m，工作地点虽在接地线外侧，也可不另装接地线。

（6）检修部分若分为几个在电气上不相连接的部分［如分段母线以隔离开关（刀闸）或断路器（开关）隔开分成几段］，则各段应分别验电接地短路。降压变电站全部停电时，应将各个可能来电侧的部分接地短路，其余部分不必每段都装设接地线或合上接地刀闸（装置）。

（7）接地线、接地刀闸与检修设备之间不得连有断路器（开关）或熔断器。若由于设备原因，接地刀闸与检修设备之间连有断路器（开关），在接地刀闸和断路器（开关）合上后，应有保证断路器（开关）不会分闸的措施。

（8）在配电装置上，接地线应装在该装置导电部分的规定地点，这些地点的油漆应刮去，并划有黑色标记。所有配电装置的适当地点，均应设有与接地网相连的接地端，接地电阻应合格。接地线应采用三相短路式接地线，若使用分相式接地线时，应设置三相合一的接地端。

（9）装设接地线应先接接地端，后接导体端，接地线应接触良好，连接应可靠。拆接地线的顺序与此相反。装、拆接地线均应使用绝缘棒和戴绝缘手套。人体不得碰触接地线或未接地的导线，以防止触电。带接地线拆设备接头时，应采取防止接地线脱落的措施。

（10）成套接地线应用有透明护套的多股软铜线组成，其截面不得小于 $25mm^2$，同时应满足装设地点短路电流的要求。

禁止使用其他导线作接地线或短路线。

接地线应使用专用的线夹固定在导体上，禁止用缠绕的方法进行接地或短路。

（11）禁止工作人员擅自移动或拆除接地线。高压回路上的工作，必须要拆除全部或一部分接地线后始能进行工作者［如测量母线和电缆的绝缘电阻，测量线路参数，检查断路器（开关）触头是否同时接触］，如：

①拆除一相接地线。

②拆除接地线，保留短路线。

③将接地线全部拆除或拉开接地刀闸(装置)。

上述工作应征得运行人员的许可(根据调度员指令装设的接地线,应征得调度员的许可),方可进行。工作完毕后立即恢复。

(12)每组接地线均应编号,并存放在固定地点。存放位置亦应编号,接地线号码与存放位置号码应一致。

(13)装、拆接地线,应做好记录,交接班时应交待清楚。

(五)悬挂标示牌和装设遮栏(围栏)

(1)在一经合闸即可送电到工作地点的断路器(开关)和隔离开关(刀闸)的操作把手上,均应悬挂"禁止合闸,有人工作!"的标示牌。

如果线路上有人工作,应在线路断路器(开关)和隔离开关(刀闸)操作把手上悬挂"禁止合闸,线路有人工作!"的标示牌。

对由于设备原因,接地刀闸与检修设备之间连有断路器(开关),在接地刀闸和断路器(开关)合上后,在断路器(开关)操作把手上,应悬挂"禁止分闸!"的标示牌。

在显示屏上进行操作的断路器(开关)和隔离开关(刀闸)的操作处均应相应设置"禁止合闸,有人工作!"或"禁止合闸,线路有人工作!"以及"禁止分闸!"的标记。

(2)部分停电的工作,安全距离小于表3-7规定距离以内的未停电设备,应装设临时遮栏,临时遮栏与带电部分的距离不得小于表3-9的规定数值,临时遮栏可用干燥木材、橡胶或其他坚韧绝缘材料制成,装设应牢固,并悬挂"止步,高压危险!"的标示牌。

35kV及以下设备的临时遮栏,如因工作特殊需要,可用绝缘隔板与带电部分直接接触。绝缘隔板的绝缘性能应符合要求。

(3)在室内高压设备上工作,应在工作地点两旁及对面运行设备间隔的遮栏(围栏)上和禁止通行的过道遮栏(围栏)上悬挂"止步,高压危险!"的标示牌。

(4)高压开关柜内手车开关拉出后,隔离带电部位的挡板封闭后禁止开启,并设置"止步,高压危险!"的标示牌。

(5)在室外高压设备上工作,应在工作地点四周装设围栏,其出入口要围至临近道路旁边,并设有"从此进出!"的标示牌。工作地点四周围栏上悬挂适当数量的"止步,高压危险!"标示牌,标示牌应朝向围栏里面。若室外配电装置的大部分设备停电,只有个别地点保留有带电设备而其他设备无触及带电导体的可能时,可以在带电设备四周装设全封闭围栏,围栏上悬挂适当数量的"止步,高压危险!"标示牌,标示牌应朝向围栏外面。

禁止越过围栏。

(6)在工作地点设置"在此工作!"的标示牌。

(7)在室外构架上工作,则应在工作地点邻近带电部分的横梁上,悬挂"止步,高压危险!"的标示牌。在工作人员上下铁架或梯子上,应悬挂"从此上下!"的标示牌。在邻近其他可能误登的带电构架上,应悬挂"禁止攀登,高压危险!"的标示牌。

(8)禁止工作人员擅自移动或拆除遮栏(围栏)、标示牌。因工作原因必须短时移动或拆除遮栏(围栏)、标示牌,应征得工作许可人同意,并在工作负责人的监护下进行。完毕后应立即恢复。

(9)直流换流站单极停电工作,应在双极公共区域设备与停电区域之间设置围栏,在围栏面向停电设备及运行阀厅门口悬挂"止步,高压危险!"标示牌。在检修阀厅和直流场设备处设置"在此工作"的标示牌。

### 四、线路作业时发电厂和变电所的安全措施

(1)线路的停、送电均应按照值班调度员或线路工作许可人的指令执行。禁止约时停、送电。停电时,应先将该线路可能来电的所有断路器(开关)、线路隔离开关(刀闸)、母线隔离开关(刀闸)全部拉开,手车开关应拉至试验或检修位置,验明确无电压后,在线路上所有可能来电的各端装设接地线或合上接地刀闸(装置)。在线路断路器(开关)和隔离开关(刀闸)操作把手上均应悬挂"禁止合闸,线路有人工作!"的标示牌,在显示屏上断路器(开关)和隔离开关(刀闸)的操作处均应设置"禁止合闸,线路有人工作!"的标记。

(2)值班调度员或线路工作许可人应将线路停电检修的工作班组数目、工作负责人姓名、工作地点和工作任务记入记录簿。

工作结束时,应得到工作负责人(包括用户)的工作结束报告,确认所有工作班组均已竣工,接地线已拆除,工作人员已全部撤离线路,并与记录簿核对无误后,方可下令拆除变电站或发电厂内的安全措施,向线路送电。

(3)当用户管辖的线路要求停电时,应得到用户停送电联系人的书面申请,经批准后方可停电,并做好安全措施。恢复送电,应接到原申请人的工作结束报告,做好录音并记录后方可进行。用户停送电联系人的名单应在调度和有关部门备案。

# 第四章　电气系统接地与安全

本章介绍了地和接地、IT 系统、TT 系统、TN 系统、高压交流电力系统的接地方式，变电所发电站及电气设备的接地、接地装置和接地电阻、保护导体，弱电系统的接地技术。通过本章学习，弄清保护接地与保护接零的区别，掌握保护接地与保护接零的原理、特点、应用和安全条件，明白保护接地与保护接零是防止间接接触电击即故障状态下的电击是最基本的措施。通过本章学习，了解不同土壤中接地电阻的计算，掌握接地电阻的测量以及测量仪表的应用。

## 第一节　地和接地

为了正确地进行接地工作，首先必须明确"地"和"接地"的概念以及有关的主要名词术语，并了解接地在防止人身遭受电击、减少财产损失和保证电力系统正常运行中的作用。

### 一、地和接地的概念

（一）地

1. 电气地

大地是一个电阻非常低、电容量非常大的物体，拥有吸收无限电荷的能力，而且在吸收大量电荷后仍能保持电位不变，因此适合作为电气系统中的参考电位体。这种"地"是"电气地"，并不等于"地理地"，但却包含在"地理地"之中。"电气地"的范围随着大地结构的组成和大地与带电体接触的情况而定。

2. 地电位

与大地紧密接触并形成电气接触的一个或一组导电体称为接地极，通常采用圆钢或角钢，也可采用铜棒或铜板。图 4-1 为圆钢接地极示意图。当流入地中的电流 $I$ 通过接地极向大地作半球形散开时，由于这半球形的球面，在距接地极越近的地方越小，越远的地方越大，所以在距接地极越近的地方电阻越大，而在距接地极越远的地方电阻越小。试验证明：在距单根接地极或碰地处 20m 以外的地方，呈半球形的球面已经很大，实际已没有什么电阻存在，不再有什么电压降。换句话说，该处的电位已近于零。这电位等于零的"电气地"

称为"地电位"。若接地极不是单根而为多根组成时，屏蔽系数增大，上述20m的距离可能会增大。图4－1中的流散区是指电流通过接地极向大地流散时产生明显电位梯度的土壤范围。地电位是指流散区以外的土壤区域。在接地极分布很密的地方，很难存在电位等于零的"电气地"。

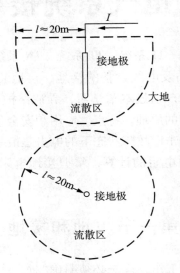

图4－1　圆钢接地极示意图

3. 逻辑地

电子设备中各级电路电流的传输、信息转换要求有一个参考地电位，这个电位还可防止外界电磁场信号的侵入，常称这个电位为"逻辑地"。这个"地"不一定是"地理地"，可能是电子设备的金属机壳、底座、印刷电路板上的地线或建筑物内的总接地端子、接地干线等；逻辑地可与大地接触，也可不接触，而"电气地"必须与大地接触。

（二）接地

大地是可导电的地层，其任何一点的电位通常取为零。电力系统和电气装置的中性点、电气设备的外露导电部分和装置外导电部分经由导体与大地相连，称为"接地"。接地的目的是使人可能接触到的导电部分基本降低到接近地电位，这样当发生电气放电时，即使这些导电部分带电，因其电位与人体所站立处的大地电位基本接近，可以减少电击危险；同时电力系统接地后还可以稳定运行。"电气装置"是一定空间中若干相互连接的电气设备的组合。"电气设备"是发电、变电、输电、配电或用电的任何设备，例如电机、变压器、电器、测量仪表、保护装置、布线材料等。"外露导电部分"为电气装置中能被触及的导电部分，它在正常时不带电，但在故障情况下可能带电，一般指金属外壳。有时为了安全保护的需要，将装置外导电部分与接地线相连进行接地。

"装置外导电部分"也可称为外部导电部分，不属于电气装置，一般是指水、暖、煤气、空调的金属管道以及建筑物的金属结构。外部导电部分可能引入电位，一般是地电位。接地线是连接到接地极的导线。接地装置是接地极与接地线的总称。

（三）接地电流和接地短路电流

凡从接地点流入地下的电流称为接地电流。

接地电流有正常接地电流和故障接地电流之分。正常接地电流是指正常工作时通过接地装置流入地下，接大地形成工作回路的电流；故障接地电流是指系统发生故障时出现的接地电流。

超过额定电流的任何电流称为过电流。在正常情况下的不同电位点间，由于阻抗可忽略不计的故障产生的过电流称为短路电流，例如相线和中性线间产生金属性短路所产生的电流称为单相短路电流。由绝缘损坏而产生的电流称为故障电流，流入大地的故障电流称为接地故障电流。当电气设备的外壳接地，且其绝缘损坏，相线与金属外壳接触时称为"碰壳"，由碰壳所产生的电流称为"碰壳电流"。

系统两相接地可能导致系统发生短路，这时的接地电流叫做接地短路电流。在高压系统中，接地短路电流可能很大，接地短路电流在 500A 及其以下的，称为小接地短路电流系统；接地短路电流在 500A 以上的，称为大接地短路电流系统。

（四）接触电压和跨步电压

在图 4 - 2 中，当电气装置 M 绝缘损坏碰壳短路时，流经接地极的短路电流为 $I_d$。若接地极的接地电阻力 $R_d$，则在接地极处产生的对地电压 $U_d = I_d \cdot R_d$，通常称 $U_d$ 为故障电压，相应的电位分布曲线为图 4 - 2 中的曲线 C。一般情况下，接地线的阻抗可不计，则 M 上所呈现的电位即为 $U_d$。当人在流散区内时，由曲线 C 可知人所处的地电位为 $U_\phi$。此时如人接触 M，由接触所产生的故障电压 $U_t = U_d - U_\phi$。人站立在地上，而一只脚的鞋、袜和地面电阻为 $R_p$，当人接触 M 时，两只脚为并联，其综合电阻为 $R_p/2$。在 $U_t$ 的作用下，$R_p/2$ 与人体电阻 $R_B$ 串联，则流经人体的电流 $I_B = U_f/(R_B + R_p/2)$，人体所承受的电压 $U_t = I_B \cdot R_B = U_f \cdot R_B/(R_B + R_p/2)$。这种当电气装置绝缘损坏时，触及电气装置的手和触及地面的双脚之间所出现的接触电压 $U_t$ 与 M 和接地极间的距离有关。由图 4 - 2 可见，当 M 越靠近接地极，$U_\phi$ 越大，则 $U_f$ 越小，相应地 $U_t$ 也越小。当人在流散区范围以外，则 $U_\phi = 0$，此时 $U_f = U_d$，$U_t = U_d \cdot R_B/(R_B + R_p/2)$，$U_t$ 为最大值。由于在流散区内人所站立的位置与 $U_\phi$ 有关，通常以站立在离电气装置水平方向 0.8m 和手接触电气装置垂直方向 1.8m 的条件下计算接触电压。如电气装置在流散区以外，计算接触电压 $U_t$ 时就不必考虑上述水平和垂直距离。

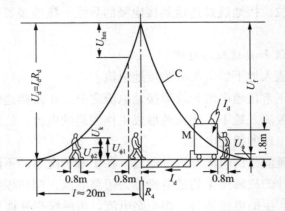

图 4 - 2   对地电压、接触电压和跨步电压的示意图

人行走在流散区内，由图 4 - 2 的曲线 C 可见，一只脚的电位为 $U_{\phi 1}$，另一只脚的电位为 $U_{\phi 2}$，则由于跨步所产生的故障电压 $U_k = U_{\phi 1} - U_{\phi 2}$。在 $U_k$ 的作用下，人体电流 $I_B$ 从人体的一只脚的电阻 $R_p$，流过人体电阻 $R_B$，再流经另一只脚的电阻 $R_p$，则人体电流 $I_B = U_k / (R_B + 2R_p)$。此时人体所承受的电压 $U_t = I_B \cdot R_B = U_k \cdot R_B / (R_B + 2_{Rp})$。这种当电气装置绝缘损坏时，在流散区内跨步的条件下，人体所承受的电压 $U_k$ 为跨步电压。一般人的步距约为 0.8m，因此跨步电压 $U_k$ 以地面上   0.8m 水平距离间的电位差为条件来计算。由图 4 - 2 可见，当人越靠近接地极，$U_{\phi 1}$ 越大。当一只脚在接地极上时 $U_{\phi 1} = U_d$，此时跨步所产生的故障电压   $U_k$ 为最大值，即图 4 - 2 中的 $U_{km}$，相应地跨步电压值也是最大值。反之，人越远离接地极，则跨步电压越小。当人在流散区以外时，$U_{\phi 1}$ 和 $U_{\phi 2}$ 都等于零，则 $U_k = 0$，不再呈现跨步电压。

（五）流散电阻、接地电阻和冲击接地电阻

接地极的对地电压与经接地极流入地中的接地电流之比，称为流散电阻。

电气设备接地部分的对地电压与接地电流之比，称为接地装置的接地电阻，即等于接地线的电阻与流散电阻之和。一般地因为接地线的电阻甚小，可以略去不计，因此，可认为接地电阻等于流散电阻。

为了降低接地电阻，往往用多根的单一接地极以金属体并联连接而组成复合接地极或接地极组。由于各处单一接地极埋置的距离往往等于单一接地极长度而远小于 40m，此时，电流流入各单一接地极时，将受到相互的限制，而妨碍电流的流散。换句话说，即等于增加各单一接地极的电阻。这种影响电流流散的现象，称为屏蔽作用，如图 4 - 3 所示。

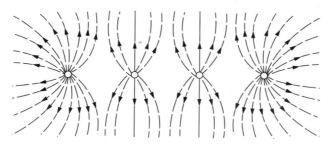

图 4 - 3　多根接地极的电流散布图

由于屏蔽作用，接地极组的流散电阻，并不等于各单一接地极流散电阻的并联值。此时，接地极组的流散电阻

$$R_d = R_{d1} / (n \cdot \eta)$$

式中　$R_{d1}$——单一接地极的流散电阻；

　　　$n$——单一接地极的根数；

　　　$\eta$——接地极的利用系数，它与接地极的形状、单一接地极的根数和位置有关。

以上所谈的接地电阻，系指在低频、电流密度不大的情况下测得的，或用稳态公式计算得出的电阻值。这与雷击时引入雷电流用的接地装置的工作状态是大不相同的。由于雷电流是个非常强大的冲击波，其幅度往往大到几万甚至几十万安的数值。这样，使流过接地装置的电流密度增大，并受到由于电流冲击特性而产生电感的影响，此时接地电阻称为冲击接地电阻，也可简称冲击电阻。由于流过接地装置电流密度的增大，以致土壤中的气隙、接地极与土壤间的气层等处发生火花放电现象，这就使土壤的电阻率变小和土壤与接地极间的接触面积增大。结果，相当于加大接地极的尺寸，降低了冲击电阻值。长度较长的带形接地装置，由于电感的作用，当超过一定长度时，冲击电阻不再减小，这个极限长度称为有效长度、土壤电阻率越小，雷电流波头越短，则有效长度越短。由于各种因素的影响，引入雷电流时接地装置的冲击电阻，乃是时间的函数。接地装置中雷电流增长至幅值 $I_M$ 的时间，是滞后于接地装置的电位达到其最大值 $U_M$ 的时间的。但在工程中已知冲击电流的幅值 $I_M$ 和冲击电阻 $R_{ds}$ 的条件下，计算冲击电流通过接地极流散时的冲击电压幅值 $U_M = I_M \cdot R_{ds}$。由于实际上电位与电流的最大值发生于不同时间，所以这样计算的幅值常常比实际出现的幅值大一些，是偏于安全的，因此在实际中还是适用的。

## 二、接地的分类

一般分为保护性接地和功能性接地两种。

### (一)保护性接地

**1. 防电击接地**

为了防止电气设备绝缘损坏或产生漏电流时，使平时不带电的外露导电部分带电而导致电击，将设备的外露导电部分接地，称为防电击接地。这种接地还可以限制线路涌流或低压线路及设备由于高压窜入而引起的高电压；当产生电器故障时，有利于过电流保护装置动作而切断电源。这种接地，也是狭义的"保护接地"。

**2. 防雷接地**

将雷电导入大地，是为了防止雷电流使人身受到电击或财产受到破坏。

**3. 防静电接地**

将静电荷引入大地，防止由于静电积聚对人体和设备造成危害。特别是目前电子设备中集成电路用得很多，而集成电路容易受到静电作用产生故障，接地后可防止集成电路的损坏。

**4. 防电蚀接地**

地下埋设金属体作为牺牲阳极或阴极，防止电缆、金属管道等受到电蚀。

### (二)功能性接地

**1. 工作接地**

为了保证电力系统运行，防止系统振荡，保证继电保护的可靠性，在交直流电力系统的适当地方进行接地，交流一般为中性点，直流一般为中点，在电子设备系统中，则称除电子设备系统以外的交直流接地为功率地。

**2. 逻辑接地**

为了确保稳定的参考电位，将电子设备中的适当金属件作为"逻辑地"，一般采用金属底板作逻辑地。常将逻辑接地及其他模拟信号系统的接地统称为直流地。

**3. 屏蔽接地**

将电气干扰源引入大地，抑制外来电磁干扰对电子设备的影响，也可减少电子设备产生的干扰影响其他电子设备。

**4. 信号接地**

为保证信号具有稳定的基准电位而设置的接地，例如检测漏电流的接地，阻抗测量电桥和电晕放电损耗测量等电气参数测量的接地。

### 三、接地系统的组成

接地系统是将电气装置的外露导电部分通过导电体与大地相连接的系统，一般由下列几部分或其中一部分组成。

1. 接地极 T

与大地紧密接触并与大地形成电气连接的一个或一组导电体称为接地极。与大地接触的建筑物的金属构件、金属管道等用作接地的称为自然接地极。专用于接地的与大地接触的导体称为人工接地极。常用作接地极的有：接地棒、接地管、接地带、接地线、接地板和地下钢结构和钢筋混凝土中的钢筋等，多个接地极在地中配置的相互距离可使得其中之一流过最大电流时不致显著影响其他接地极的电位的称为独立接地极。在离开接地极 10m 处的电动势比在接地极处的电动势小得多，因此在一般情况下，两个接地极相距至少 10m，才能算是独立接地极。如要两个接地极彼此不受影响，至少相距 40m。

2. 总接地端子 B

连接保护线、接地线、等电位联结线等用以接地的多个端子的组合称为总接地端子。

3. 接地线 G

与接地极相连，只起接地作用的导体称为接地线。一般将从总接地端子连接到地极的导体称为接地线。连接多条接地线并与总接地端子相连的导体称为接地干线。

4. 保护线 PE

用于电击保护。将外露导电部分 M、装置外导电部分 C、总接地端子 B、接地极 T、电源接地点或人工中性点中任何部分连接起来的导体称为保护线。从广义方面说，包括上述接地线 G，也包括用作主等电位联结用的主等电位联结线、用作辅助等电位联结的辅助等电位联结线及设备外露导电部分和装置外导电部分直接或间接与接地干线相连接的导体；从狭义方面说，PE 线通常指设备外部导电部分和装置外导电部分直接或间接与接地干线相连的导体。

5. 接地装置

接地及接地线总称为接地装置。

### 四、各类接地的兼容性

彼此靠近的各类接地建议用一个共同的接地装置，这个接地装置要能满足所连接的不同类别接地的所有要求，因为从图 4 – 2 的入地电流形成的电位分布图来看，只有在距离接地点或碰壳点 20m 以外的地方，不同接地类别的接地装置分开装设才有意义，如果相距不到 20m，采用两个或更多的接地装置，则当用电设备接地时，接地电流在地中所产生的电位相互影响，达不到降低接触电压或跨步电压的要求。如果将彼此靠近的各类接地连接在一个接地装置上，彼此地电位相差很少，所受到的影响要小得多。因此除了有特殊要求者外，尽可能采用共同接地。

# 第二节　IT 系统

低压配电系统按保护接地的形式不同可分为：IT 系统、TT 系统和 TN 系统。其中 IT 系统和 TT 系统的设备外露可导电部分经各自的保护线直接接地（过去称为保护接地）；TN 系统的设备外露可导电部分经公共保护线与电源中性点直接电气连接（过去称为接零保护）。

国际电工委员会（IEC）对系统接地的文字符号的意义规定如下：

（1）第一个字母表示电力系统的对地关系：

I——所有带电部分与地绝缘，或一点经阻抗接地；

T——中性点直接接地。

（2）第二个字母表示装置的外露可导电部分的对地关系：

T——外露可导电部分对地直接电气连接，与电力系统的任何接地点无关；

N——外露可导电部分与电力系统的接地点直接电气连接（在交流系统中，接地点通常就是中性点）。

（3）后面还有字母时，这些字母表示中性线与保护线的组合：

S——中性线和保护线是分开的；

O——中性线和保护线是合一的。

## 一、IT 系统的安全原理

IT 系统的电源中性点是对地绝缘或经高阻抗接地，而用电设备的金属外壳则直接接地。此即过去所称的三相三线制供电系统的保护接地。

若设备外壳没有接地，在发生单相碰壳故障时，设备外壳带上了相电压，若此时人触摸外壳，就会有相当危险的电流流经人身与电网和大地之间的分布电容所构成的回路。而设备的金属外壳有了保护接地后，由于人体电阻远比接地装置的接地电阻大，在发生单相碰壳时，大部分的接地电流被接地装置分流，流经人体的电流很小，从而对人身安全起了保护作用。

IT 系统适用于环境条件不良，易发生单相接地故障的场所，以及易燃、易爆的场所。

在不接地配电网中，当一相碰壳时，接地电流 $I_E$ 通过人体和配电网对地绝缘阻抗构成回路。如各相对地绝缘阻抗对称，即 $Z_1 = Z_2 = Z_3 = Z$，则运用戴维南定理可以比较简单地求出人体承受的电压和流经人体的电流。

运用戴维南定理可以得出图 4-4 所示的等值电路。等值电路中的电动势为网络二端开路，即没有人触电时该相对地电压。因为对称，该电压即为相电压 $U$，该阻抗即 $Z/3$。

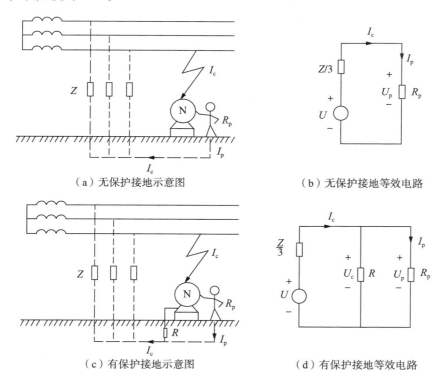

（a）无保护接地示意图　　　　　　　（b）无保护接地等效电路

（c）有保护接地示意图　　　　　　　（d）有保护接地等效电路

图 4-4　IT 系统安全原理

根据等值电路，不难求得人体承受的电压和流过人体的电流分别为：

$$U_p = \frac{R_p}{R_p + Z/3}U = \frac{3R_p}{3R_p + Z}U$$

$$I_p = \frac{R_p}{R_p + Z/3} = \frac{3R_p}{3R_p + Z}$$

式中　$U$——相电压；

$U_p$、$I_p$——人体电压和人体电流；

$R_p$——人体电阻；

$Z$——各相对地绝缘阻抗。

对于对地绝缘电阻较低，对地分布电容又很小的情况，由于绝缘阻抗中的容抗比电阻大得多，可以不考虑电容。这时，求得人体所承受的电压和流经人体的电流分别可简化为下面两式：

$$U_p = \frac{3R_p}{3R_p + R}U$$

$$I_p = \frac{3R_p}{3R_p + R}$$

对于对地分布电容较大，对地绝缘电阻很高的的情况，由于绝缘阻抗中的电阻比容抗大得多，可以不考虑电阻。这时，也可简化复数运算，求得人体所承受的电压和流经人体的电流分别为：

$$U_p = \left| \frac{3R_p}{3R_p - j\frac{1}{\omega C}} \right| = \frac{3\omega R_p CU}{\sqrt{9\omega^2 R_p^2 C^2 + 1}}$$

$$I_p = \frac{3\omega CU}{\sqrt{9\omega^2 R_p^2 C^2 + 1}}$$

例如，当配电网各相对地电压均为 220V，频率为 50Hz，各相对地绝缘电阻均可看作无限大，各相对地电容均为 0.55μF，人体电阻为 2000Ω 时，流过人体的电流为：

$$I_p = \frac{3\omega CU}{\sqrt{9\omega^2 R_p^2 C^2 + 1}} = 79.2\text{mA}$$

例中流过人体的电流就是在没有保护接地情况下得到的，其大小为 79.2mA，这一电流远远超过人的心室颤动电流阈值，足以使人致命。这个分析计算也说明了在低压不接地配电网中，单相电击有致命的危险。

由此可见，故障情况下可能呈现危险对地电压的金属部分经接地线、接地体同大地紧密地连接起来，把故障电压限制在安全范围以内的做法就称为保护接地。在不接地配电网中采用接地保护的系统称为 IT 系统。只有在不接地配电网中，由于其对地绝缘阻抗较高，单相接地电流较小，才有可能通过保护接地把漏电设备故障对地电压限制在安全范围之内。

图 4-4(c) 表示设备上装有保护接地，构成 IT 系统。在这种情况下，当设备的外壳故障带电时，保护接地电阻 $R_e$ 与人体电阻 $R_p$ 处于并联状态，如图 4-4(d) 所示。

单相电击的危险性决定于配电网电压、配电网对地绝缘电阻和人体电阻等因素。一般情况下 $R_e \ll R_p$，漏电设备故障对地电压（即人体可能承受低压的极限）可表示为

$$U_e = \frac{3R_e}{3R_e + Z}U$$

$$I_p = \frac{U_e}{R_p} = \frac{3R_e}{R_p(3R_e + Z)}U$$

如果把对地绝缘电阻看作无限大，则以上两式可简化为：

$$U_p = \frac{3\omega R_e C U}{\sqrt{9\omega^2 R_e^2 C^2 + 1}}$$

$$I_p = \frac{3\omega R_e C U}{R_p \sqrt{9\omega^2 R_e^2 C^2 + 1}}$$

因为 $R_e \leq |Z|$，所以漏电设备故障对地电压大大降低。

对于以上的例子，如有保护接地，且接地电阻 $R_e = 4\Omega$，则人体电流减少为 230mA。

显然，这个电流不会对人身构成危险。这就是说，保护接地的安全实质是，当设备金属外壳意外带电时，只要适当控制 $R_e$ 的大小，即可限制该故障电压在安全范围之内，从而将可能流过人体的电流限制在某一范围内，消除或减弱电击的危险。

**二、保护接地的应用范围**

保护接地，就是将电气设备在正常情况下不带电的金属部分与接地体之间作良好的金属连接，以保护人体的安全。当电气设备因绝缘损坏外壳带电时，接地短路电流将同时沿着接地体和人体两条通路流过。流过每一条通路的电流值将与其电阻的大小成反比。接地体电阻愈小，流经人体的电流也就愈小。通常人体的电阻比接地体电阻大数百倍，所以流经人体的电流也就只有流经接地体的电流的几百分之一。当接地电阻极小时，流经人体的电流几乎等于零，因而，人体就能避免触电的危险。

（一）需要保护接地的范围

保护接地适用于各种不接地配电网。在这类配电网中，凡由于绝缘损坏或其他原因而可能呈现危险电压的金属部分，除有特殊规定者外需要通过 PE 线进行接地。它们主要包括：

（1）电机、变压器、电器、携带式及移动式用电器具、照明灯具等的金属底座和外壳；

（2）电气设备的传动装置；

（3）互感器的二次绕组；

（4）配电屏、控制屏、开关柜、配电板的金属构架以及可拆卸的或可开启的部分箱式变电站的金属箱体；

（5）电力和控制电缆的金属外皮和铠装、金属接头盒、终端头和膨胀器的金属外壳，导线的金属包皮，敷设导线的金属管、母线盒及支撑结构、固定电缆的托盘、梯架、槽盒和吊索以及在金属支架上所安装电气设备的其他金属结构；

(6)起重机的导轨提升机的金属构架;

(7)在非沥青地面的居民区内,不接地、消弧线圈接地和高电阻接地系统中无避雷线架空线路的金属杆塔和钢筋混凝土杆塔;

(8)室内外配电装置的金属构架和钢筋混凝土构架中的钢筋以及靠近带电部分的金属围栅和金属门;

(9)装在配电线路杆上的开关设备、电容器等电力设备的金属外壳及装有避雷线的架空线路杆塔。

(二)不需要保护接地的范围

电气设备的下列金属部分,除有特殊要求者外不需要保护接地:

(1)在木质、沥青等不良导电地面,无裸露接地导体的干燥的房间内,交流额定电压380V及以下、直流额定电压220V及以下的电气设备外壳,且维修人员不可能同时触及接地物件时,但当有可能同时触及上述电气设备外壳和已接地的其他物体时,则仍应接地;

(2)在非爆炸危险区域的干燥场所内,交流额定电压50V及以下、直流额定电压120V及以下的电气设备外壳;

(3)安装在各种配电及控制屏台和配电装置上的电气测量仪表、继电器和其他低压电器等的外壳,以及当绝缘损坏时也不会在支持物上引起危险电压的绝缘小金属底座等;

(4)非爆炸危险区域内与已接地构架有良好电气接触的设备,如穿墙套管等(但应保证设备底座与金属框架接触良好);

(5)额定电压220V及以下的蓄电池室内的金属支架;

(6)非爆炸危险区域内与已接地的机器设备底座之间有良好电气接触的电动机和电器的外壳;

(7)由自备发电站和工业企业区域内引向非易燃易爆场所的铁路轨道;

(8)不要求防止大气过电压的架空线路的木质电杆或露天变电所的木质构架上没有金属接地包皮的电缆和没有接地的绝缘导体,安装在构架上的各种型式绝缘子、拉线、支架和照明灯具的附件;

(9)双重绝缘的电气设备外壳;

(10)金属卡件、紧固件、穿越墙壁及楼板的电线、电缆的金属保护管和其他类似零件以及沿墙壁、楼板及其他构架敷设缆线所用的面积在$100cm^2$及以下的电缆引线盒和分线盒。

### 三、接地电阻的确定

保护接地的原理是限制漏电设备外壳对地电压在安全限值$U_L$以内,从而使流过人体的故障电流限制在安全的范围内。由于故障时漏电设备对地电压等于故障接地电流与接地电阻的乘积，即 $U_e = I_e \cdot R_e$，因此要满足 $U_e \leqslant U_L$，各种保护接地电阻就是根据这个原则来确定的。

（一）低压设备接地电阻

在 380V 不接地低压系统中，单相接地电流很小，为限制设备漏电时外壳对地电压不超过安全范围，一般要求保护接地电阻 $R_e \leqslant 4\Omega$。

当配电变压器或发电机的容量不超过 100kV·A 时，由于配电网分布范围很小，单相故障接地电流更小，因此可以放宽对接地电阻的要求，可取 $R_e \leqslant 10\Omega$。

（二）高压设备接地电阻

1. 小接地短路电流系统

如果高压电气设备与低压电气设备共用接地装置，要求设备对地电压不超过 120V，接地电阻为：

$$R_e \leqslant 120/I_e \leqslant 10\Omega$$

式中　$R_e$——接地电阻 $\Omega$；

　　　$I_e$——单相接地电流，A。

如果高压设备单独装设接地装置，设备对地电压可放宽至 250V，其接地电阻为

$$R_e \leqslant 250/I_e \leqslant 10\Omega$$

2. 大接地短路电流系统

在大接地短路电流系统中，由于接地短路电流很大，很难限制设备对地电压不超过某一范围，而是靠线路上的速断保护装置切除接地故障。当接地短路电流 $I_e \leqslant 4000A$ 时，要求其接地电阻 $R_e \leqslant 2000/I_e$，但当接地短路电流 $I_e > 4000A$ 时，可采用 $R_e \leqslant 0.5\Omega$。

（三）架空线路和电缆线路的接地电阻

小接地短路电流系统中，无避雷线的高压电力线路在居民区内的金属杆塔和钢筋混凝土杆宜接地，其接地电阻 $R_e \leqslant 30\Omega$。

中性点直接接地的低压系统的架空线路和高、低压共杆架设的架空线路，其钢筋混凝土杆的铁横担和金属杆应与零线连接，钢筋混凝土的钢筋应与零线连接，与零线连接的点杆可不另作接地。

沥青路面上的高低压线路的钢筋混凝土和金属杆塔以及已有运行经验的地区，可不另设人工接地装置，钢筋混凝土的钢筋、铁横担和金属杆也可不与零线连接。

三相三芯电力电缆两端的金属外皮均应接地。

变电所电力电缆的金属外皮可利用主接地网接地。与架空线路连接的单芯

电力电缆进线段首端金属外皮应接地。如果在负荷电流下，末端金属外皮上的感应电压超过60V，末端应经过接地器或间隙接地。

在高土壤电阻率地区，接地电阻难以达到要求数值时，接地电阻允许值可以适当提高。低压电器设备接地电阻允许达到 10~30Ω，小接地短路电流系统中高压电气设备接地电阻允许达到30Ω，发电厂和区域变电站的接地电阻允许达到15Ω。

### 四、绝缘监视

在不接地配电网中，发生一相故障接地时，其他两相对地电压升高，可能接近相电压，这会增加绝缘的负担、增加触电的危险。而且，不接地配电网中一相接地的接地电流很小，线路和设备还能继续工作，故障可能长时间存在。这对安全是非常不利的。因此，在不接地配电网中，需要对配电网进行绝缘监视，并设置声光报警信号。图4-5(a)为低压配电网绝缘监视，图4-5(b)为高压配电网绝缘监视。

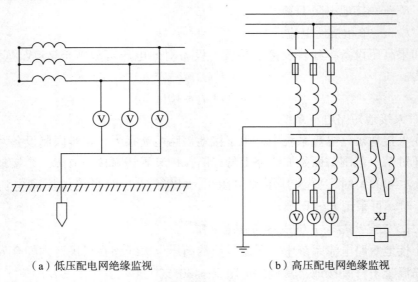

（a）低压配电网绝缘监视　　　　　（b）高压配电网绝缘监视

图4-5　高低压配电网绝缘监视

#### （一）低压配电网绝缘监视

用三只电压表分别在线路三相和接地装置之间。电压表的要求如下：①三只电压表的规格相同；②电压表量程选择适当；③选用高内阻的电压表。配电网对地绝缘正常时，三相平衡，三只电压表读数均为相电压。当配电网单相接地时，接地相电压表读数降低，另两相电压表读数显著升高。如果不是接地，只是绝缘劣化时，三只电压表的读数会出现不同，提醒巡检人员的注意。

（二）高压配电网绝缘监视

高压配电网绝缘监视方法类似，但监视仪表必须通过电压互感器与配电网相连，如图4-5（b）所示。这种电压互感器有两组低压绕组：一组接成星形，供绝缘监视的电压表用；另一组接成开口三角形，开口处接信号继电器的线圈。在配电网对地绝缘正常时，三相平衡，三只电压表读数相同，三角形开口处电压为零，信号继电器 XJ 不动作。当配电网单相接地时或一、两相对地绝缘严重劣化时，三只电压表的读数会出现不同，同时开口三角处出现电压，信号继电器动作，发出信号，提醒值班人员的注意。为了防止一次电压窜入二次而出现危险，电压互感器的二次绕组必须接地。为了保证绝缘监视的灵敏度，电压互感器的一次绕组中性点和三只电压表的中性点也必须接地。

此种监视方法对一相接地故障很敏感，但其缺点是：①三相绝缘同时降低故障无反应；②三相绝缘在安全范围内，但相差较大时，会出现误信号。

在低压配电网中，为了比较准确地检测配电网对地绝缘情况，可以借用专用方法测量绝缘阻抗。图4-6（a）表示无源测量装置的基本线路，图4-6（b）表示有源测量装置的基本线路。按照电压表和电流表的读数，经过计算可以求得绝缘阻抗值。如果再加入整流和滤波环节，则可以测得绝缘电阻值。

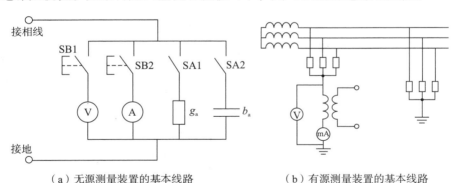

（a）无源测量装置的基本线路　　　　（b）有源测量装置的基本线路

图4-6　绝缘阻抗测量线路

## 五、过电压的防护

不接地配电网，由于配电网与大地之间没有直接的电气连接，在意外情况下可能会使整个低压系统产生很高的过电压，将给低压系统的安全运行造成极大的威胁。

为了减轻过电压的危险，在不接地低压配电网中，应当如图4-7所示的那样，把低压配电网的中性点或者一相经击穿保险器接地。正常情况下，击穿保险器处于绝缘状态，配电网仍为不接地系统；故障时，保险器击穿，配电网变成接地系统，只要 $R_E \leqslant 4\Omega$，就能控制低压各相电压的过分升高，也可能引起高压系统的过流装置动作，切断电源。两只相同的内阻电压表是用来监视击穿保险器的绝缘状态的。

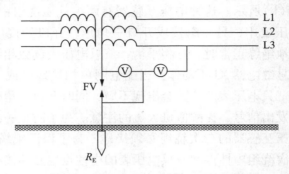

图 4-7　不接地低压配电网中性点接地

# 第三节　TT 系统

TT 系统是指电网低压中性点直接接地，而且设备外壳也采取了接地措施的三相四线配电系统，如图 4-8 所示。

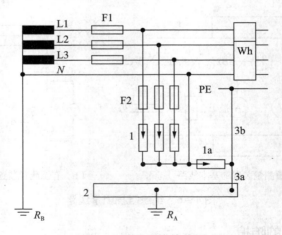

图 4-8　TT 系统接线图

## 一、TT 系统的原理

我国绝大部分企业的低压配电网都采用星形连接的中性点直接接地的三相四线制电网。此种配电网具有以下优点：可以提供线电压和相电压，便于动力和照明由同一台变压器供电；具有良好的过电压防护性能，一相故障接地时单相电击的危险性小，接地故障容易检测。低压中性点的接地通常叫做工作接地，中性点引出的导线叫做中性线。由于中性线是通过工作接地与零电位大地连在一起的，因而中性线也叫做零线。这种配电网的额定供电电压为 230/400V，额定用电电压为 220/380V。

在这种低压中性点直接接地配电网中，如果电气设备金属外壳未采取任何措施，当设备外壳故障带电发生单相电击时，人体承受的电压接近相电压。也就是说在接地的配电网中发生单相电击时，人受到的危险性更大。

图 4-9 所示为设备外壳采取接地措施的情况，（a）为 TT 系统示意图，（b）为等效电路图。在 TT 系统中，当有一相漏电，则故障电流主要经接地电阻 $R_e$ 与人体电阻 $R_p$ 的并联在于工作接地电阻 $R_n$ 串联而构成回路。漏电设备的对地电压 $U_e$ 和零线对地电压 $U_n$ 分别为：

$$U_e = \frac{R_e R_p}{R_n R_e + R_n R_p + R_e R_p} U$$

$$U_n = \frac{R_n R_p + R_n R_e}{R_n R_e + R_n R_p + R_e R_p} U$$

式中　$U$——配电网电压，V。

一般情况下，$R_n \ll R_p$，$R_e \ll R_p$。上式可简化为：

$$U_e \approx \frac{R_e}{R_e + R_n} U$$

$$U_n \approx \frac{R_n}{R_e + R_n} U$$

显然，与没有接地相比较，在一定程度上降低了触电的危险性，但零线上却产生了对地电压。

例如，$R_e = R_n = 4\Omega$，$U = 220V$，通过计算 $U_e = U_n = 110V$。

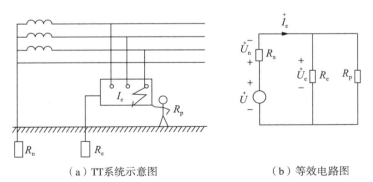

（a）TT系统示意图　　　　　　　（b）等效电路图

图 4-9　TT 系统原理

可见，漏电设备对地电压和零线对地电压都远远超过安全电压，这时人触及漏电设备或零线都可能受到致命的电击。

通过以上分析可以得出以下结论：

（1）同没有接地相比，TT 系统漏电设备上对地电压有所降低，但仍超过安全电压，可能会使人身受到致命的电击。

（2）零线上产生了超过安全电压的对地电压，可能发生电击事故。

（3）故障接地电流不大，一般的过流保护装置难以起作用，使得故障状态长时间存在。

正因为如此，TT 系统必须采取快速切除接地故障的保护装置或其他防止电击的措施，并保证零线没有电击的危险。

### 二、TT 系统的应用

根据以上分析，一般情况下不采用 TT 系统，有时也用于低压共用用户，即用于未装备配电变压器从外面引进低压电源的小型用户。采用 TT 系统时，被保护设备的所有外露导电部分均应同接地体的保护导体连接起来。

采用 TT 系统时，当设备发生单相碰壳故障时，接地电流并不很大，往往不能使保护装置动作，这将导致线路长期带故障运行；当 TT 系统中的用电设备只是由于绝缘不良引起漏电时，因漏电电流往往不大（仅为毫安级），不可能使线路的保护装置动作，这也导致漏电设备的外壳长期带电，增加了人身触电的危险。因此，TT 系统必须加装剩余电流动作保护器，方能成为较完善的保护系统。目前，TT 系统广泛应用于城镇、农村居民区、工业企业和由公用变压器供电的民用建筑中。

# 第四节　TN 系统

在变压器或发电机中性点直接接地的 380/220V 三相四线低压电网中，将正常运行时不带电的用电设备的金属外壳经公共的保护线与电源的中性点直接电气连接，即过去所称的三相四线制供电系统中的保护接零。TN 系统即保护接零系统。

### 一、TN 系统的安全原理及类别

（一）TN 系统的安全原理

保护接零的原理如图 4 - 10 所示。在中性点接地的三相四线制配电网中，当电气设备发生单相碰壳时，故障电流经设备的金属外壳形成相线对保护线的单相短路。这将产生较大的短路电流 $I_{ss}$，令线路上的保护装置立即动作，如图中的熔断器 FU 熔断，将故障部分迅速切除，从而保证人身安全和其他设备或线路的正常运行。

接零的保护作用不是由单独接零来实现的，而是要与其他线路保护装置配合使用才能完成。

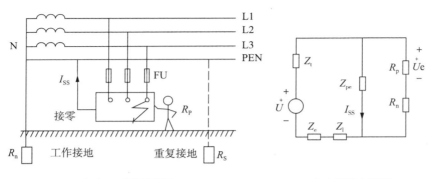

（a）TN系统示意图　　　　　　　　（b）等效电路图

图 4-10　TN 系统

在三相四线配电网中要区分开工作零线和保护零线。工作零线即中性线，用 N 表示；保护零线即保护导体，用 PE 表示。如果一根线既是工作零线又是保护零线，则用 PEN 表示。

TN 系统的电源中性点直接接地，并有中性线引出。按其保护线形式，TN 系统又分为：TN-C 系统、TN-S 系统和 TN-C-S 系统等三种。

（二）TN 系统的类别

1. TN-C 系统（三相四线制）

如图 4-11（a）所示，该系统的中性线（N）和保护线（PE）是合一的，该线又称为保护中性线（PEN）。它的优点是节省了一条导线，但在三相负载不平衡或保护中性线断开时会使所有用电设备的金属外壳都带上危险电压。在一般情况下，如保护装置和导线截面选择适当，TN-C 系统是能够满足要求的。

2. TN-S 系统（三相五线制）

如图 4-11（b）所示，该系统的 N 线和 PE 线是分开的。它的优点是 PE 线在正常情况下没有电流通过，因此不会对接在 PE 线上的其他设备产生电磁干扰。此外，由于 N 线与 PE 线分开，N 线断开也不会影响 PE 线的保护作用。但 TN-S 系统耗用的导电材料较多，投资较大。

这种系统多用于对安全可靠性要求较高、设备对电磁抗干扰要求较严、或环境条件较差的场所使用。对新建的大型民用建筑、住宅小区，特别推荐使用 TN-S 系统。

3. TN-C-S 系统（三相四线与三相五线混合系统）

如图 4-11（c）所示，该系统中有一部分中性线和保护是合一的，而另一部分是分开的。它兼有 TN-C 系统和 TN-S 系统的特点，常用于配电系统末端环境较差或有对电磁抗干扰要求较严的场所。

在 TN-C、TN-S 和 TN-S-C 系统中，为确保 PE 线或 PEN 线安全可

靠，除在电源中性点进行工作接地外，对 PE 线和 PEN 线还必须进行必要的重复接地。PE 线 PEN 线上不允许装设熔断器和开关。

在同一供电系统中，不能同时采用 TT 系统和 TN 系统保护。

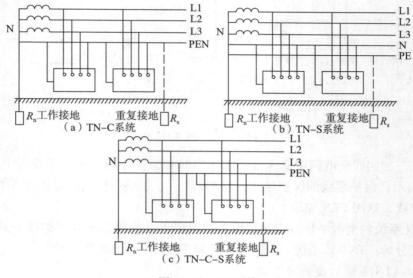

图 4－11　TN 系统

## 二、保护接零的应用范围

在电力系统中，由于电气装置绝缘老化、磨损或被过电压击穿等原因，都会使原来不带电的部分（如金属底座、金属外壳、金属框架等）带电，或者使原来带低压电的部分带上高压电，这些意外的不正常带电将会引起电气设备损坏和人身触电伤亡事故。为了避免这类事故的发生，通常采取保护接地和保护接零的防护措施。

### （一）保护接地的作用及其局限性

在电源中性点不接地的系统中，如果电气设备金属外壳不接地，当设备带电部分某处绝缘损坏碰壳时，外壳就带电，其电位与设备带电部分的电位相同。由于线路与大地之间存在电容，或者线路某处绝缘不好，当人体触及带电的设备外壳时，接地电流将全部流经人体，显然这是十分危险的。

采取保护接地后，接地电流将同时沿着接地体与人体两条途径流过。因为人体电阻比保护接地电阻大得多，所以流过人体的电流就很小，绝大部分电流从接地体流过（分流作用），从而可以避免或减轻触电的伤害。

从电压角度来说，采取保护接地后，故障情况下带电金属外壳的对地电压等于接地电流与接地电阻的乘积，其数值比相电压要小得多。接地电阻越小，外壳对地电压越低。当人体触及带电外壳时，人体承受的电压（即接触电压）最大为外壳对地电压（人体离接地体 20m 以外），一般均小于外壳对地电压。

从以上分析得知，保护接地是通过限制带电外壳对地电压（控制接地电阻的大小）或减小通过人体的电流来达到保障人身安全的目的的。

在电源中性点直接接地的系统中，保护接地有一定的局限性。这是因为在该系统中，当设备发生碰壳故障时，便形成单相接地短路，短路电流流经相线和保护接地、电源中性点接地装置。如果接地短路电流不能使熔丝可靠熔断或自动开关可靠跳闸时，漏电设备金属外壳上就会长期带电，也是很危险的。

（二）保护接零的作用及应用范围

由于保护接地有一定的局限性，所以就采用保护接零。即将电气设备正常情况下不带电的金属部分用金属导体与系统中的零线连接起来，当设备绝缘损坏碰壳时，就形成单相金属性短路，短路电流流经相线——零线回路，而不经过电源中性点接地装置，从而产生足够大的短路电流，使过流保护装置迅速动作，切断漏电设备的电源，以保障人身安全。其保安效果比保护接地好。

保护接零适用于电源中性点直接接地的三相四线制低压系统。在该系统中，凡由于绝缘损坏或其他原因而可能呈现危险电压的金属部分，除另有规定外都应接零。应接零和不必接零的设备或部位与保护接地相同。凡是由单独配电变压器供电的厂矿企业，应采用保护接零方式。

（三）对保护零线的要求

（1）保护零线应单独敷设，并在首、末端和中间处作不少于三处的重复接地，每处重复接地电阻值不大于 $10\Omega$；

（2）保护零线仅作保护接零之用，不得与工作零线混用；

（3）保护零线上不得装设控制开关和熔断器；

（4）保护零线应为具有绿/黄双色标志的绝缘线；

（5）保护零线截面应不小于工作零线截面。架空敷设时，采用绝缘铜线，截面积应不小于 $10mm^2$，采用绝缘铝线时，截面积应不小于 $16\ mm^2$；电气设备的保护接零线应为截面积不小于 $2.5\ mm^2$ 的多股绝缘铜线。

（四）采用保护接零应注意的几个问题

保护接零能有效地防止触电事故。但是在具体实施过程中，如果稍有疏忽大意，仍然会导致触电。

1. 严防零线断线

在接零系统中，当零线断开后时，接零设备外壳就会呈现危险的对地电压。采取重复接地后，设备外壳对地电压虽然有所降低，但仍然是危险的。所以一定要确保保护零线的施工及检修质量，零线的连接必须牢靠，零线的截面应符合规程要求。为了严防零线断开，零线上不允许单独装设开关或熔断器。若采用自动开关，只有当过流脱扣器动作后能同时切断相线时，才允许在零线上装设过流脱扣器。在同一台配电变压器供电的低压电网中，不允许保护接零与保护接地混合使用。必须把系统内所有电气设备的外壳都与零线连接起来，构成一个零线网络，才能确保人身安全。

2. 严防电源中性点接地线断开

在保护接零系统中，若电源中性点接地线断开，当系统中任何一处发生接地或设备碰壳时，都会使所有接零设备外壳呈现接近于相电压的对地电压，这是十分危险的。因此，在日常工作中要认真做好巡视检查，发现中性点接地线断开或接触不良时，应及时进行处理。

3. 重复接地

保护接零系统零线应装设足够的重复接地。

### 三、接地与接零的实际应用

在电气技术中，接地和接零是否合理，不仅影响电力系统的正常运行，而且还关系到人身安全。因此正确选择接地和接零的方式及其安装方法，是非常重要的任务。

在不同的设备和环境里，对于接地和接零均有不同的要求和具体措施。其作用一是为了安全，避免因电气设备绝缘损坏时而遭受触电危险以及防止雷击，如电气设备的保护接地、保护接零、重复接地、静电接地和防雷接地等；另一个作用是为了保证电气设备的正常运行，如电力系统中的工作接地和无线电接收设备的静电屏蔽接地。

（一）中性点不接地工作制（TT系统）

在中性点不接地工作制中，系统的中性点与地绝缘，其优点是当发生单相接地时，还能照常运行。不接地系统事实上是电容接地，尤其当线路比较长时，由于电容电流较大，就失去了这个优点。而当线路太短时，接地事故电流又不能使继电器选择性动作，容易造成检查和隔离事故线路的困难，对于维护及运行都不方便。同时，当发生单相短路时，过电压有可能达到相电压的3倍，因此，变压器等电气设备的绝缘水平都要根据这个情况来考虑，投资费用高，同时对于系统的稳定性也有影响。

在TT系统中，只能用保护接地来进行安全保护，TT系统包括交流不接地电网和直流不接地电网，也包括低压不接地电网和高压不接地电网等。在这类电网中，凡是由于绝缘破坏或其他原因而可能出现危险电压的金属部分，除另有规定者外，均应实行保护接地。

（二）中性点直接接地工作制（TN系统）

TN系统是目前普遍采用的一种系统，采用中性点直接接地工作制，可以消除接地继电器不能准确动作造成过电压的危险；同时由于在这种工作制的系统内，相间电压为中性点接地所固定，基本上不会增加。所以有关的电气设备只要按相电压考虑，绝缘要求较低，价格也比较便宜，而且不需要另外的接地设备，总的投资是比较低廉的。

在直接接地系统中，由于短路电流很大，在有些情况下，单相短路电流甚至还要超过三相短路电流，因此要选择断路容量较大的开关设备。当单相短路电流过大时，正序电压降低很多，以致使系统不稳定，而且对电信线路也有很强烈的干扰。

实际上，在中性点直接接地的低压电力系统中，即使电气设备实行保护接地，也不能保证安全，其原因如下：当电气设备发生接地短路时，其短路电流为 $I_d = \dfrac{U}{R_e + R_n}$，在中性点直接接地系统中，一般均考虑变压器低压侧中性点的接地电阻为 $R_e = 4\Omega$。电气设备的接地电阻也为 $R_n = 4\Omega$。当电压为 $380/220V$ 系统中发生接地短路时，其短路电流等于 27.5A，为了保证保护设备可靠地动作，接地短路电流应该不小于自动开关整定电流的 1.25 倍或熔断器额定电流的 3 倍。因此，上式中的短路电流值仅能保证断开整定电流不超过 27.5A/1.25，即 22.0A 的自动开关，或熔断额定电流不超过 27.5A/3，即 9.2A 的熔断器。如果电气设备稍大，保护设备的额定值大于上述参数时，保护设备可能不动作，此时，在设备外壳上将长期存在着对地电压。

（三）接地和接零的同时应用

1. 同时采用两种保护措施带来的危害

在中性点直接接地系统中（TN），有些电工在维修或抢修后，把用电设备的保护改为就近接地，有时是因为临时使用的设备，在更换用电设备时导线就少穿一根，由于采用保护接零系统，因而就不能再采取保护接地。在同一供电系统中，如果一部分电气设备实行保护接地，另一部分电器设备实行保护接零，则当某台接地设备的某相碰壳对地短路，而该设备的容量较大、熔体的熔断电流也较大时，碰壳所产生的短路电流将不足以使熔断器熔断，因此电源也不能切断。此时接地短路电流产生的压降将使电网中性线的电压升高到一定值，从而所有接零电气设备的外壳均带有该升高的电压。若 $R_n = R_e$，则该升高的电压为 $U/2$，这是很危险的。在这种情况下，人体接触运行中的接零电气设备的外壳，便会发生触电事故。在这种系统中，如果零线断，除了失去接零保护作用以及系统不平衡时出现三相电压畸变外，并且系统中的单相设备也会使"断零线"带上危险电压，此时触电的危险性更大。因此，严禁同一系统中保护接地和保护接零并存。

在保护接零系统中，当用电设备容量较大而又远离电源端时，必须对零线加装重复接地，这样当发生单相碰壳故障时可增大短路电流，加速熔断器的熔断。重复接地还可以避免因零线截面积过小，接触不良造成的中性点偏移。保护接零重复接地的电阻不应大于10Ω。

2. TN系统的几种方式

TN系统除了上述的方式外，还有TN-C系统。这是TN系统中应用最广泛的系统，即三相四线制中性点直接接地，整个系统的中性线与保护线是合一的系统。当把工作中性线(N)和保护零线(PE)合为一体成为PEN线时，就构成了TN-C系统。

目前，在工业中大型设备，如机床、船舶、起重等行业，推荐使用TN-S系统，在此系统中，保护地线与中性线是分开的，在电气设备内部也是严格分开的，这样就更加保护了人身安全和设备的正常工作。

**四、重复接地**

运行经验表明，在接零系统中，零线仅在电源处接地是不够安全的。为此，零线还需要在低压架空线路的干线和分支线的终端进行接地；在电缆或架空线路引入车间或大型建筑物处，也要进行接地(距接地点不超过50m者除外)；或在屋内将零线与配电屏、控制屏的接地装置相连接，这种接地叫做重复接地。

(一)重复接地的目的

采用重复接地的目的是：①当电气设备发生接地短路时，可以降低零线的对地电压；②当零线断线时，可以继续使零线保持接地状态，减轻了触电的危害。在没有采用重复接地的情况下，当零线发生断线时，接在断线点后面只要有一台设备发生接地短路，其他设备外壳的对地电压都接近于相电压(断线处前面接零设备外壳对地电压近似于零)。如果短路点距离电源较远，相线-零线回路阻抗较大，短路电流较小时，则过流保护装置不动作。

保护装置不能迅速动作，故障段的电源不能即时切除，就会使设备外壳长期带电。此外，由于零线截面一般都比相线截面小，也就是说零线阻抗要比相线阻抗大，所以零线上的电压降要比相线上的电压降大，一般都要大于110V(当相电压为220V时)，对人体来说仍然是很危险的。

采取重复接地后，重复接地和电源中性点工作接地构成零线的并联支路，从而使相线-零线回路的阻抗减小，短路电流增大，使过流保护装置迅速动作。由于短路电流的增大，变压器低压绕组相线上的电压相应增加，从而使零线上的压降减小，设备外壳对地电压进一步减小，触电危险程度大为减小。

当采用重复接地后，接地零线断线点后面的设备外壳上的对地电压可以大大降低，其值决定于变压器中性点接地电阻和重复接地电阻的大小，即：

$$U_{\mathrm{d}} = U \times R_{\mathrm{s}} / (R_{\mathrm{o}} + R_{\mathrm{s}})$$

$$I_{\mathrm{d}} = U / (R_{\mathrm{o}} + R_{\mathrm{s}})$$

式中　$U$——相电压，V；

　　　$U_{\mathrm{d}}$——设备外壳对地电压，V；

　　　$I_{\mathrm{d}}$——单相接地故障电流，A；

　　　$R_{\mathrm{s}}$——重复接地电阻，Ω；

　　　$R_{\mathrm{o}}$——变压器中性点电阻，Ω。

如果是多处重复接地（并联），则接地电阻值很低，设备外壳的对地电压也就很小，从而大大减轻了人身触电的危险。尽管如此，为了确保安全，还是应在施工时坚持保证质量，在运行中加强维护，杜绝发生零线断线现象。

在接零系统中，即使没有设备漏电，而是当三相负载不平衡时，零线上就有电流，从而零线上就有电压降，它与零线电流和零线阻抗成正比。而零线上的电压降就是接零设备外壳的对地电压。在无重复接地时，当低压线路过长，零线阻抗较大，三相负载严重不平衡时，即使零线没有断线，设备也没有漏电的情况下，人体触及设备外壳时，常会有麻木的感觉。采取重复接地后，麻木现象将会减轻或消除。

从以上分析可知，在接零系统中，必须采取重复接地。重复接地电阻不应大于10Ω，当配电变压器容量不大于100kV·A，重复接地不少于3处时，其接地电阻可不大于30Ω。零线的重复接地应充分利用自然接地体（直流系统除外）。

(二)重复接地的注意事项

在低压配电系统中，重复接地的问题应明确是对 N 线重复接地还是对 PE 线重复接地，在以往的设计或施工实践中，不够明确。现就有关问题进行分析，以利在实践中正确应用。

对于 TN‑S 系统，重复接地就是对 PE 线的重复接地，其作用如下：

(1)如不进行重复接地，当 PE 断线时，系统处于既不接零也不接地的无保护状态。而对其进行复重接地以后，当 PE 正常时，系统处于接零保护状态；当 PE 断线时，如果断线处在重复接地前侧，系统则处在接地保护状态。进行了重复接地的 TN‑S 系统具有一个非常有趣的双重保护功能，即 PE 断线后由 TN‑S 转变成 TT 系统的保护方式（PE 断线在重复接地前侧）。

(2)当相线断线与大地发生短路时，由于故障电流的存在造成了 PE 线电位的升高，当断线点与大地间电阻较小时，PE 线的电位很有可能远远超过安全电压。这种危险电压沿 PE 线传至各用电设备外壳乃至危及人身安全。而进行重复接地以后，由于重复接地电阻与电源工作接地电阻并联后的等效电阻小于电源工作接地电阻，使得相线断线接地处的接地电阻分担的电压增加，从而有效降低 PE 线对地电压，减少触电危险。

（3）PE 线的重复接地可以降低当相线碰壳短路时的设备外壳对地的电压，相线碰壳时，外壳对地电压即等于故障点 P 与变压器中性点间的电压。假设相线与 PE 线规格一致，设备外壳对地电压则为 110V。而 PE 线重复接地后，从故障点 P 起，PE 线阻抗与重复接地电阻 $R_s$ 同工作接地电阻 $R_n$ 串联后的电阻相并联。在一般情况下，由于重复接地电阻 $R_s$ 同工作接地电阻 $R_n$ 串联后的电阻远大于 PE 线本身的阻抗，因而从 P 至变压器中性点的等效阻抗，仍接近于从 P 至变压器中性点的 PE 线本身的阻抗。如果相线与 PE 线规格一致，则 P 与变压器中性点间的电压 $U_{po}$ 仍约为 110V，而此时设备外壳对地电压 $U_p$ 仅为故障 P 点与变压器中性点间的电压 $U_{po}$ 的一部分，可表示为 $U_p = U_{po} \times R_s/(R_n + R_s)$。假设重复接地电阻 $R_s$ 为 10Ω，工作接地电阻 $R_n$ 为 4Ω，则 $U_p = 78.6V$。

如果只是对 N 线重复接地，它不具有上述第（1）项与第（3）项作用，只具有上述第（2）项的作用。对于 TN - S 系统，其用电设备外壳是与 PE 线相接的，而不是 N 线。因此，我们所关心的更主要的是 PE 线的电位，而不是 N 线的电位，TN - S 系统的重复接地不是对 N 线的重复接地。

如果将 PE 线和 N 线共同接地，由于 PE 线与 N 线在重复接地处相接，重复接地前侧（接近于变压器中性点一侧）的 PE 线与 N 线已无区别，原由 N 线承担的全部中性线电流变为由 N 线和 PE 线共同承担（一小部分通过重复接地分流）。可以认为，这时重复接地前侧已不存在 PE 线，只有由原 PE 线及 N 线并联共同组成的 PEN 线，原 TN - S 系统实际上已变成了 TN - C - S 系统，原 TN - S系统所具有的优点将丧失，故不能将 PE 线和 N 线共同接地。

在工程实践中，对于 TN - S 系统，很少将 N 线和 PE 线分别重复接地。其原因主要为：

（1）将 N 线和 PE 线分别重复接地仅比 PE 线单独重复接地多一项作用，即可以降低当 N 线断线时产生的中性点电位的偏移作用，有利于用电设备的安全，但是这种作用并不一定十分明显，并且一旦工作零线重复接地，其前侧便不能采用漏电保护。

（2）如果要将 N 线和 PE 线分别重复接地，为保证 PE 线电位稳定，避免受 N 线电位的影响，N 线的重复接地必须与 PE 线的重复接地及建筑物的基础钢筋、埋地金属管道等所有进行了等电位连结的各接地体、金属构件和金属管道的地下部分保持足够的距离，最好为 20m 以上，而在实际施工中很难做到这一点。

　　图4－12中对整个配电系统而言，为 TN－C－S 的接地型式，而对建筑物电源进户处至用电负荷的配电而言，系统应为 TN－S 接地型式。根据有关规程规定，从建筑物总配电箱开始引出的配电线路和分支线路必须采用 TN－S 系统。对 TN－S 系统接地型式分析如下：

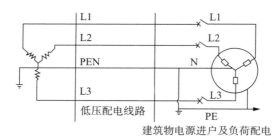

图4－12　低压三相四线式配电系统示意图

　　（1）图4－12中如 PEN 线在进户处未作重复接地，一旦发生断线，这时系统处于保护状态。如果 PEN 线如图在电源进户处设有重复接地装置，当 PEN 线发生断线故障时，因进户处设有重复接地装置，它为其后的 TN－S 系统仍提供了可靠的接地保护，不过此时的系统由 TN－S 方式转变为 TT 接地型式。

　　（2）如果在 TN－C－S 系统中的 PE 线分接点前的配电线路中，某根相线发生对地短路的接地故障，则短路电流通过短路接地点，经大地、电源的工作接地点构成通路，此时的电源的工作接地点的电位，将随短路时的接地电流及短路点的电阻大小而发生变化，这个电位往往会超过安全电压（50V），并沿 PEN 传至系统各处危及人身安全。如果 PEN 线在进户处设置了重复接地装置，由于 PEN 线重复接地的接地电阻是与电源工作接地的接地电阻并联的，故并联后的等效电阻要远小于电源工作接地的接地电阻，因此在同样的短路接地电流的情况下，使得短路点处的电位增加，从而有效地降低了 PEN 线的危险电压。所以在有关规程中明确指出 TN 系统中，架空干线和分支线的终端，其 PEN 线应重复接地。电缆线路和架空线路在每个建筑物进线处，均需重复接地。

　　（3）对于 TN－S 系统来说，因 N 线与 PE 线是分开敷设的，并且是相互绝缘的，同时与用电设备外壳相连接的是 PE 线而不是 N 线。因此我们所关心的最主要的是 PE 线的电位，而不是 N 线的电位，所以在 TN－S 系统中重复接地不是对 N 线的重复接地。如果将 PE 线和 N 线共同接地，由于 PE 线与 N 线在重复接地处相接，重复接地点与配电变压器工作接地点之间的接线已无 PE 线和 N 线的区别，原由 N 线承担的中性线电流变为由 N 线和 PE 线共同承担，并有部分电流通过重复接地点分流。由于这样可以认为重复接地点前侧已不存在

PE 线，只有由原 PE 线及 N 线并联共同组成的 PEN 线，原 TN－S 系统所具有的优点将丧失，所以不能将 PE 线和 N 线共同接地。

由于上述原因在有关规程中明确提出，中性线（即 N 线）除电源中性点外，不应重复接地。同时规定为减少人体接触电压，在采取接地故障保护措施时，应做总等电位联结，当仅做总等电位联结不能满足间接接触保护的条件时，还应采取辅助等电位联结。这里所讲的总等电位联结，实际上为电源进户处所做的重复接地功能，建筑物内的辅助联结等效在 TN－S 系统内的 PE 线重复接地。

### 五、工作接地

工作接地就是将变压器的中性点接地。其主要作用是系统电位的稳定性，即减轻低压系统由于一相接地，高低压短接等原因所产生过电压的危险性，并能防止绝缘击穿。其次，由于接地配电网中单相接地故障电流可达到数安乃至几十安，故障比较容易被检测，故障点也比较容易确定。

当配电网一相故障接地时，如果没有工作接地，另两相对地电压将上升到线电压。中性线及所有接中性线的电气设备外露导电部分都成了十分危险的带电体；同时，未接地的两相负载承受的电压升高，单相触电的危险性大大增加。而且，由于接地电流不大，这种危险性可能持续下去。因此，这种配电网是不能采用的。

工作接地电阻 $R_n$ 不能太大。我国规范规定，一般情况下要求 $R_n \leqslant 4\Omega$；在高土壤地区，工作接地电阻 $R_n$ 允许放宽到不超过 $10\Omega$。

# 第五节 高压交流电力系统的接地方式

电力系统的接地方式根据系统与大地连接方式而定。一个系统、线路或设备，除了经过电位指示或检测装置，或经过其他很高的阻抗接地外，没有一个人工接地点，则称此系统为不接地系统。一个系统至少有一根导线或一点（通常是发电机或变压器的中性点）直接接地或经适当阻抗接地称为接地系统。系统接地的作用是限制局部地区内所有不绝缘导体之间的电位差；且当发生故障时，能隔离故障设备和线路，限制各种情况下的过电压。系统接地点的选择必须保证在全部运行时间内至少有一个接地点连接到系统上。每台发电机、变压器或接地变压器的中性点都要接地。为了防止母线联络线断开时造成部分系统不接地的可能，每条母线的电源端都要接地。由于电源数量比较少，且很少断开，因此尽可能在电源端接地。为了防止系统中可能接有星形绕组的变压器将零序电流断开，因此在接地系统中各级电压系统都要求接地，使各级电压系统的零序电流都有通路。

高压交流电力系统的各种接地方式及其特点、适用范围及相应接地元件的选用方法说明如下。

## 一、高压系统常见接地方式

### （一）不接地方式

中性点不接地方式适用于接地电容电流小于 10A 的电力系统，一般是以架空线为主的电力系统。架空线往往因为外力或其他原因会造成单相接地故障。采用不接地系统可以带故障运行 2h，利用这段时间寻找故障点进行检修，保证系统供电的连续性和可靠性。不接地系统发生接地故障时可能产生 3.5 ~ 4 倍相电压的过电压，对设备绝缘要求较高。同时健全相的对地电压也升为原来电压的 $\sqrt{3}$ 倍，增加了健全相再击穿的可能性。当人触及高压设备造成单相接地时，电源开关不能跳闸，触电者往往不能摆脱电源而导致死亡，因此有些接地电容电流小于 10A 的电力系统，也有采用电阻接地的。

中性点不接地方式，即是中性点对地绝缘，结构简单，运行方便，不需任何附加设备，投资省。它适用于 10kV、6kV 架空、电缆线路为主的辐射形或树状形的供电网络。该接地方式在运行中，若发生单相接地故障，其流过故障点电流仅为电网对地的电容电流，其值很小称为小电流接地系统，需装设绝缘监察装置，便于及时发现单相接地故障，迅速处理，以免故障发展为两相短路，而造成停电事故。

中性点不接地系统发生单相接地故障时，其接地电流很小，若是瞬时故障，一般能自动熄弧，非故障相电压升高不大，不会破坏系统的对称性，相对地提高了供电的可靠性。

中性点不接地方式因其中性点是绝缘的，电网对地电容中储存的能量没有释放通路。在发生弧光接地时，电弧的反复熄灭与重燃，也是向电容反复充电的过程。由于对地电容中的能量不能释放，造成电压升高，从而产生弧光接地过电压或谐振过电压，其值可能很高，对设备绝缘造成威胁。

此外，由于电网存在电容和电感元件，在一定条件下，因倒闸操作或故障，容易引发线性谐振或铁磁谐振，这时馈线较短的电网会激发高频谐振，产生较高谐振过电压，导致电压互感器击穿。对馈线较长的电网易激发起分频铁磁谐振，在分频谐振时，电压互感器呈较小阻抗，其通过电流将成倍增加，引起熔丝熔断或电压互感器过热而损坏。

### （二）消弧线圈接地方式

采用消弧线圈接地方式时，最好能达到调谐的要求，也就是由消弧线圈所产生的接地电流的电感分量与电力系统的电容电流分量相抵消，此时故障电流仅由调谐后的电阻值、绝缘泄漏和电晕所产生。此电流值甚小，因此这种接地方式也称小接地电流系统。由于接地电流很小，不会烧毁发电机定子线圈，也不致产生火灾和爆炸的危险。而且调谐后的电流与相电压同相，在同一时间过零，因此可以减少间歇重燃过电压和加速故障点的降压速度，故障相上恢复电压上升率也很低，因此电弧容易熄灭且不易重燃，闪络也受到限制，可以防止和减少电气设备击穿，也不易产生两相短路。为了尽可能在不同运行方式下与系统电容电流调谐，必须采用调整消弧线圈分接头的方法获得适当电抗值。当系统运行方式经常改变时，调谐工作量很大且不易达到要求，而且这种接地方式，寻找故障点也比较困难，并且工业和民用建筑中熟练人员比较少，因此近年来有改用电阻接地或采用微机综合保护接地的趋势。

中性点经消弧线圈接地方式，即是在中性点和大地之间接入一个电感消弧线圈。当电网发生单相接地故障时，其接地电流大于 30A，产生的电弧往往不能自熄，造成弧光接地过电压概率增大，不利于电网安全运行。为此，利用消弧线圈的电感电流对接地电容电流进行补偿，使通过故障点的电流减小到能自行熄弧范围。通过对消弧线圈无载分接开关的操作，使之能在一定范围内达到过补偿运行，从而达到减小接地电流的效果。这可使电网持续运行一段时间，相对地提高了供电可靠性。

该接地方式因电网发生单相接地的故障是随机的，造成单相接地保护装置动作情况复杂，寻找发现故障点比较难。消弧线圈采用无载分接开关，靠人工凭经验操作比较难实现过补偿。消弧线圈本身是感性元件，与对地电容构成谐振回路，在一定条件下能发生谐振过电压。消弧线圈能使单相接地电流得到补偿而变小，这对实现继电保护比较困难。

（三）电阻接地方式

中性点经电阻接地方式，即是中性点与大地之间接入一定电阻值的电阻。该电阻与系统对地电容构成并联回路，由于电阻是耗能元件，也是电容电荷释放元件和谐振的阻压元件，对防止谐振过电压和间歇性电弧接地过电压，有一定优越性。中性点经电阻接地的方式有高电阻接地、中电阻接地、低电阻接地等三种方式。这三种电阻接地方式各有优缺点，要根据具体情况选定。

对于用电容量大且以电缆线路为主的电力系统，其电容电流往往大于30A，如果采用消弧线圈接地方式，不仅调谐工作繁琐困难，故障点不易寻找，而且消弧线圈补偿量增大，使得投资增加，占地面积也随之增大。电缆线路不宜带故障运行，采用消弧线圈可以带故障运行的优点也不能发挥，因此这样的系统常采用电阻接地。电阻接地根据系统电容电流的不同，分为高电阻接地和中电阻接地两种情况。

1. 高电阻接地

高电阻接地多用于电容电流为 10A 或稍大的系统内。接地电阻的电阻值按照流经该电阻上的电流稍大于系统的接地电容电流的原则来选择。由于接地故障时总的接地电流比较小，对电气设备和线路所产生的机械应力和热效应也比较小，同样也减少人身遭受电击的危险和靠近接地故障点的人员遭受到电弧和闪络的危险，还可以带故障继续运行 2h，以便利用这段时间消除接地故障，保持系统运行的可靠性。

2. 中电阻接地

中电阻接地多用于电容电流比 10A 大得多的系统。接地电阻值的选择要保证继电保护有足够的灵敏度，故障时不致引起过高的过电压，也不要造成对通信线路的干扰。有些国家对接地电阻值有较明确的规定，例如德国规定在中压电网中，该电阻值按单相接地电流 $I_o$ 为 1000 ~ 2000A 来考虑；法国则规定：以电缆为主的城市电网，按 $I_o$ 为 1000A 考虑，以架空线为主的郊区电网，则按 300A 考虑。在工业与民用的电力系统中，$I_o$ 在 100A 及其以上者，一般可满足继电保护的要求，而且在厂区和建筑小区内，高压电力线和通信线很少会有数千米的平行线路，所以干扰问题一般不予考虑。但为了在单相接地故障时不致产生较高的过电压、故障点的零序阻抗 $X_{0\Sigma}$ 必须为感性，而且 $X_{0\Sigma}/X_{1\Sigma}$ 不应大于 1.73，此处，$X_{1\Sigma}$ 为故障点的正序阻抗。$X_{0\Sigma}$ 根据 $Z_{0\Sigma}$ 计算而得，$Z_{0\Sigma} = (X_{0T} + 3R_n) \gg X_{oc}$。此处 $X_{0T}$ 为接地变压器零序电抗，$R_n$ 为接地电阻值，$X_{oc}$ 为系统每相对地分布电容的容抗值。采用中电阻接地后，电气设备长期最大工作电压为相电压，绝缘水平可以降低，能采用一般的全封闭组合电器和无间隙的氧化锌避雷器，对工业企业与民用建筑的电力系统特别有利，可按相电压的绝缘水平选用产品，避免按线电压要求，选用绝缘强度更高的产品。但这种接地方式，当产生对地故障时，立即切断电源，虽然避免了故障扩大，但对于要求有可靠电源的系统，则必须有双电源或备用电源，当发生单相接地故障时，能在较短时间内恢复供电。

(四)电感补偿、并联电阻接地方式

这种方式用于接地电容电流超过 10A 的电力系统，单相接地时不跳闸可继续运行 2h。电感按完全补偿系统电容电流来选择，即流经电感的电流等于系统最大和最小运行方式下的接地电容电流的平均值。并联电阻直接接入系统中性点，其电阻值按流经其上的电流不小于系统的电容电流来选择。并联电阻的目的是防止断路器三相不同时合闸时引起串联谐振过电压。最小运行方式不考虑停机后的运行方式。电感一般选用标准规格的消弧线圈。

（五）直接接地方式

变压器或发电机的中性点宜直接或经过小电阻（例如经过电流互感器）接到接地装置上则为直接接地方式，由于这种接地方式的接地电流比较大，所以采用这种接地方式的系统，也称为大电流接地系统。当其接地系数不超过1.4时为中性点有效接地系统。接地系数是一相或另两相接地时健全相与接地点的电位差和接地前两者间电位差的比值。中性点直接接地方式，即是将中性点直接接入大地。该系统运行中若发生一相接地时，就形成单相短路，其接地电流很大，使断路器跳闸切除故障。这种大电流接地系统，不装设绝缘监察装置。

中性点直接接地系统产生的内过电压最低，而过电压是电网绝缘配合的基础，电网选用的绝缘水平高低，反映的是风险率不同，绝缘配合归根到底是个经济问题。

中性点直接接地系统产生的接地电流大，故对通讯系统的干扰影响也大。当电力线路与通讯线路平行走向时，由于耦合产生感应电压，对通讯造成干扰。

中性点直接接地系统在运行中若发生单相接地故障时，其接地点还会产生较大的跨步电压与接触电压。此时，若工作人员误登杆或误碰带电导体，容易发生触电伤害事故。对此只要加强安全教育和正确配置继电保护及严格的安全措施，事故也是可以避免的。其办法有：①尽量使电杆接地电阻降至最小；②对电杆的拉线或附装在电杆上的接地引下线的裸露部分加护套；③倒闸操作人员应严格执行电业安全工作规程。

## 二、常用的接地元件

（一）接地变压器

当系统没有中性点而且需要接地时，必须通过接地变压器（包括电抗器）设置人工接地点。接地变压器要求零序阻抗低，以保证零序电流的输出；励磁阻抗高，以限制空载电流值；空载损耗低，以减少能耗。

（1）额定持续电流：即持续流过主绕组的电流。当二次侧不带负荷时，一般为空载电流；当发生单相接地短路时，即为一次侧的零序电流。如连接消弧线圈，持续时间按2h计算；如连接电阻则为继电保护动作时间。如二次侧带有负载，额定持续电流为二次侧负载电流折合成一次侧正序电流与一次侧短时工作制零序电流折合成长期稳定电流的向量和。

（2）额定中性点电流：即为单相接地故障时流过接地变压器中性点的电流，决定于高压侧容量及与之连接的接地元件容量的配合。当连接消弧线圈时，接地元件的容量按持续工作时间2h计算；当连接电阻时，则按继电保护动作时间考虑。

（3）容量：接地变压器的容量一般按额定电压及额定持续电流计算而得。当连接消弧线圈时，还要考虑接地变压器利用率。当采用电感补偿、并联电阻接地方式时，额定持续电流为流过电感的电流和流过电阻的电流的相量和。

（二）消弧线圈

消弧线圈采用过补偿，其容量 $Q_L$（单位：kV·A）按下式计算。

$$Q_L = (1.25 \sim 1.30)I_c U$$

式中　$I_c$——接地电容电流，A；

　　　$U$——相电压，kV。

脱谐度 $n_k$ 是系统采用消弧线圈，未能完全达到调谐的程度，要求串联脱谐度不小于20%，并联脱谐度不小于40%，中性点位移不大于相电压的15%，故障时不超过10%。对于网络的残流要求：发电机不超过5A，3~10kV 网络不超过30A，20kV 及其以上网络不超过10A。脱谐度 $n_k$ 的计算：

$$n_k = \frac{I_c - I_1}{I_c} \times 100\%$$

式中　$I_c$——消弧线圈助补偿电流，A；

　　　$I_1$——系统的接地电容电流，A。

（三）电阻器

当采用高电阻接地方式时，如电阻器直接接入系统的中性点，则电阻器的绝缘等级应达到系统相电压的要求，其阻值 $R_n$ 按下式计算：

$$R_n = \frac{U}{I_R}(\Omega)$$

式中　$I_R$——接地电阻性电流，A，一般不小于系统的接地电容电流。

### 三、中性点不接地电网的接地保护

（一）中性点不接地电网的接地保护种类

电力电网小接地系统大部分为中性点不接地系统，而单相接地保护的变化已从传统接地保护发展到无人值守变电所配合综合自动化装置的接地保护、接地选线装置等，其保护目前主要有以下几种：

1. 系统接地绝缘监视装置

绝缘监视装置是利用零序电压的有无来实现对不接地系统的监视的。将变电所母线电压互感器其中一个绕组接成星形，利用电压表监视各相对地电压，另一个绕组接成开口三角形，接入过电压继电器，反应接地故障时出现的零序电压。当发生单相接地故障时，开口三角形出现零序电压，过电压继电器动作，发出接地信号。该保护只能实现监测出接地故障，并能通过三只电压表判别出接地的相别，但不能判别出是哪条线路的接地。要想判断故障线路，必须经拉线路试验，这将增加对用户的停电次数，且若发生两条线路以上接地故障时，将更难判别。装置可能会因电压互感器的铁磁谐振、熔断器的接触不良、直流的接地、回路的接触不良而误发或拒发接地信号。

2. 零序电流保护

零序电流保护是利用故障线路的零序电流比非故障线路零序电流大的特点来实现选择性的保护，如 DD – 11 接地电流继电器和南京自动化设备厂的 RCS – 955 系列保护。该保护一般安装在零序电流互感器的线路上，且出线较多的电网中更能保证它的灵敏度和选择性。但由于零序电流互感器的误差，线路接线复杂，单相接地电容的大小、装置的误差、定值的误差、电缆的导电外皮等的漏电流等影响，发生单相接地故障线路零序电流二次反映不一定比非故障线路大，易发生误判断、误动。

3. 零序功率保护

零序功率方向保护是利用非故障线路与故障线路的零序电流相差 180° 来实现有选择性的保护。如传统的零序功率方向继电器，无人值守综自所应用的如南瑞 DSA113、119 系列零序功率方向保护。

零序功率方向保护没有死区，但对零序电压零序电流回路接线等要求比较高，对系统中有消弧线圈的需用五次谐波功率原理。

4. 小电流接地选线综合装置

随着电力科技的发展，近年来小电流接地电力系统逐步应用了独立的小接地电流选线装置。将小电流系统所有出线引入装置进行接地判断及选线，如华星公司的 MLX 系列。MLX 系列选线装置的原理是用电流（消弧线圈接地采用五次谐波）方向判断线路，选电流最大的三条线路再进行方向比较，从而解决了零序电流较小、各种装置 LH 误差、测量误差、电力电缆潜流、消弧线圈、电容充放电过程等影响，能正确判别或切除故障线路。

（二）接地保护安装调试注意事项

（1）在无选择性零序电压保护装置及零序功率方向保护装置中，电压互感器一次、二次中性点必须可靠接地，一次绕组中性点接地不仅是安全接地而且是工作接地。若中性点接地不可靠，二次系统则不能正确反映一次系统发生接地故障时不平衡电压零序功率方向，因此开口三角形电压极性必须正确。

（2）在利用零序电流互感器（多为电缆出线）构成的接地保护装置中，当电网发生接地故障时，故障电流不仅可能经大地流动，而且也经电缆导电外皮和铠装流动。因此，零序电流互感器上方电缆头保安接地线必须沿电缆方向穿过 LH 在线路侧接地（图 4 – 13）。

零序互感器下方电缆皮接地则不需穿过零序互感器，避免形成短路环，电缆固定夹头与电缆外壳、接地线绝缘、零序电流互感器变比、极性误差应调整一致、正确，以减少互感误差。

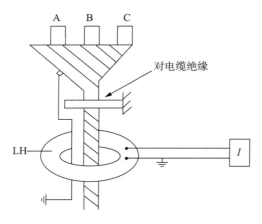

图 4 - 13　电缆头保安接地线图

（3）在经消弧线圈接地的电网单相接地保护通常利用反映谐波的电缆电容的五次谐波分量保护和暂态电流速动保护，其实现选择性较困难。可在发现接地故障时投入有效电阻，以增加故障电流有功分量方法，利用零序电流保护、方向保护有选择地切除故障。

（4）在电容器自投切系统中，补偿电容器应接成中性点不接地 Y 或 D 接法。发生接地后，三相负载仍保持对称运行，从而不影响零序电流，保证接地保护的灵敏性、正确性。

（5）在同一系统电缆线路和经电缆线路出线的架空线路中，它们单相接地电容电流大小存在差别，零序电流保护定值应充分考虑。

（6）利用三个电流互感器构成的零序电流滤过器，必须克服其不平衡电流的影响。

# 第六节　变配电所、发电站及电气设备的接地

## 一、常用电气设备的接地

电气设备的接地随所连接的系统不同，所要求的接地电阻也不相同。接地电阻是接地设施的电压与接地极流入大地的电流之比。如电气设备的接地电阻值符合下述各项要求，则从接地方面说，可认为是安全的。电击特别危险场所及爆炸火灾危险环境的接地要求，在前面章节已说明。本节重点说明低压固定电气设备、移动式电气设备、携带式电气设备及直流电气设备的接地。

（一）固定式电气设备的接地

固定式电气设备所要求的接地电阻值根据所连接线路电压的不同而各异。表4-1中的接地电阻包括利用自然接地体以及引线在两条及两条以上时架空线的重复接地极的接地电阻的综合值。

表4-1　固定式电气设备所要求的接地电阻值　　　　　　　　Ω

| 电气设备所连接线路 | 装置接地电阻 | 总重复接地电阻 | 单个重复接地电阻 |
|---|---|---|---|
| 三相660V及单相380V | 2 | 5 | 15 |
| 三相380V及单相220V | 4 | 10 | 30 |
| 三相220V及单相127V | 8 | 20 | 60 |

在工业和民用建筑物内，固定式电气设备分布较广，且常为不熟悉电气的人员所接触，因此在接地电阻选用时，应以电击保护为主。当采用电击保护时，往往伴有等电位措施，在这种情况下，重复接地的功能已为等电位措施所代替。只有在架空线进户处才考虑重复接地。

（二）移动式电气设备的接地

移动式设备一般在18kg以下，且有移动把手，工作时要求经常移动，绝缘部分容易损坏，且难于进行等电位措施。很多移动设备又在露天作业，条件严酷，因此比较危险。如移动式设备由电力系统或移动式发电设备供电，其金属外壳乃底座应与电源的接地设施做可靠的金属连接。如果电力系统为IT系统，其中性点不接地。当移动设备附近有自然接地极且其接地电阻值可以符合要求时则首先利用自然接地极；如自然接地体的接地电阻值不符合要求，则采用人工接地极。由于移动式电气设备经常移动，建议采用装配式接地极，便于移动和重复利用。如采用这些方法还不能达到接地要求或经济上不合理时，可采用在接地故障时切断电源的方法。

如移动式机械的自用发电设备直接放在该机械的同一金属支架上，发电设备只向装在机械内的电气设备和（或）通过装在发电设备上的插座用软线向机械外的电气设备供电，机械内电气设备的外露导电部分和插座供电的电气设备的接地端子都连接到发电设备的金属支架上，这个金属支架即为发电设备供电系统中的接地极，不需再采取其他接地措施。

（三）携带式电气设备的接地

携带式电气设备包括工业用电动工具、实验室用的演示型电气设备和民用家用电器中的可携带电气设备。这些设备大都用软线连接到插座上，所以也称软线设备。其特点是不熟悉电气的人员经常接触，设备经常移动并经常受到振动，设备的绝缘容易损伤，软线也容易损坏。如果发生故障，外壳带电，携带人员可能因触电发生痉挛，不借外力难以摆脱，所以十分危险，应采取以下措施。

（1）携带式电气设备必须有专用的 PE 线，如由 TN 接地方式系统供电，其电源插座必须接自 TN－S 或 TN－C－S 系统。专用 PE 线严禁通过工作电流，应采用多股软铜线，其截面不应小于 $1.5\text{mm}^2$。如采用电缆或护套电线，PE 线的截面不作规定。

（2）携带式电气设备的电源插座上应有专用的接地触头，插头的结构应做到避免将带电触头误作接地触头用。插头插入时，接地触头在带电触头之前接通；插头拔出时，接地触头在带电触头之后脱离。

（3）在不导电环境中，不能引入 PE 线，此时携带式电气设备就不必带有专用 PE 线和特殊电源插座。

（四）直流电气设备的接地

由于直流的电解作用，埋设在地下潮湿土壤中的接地装置容易受到腐蚀。当地下构筑物和金属管道有直流电流流过时，也很容易受到电解侵蚀，尤其是当它们处于电解时能排出活性物质，作用于土壤中或各种溶液中，腐蚀更为严重。所以，直流电气设备的接地应考虑以下问题。

（1）在工业和民用建筑中，直流电气设备比较少采用中性线绝缘方式。

（2）大型电解槽的泄漏电流比较大，而且零电位经常自中间电解槽移向负极，如果将中间电解槽接地，泄漏电流增加很大，不仅使导线发热，而且增加大量的泄漏电流损失，所以一般不接地，而采用加强绝缘的方法。

（3）汞弧整流装置的中性点或一极接地时，可采用 TN 系统的间接电击保护方式或装设接地短路继电器，以保证外部导电部分发生接地短路时，能自动迅速切除电源。

（4）接地装置应避免敷设在电解时可排出活性作用物质的土壤中或各种溶液的地方。如附近有适当的水源和合适的土壤，可将接地装置设在水中或适当的土壤中，否则可采用换土或改良土壤的方法。

（5）与地构成闭合回路且经常通过电流的接地线，应采取绝缘措施，如沿绝缘垫板敷设，使其不与金属管道、建筑物的金属构件、设备的金属外壳等有金属连接，且相距不小于 1m。

（6）经常流过直流电流的接地板和接地线，除按照规定的要求选用外，其地下部分的最小规格为：圆钢直径 10mm，扁钢和角钢厚度 6mm，钢管管壁厚度 4.5mm。

（7）不经常流过直流电流的接地体和接地线的选用，与交流电力设备相同。

（8）在直流电流较大的电解及类似工厂里，为了防止接地极的严重侵蚀，可采用以下保护方法，即在接地极上焊以适当材料和规格的其他金属，例如焊以长度与接地极相同、宽度及厚度各为 100mm 的镁条，然后置于填塞适当物料（例如 50% 混凝土、25% 砂及 25% 硫酸铜混合物）的孔洞内，可以防止接地极被严重侵蚀。

## 二、变电所的接地

变电所、配电所、自备发电站及工业装置专用变电所（如电弧炉变电所）必须采取以下措施。在工业和民用供电系统中，往往采用高压供电，通过变压器以低压线路馈电给用电设备。当高压部分产生接地故障时，有时会在低压系统内产生危险电压，危及人和设备的安全，基本的解决方法是采取适当的措施，必要时再伴以其他的保护方法。

### （一）接地方法的分析

变电站内变压器的金属外壳、低压绕组的中性点和用户侧低压设备的中性点和金属外壳的接地方法，不仅随低压系统接地方式的不同而不同，而且即使是同一种接地方式也有不同的接地方法。对于 IT 接地方式，当变压器高压绕组碰壳时，由于接地故障电流不大，一般还可运行 2h，如此时低压设备的绕组也碰壳短路，则所产生的故障电压又有所不同，所以另行考虑。根据不同的接地方法而得的故障电压是不同的。

### （二）安全条件

首先应考虑防止电击，其次为防止损害电气设备，两者的安全条件如下。

（1）防止电击。在正常条件下，接触电压不超过 50V，则认为是安全的，持续时间可在 5s 以上。

（2）防止电气设备损坏。一般情况下，电气设备承受 $(U+750)$V 的电压时，耐受时间不大于 5s。如果不超过低压设备的绝缘耐受电压，包括防止闪络的要求，耐受时间可在 5s 以上。我国对插座等常用电气器件，规定绝缘耐受电压为 250V，这是考虑这些电气器件需长期耐受环境（如水分、盐分、灰尘等）影响，其爬电距离在这种电压下可以防止闪络。

### （三）具体措施

我国的工业和民用供电的高压系统多为不接地的，且单相接地故障电流 $I_m$ 往往小于 30A，低压侧线路的相电压为 220V。在这种条件下，如果接地电阻为 1Ω，则 $R_e I_m = 1 \times 30 = 30$（V），小于安全电压 50V。无论何种接地方式，在正常环境中，都没有电击危险。对于任何接地方式来说，因为 $R_e I_m + U = 30 + 220 = 250$（V），也符合目前产品的耐压要求。所以只要符合上述条件，当接地电阻为 1Ω 时，可以防止电击和设备受损。为简化计算，在这种情况下，常采用高压设备外露部分与变压器低压侧中性点共同接地。当具有金属外皮的电缆直接埋地时，无论高压电缆，低压电缆或高、低电缆的总长达到 1km 时，在一般的土壤电阻系数下，其接地电阻不大于 $1\Omega$，此时，可利用其作为自然接地体，不再设人工接地极。

在 TT 及 TN 接地方式中，如果用户侧低压设备的外露导电部分在主等电位联结的作用范围内，其接触电阻接近于零，可不采取其他措施。

如果变压器高压侧以较长的电缆供电，即使是 IT 系统，当单相接地电流大于 30A 时，如果对地电压大于 50V，则必须在规定时间内切断电源。如施加电压超过电气设备的耐压水平，可选用耐压高的产品。

### 三、配电室接地

将变压器安装用的钢材和高、低配电屏安装用的钢材用接地干线连接起来，在室内形成接地的闭合回路，然后在适当地点引出接地线与接地极相连，一般引出两根接地线，形成闭合回路，并在适当地点设置接地卡子，便于电气设备试验时临时接地之用。对于大型配电所如其建筑物基础的接地电阻能满足要求，可不另设人工接地极。如果将接地网进行等电位联结，则更为安全。

### 四、自备发电站接地

自备发电站中多为中小型发电机。为了防止操作过电压，发电机的中性点应经避雷器接地。避雷器的额定电压比发电机的额定电压低，例如额定电压为 6kV 的发电机，其中性点避雷器的额定电压为 4kV。除了容量较小（一般在 750kW 及其以下）的发电机将避雷器直接放在发电机附近外，容量较大的发电机都将避雷器放在发电机小室内，将避雷器、电气设备的外露导电部分和装置外导电部分连接在一起后再进行接地。

# 第七节　接地装置和接地电阻

接地装置是指埋入地下的接地体以及与其相连的接地线的总体。根据使用的目的不同，接地有多种，如工作接地、保护接地、重复接地、防雷接地等。虽然各有其特点和具体要求，但设计和安装的基本原则是一样的，都需要经过接地装置与大地连接。

### 一、自然接地体和人工接地体

接地装置包括接地体和接地线两部分。接地体是指埋入地下与土壤直接接触的金属导体。接地线是指接地体、接地网与电气设备接地点相连接的金属导线。接地体可分为自然接地体和人工接地体两种；相应地，接地线可分为自然接地线和人工接地线两种。

（一）自然接地体

自然接地体是用于其他目的，且与土壤保持紧密接触的金属导体。利用自然接地体不但可以节省钢材和施工费用，还可以降低接地电阻和等化地面及设备间的电位。如果有条件，应当优先利用自然接地体。当自然接地体的接地电阻符合要求时，可不敷设人工接地体（发电厂和变电所除外）。自然接地体至少应有两根导体在不同地点与接地网相连（线路杆塔除外）。利用自来水管及电缆的铅、铝包皮作接地体时，必须取得主管部门同意，以便互相配合施工和检修。

自然接地极多采用钢筋混凝土内的钢筋、埋设在地下的金属管道、金属水管、与大地可靠连接的建筑物的金属结构等，除保证其地下部分为良好电气导体外，且应征得相关部门同意，在相关系统变动时通知电气装置用户。

（二）人工接地体

自然接地不能保证适当低的散流电阻，因此在 1000V 以上大接地短路电流（即单相接地短路电流大于 500A 的电气设备）的电网中，应采用人工接地。

实用中，有时为了更好地降低接地的散流电阻，同时采用人工接地和自然接地，以弥补自然接地体的不足。

人工接地体埋设方式有垂直埋设和水平埋设两种。垂直埋设的接地体多采用钢管、角钢、圆钢制成；水平埋设的接地体多采用圆钢、扁钢制成。人工接地体宜采用垂直接地体，多岩石地区可采用水平接地体。

垂直接地体使用钢管时，可采用直径 50mm 管壁厚 3.5mm，长 2.5~2m 的钢管。土壤较松时，只要把钢管的一端砸扁或加工成尖状，另一端锯平即可；土壤坚实时，为了便于将钢管打入地下要在钢管的一端加装尖状管头，另一端加装管帽。垂直接地体使用角钢时，可采用 40mm × 40mm × 4mm ~ 50mm × 50mm × 5mm 的角钢，其长度也是 2.5~3m。角钢的一端也要加工成尖状。这样向地下砸时比较省力。垂直接地体使用圆钢时，可采用直径 16mm，长 2.5~3m 的圆钢。为保证接地装置的安全可靠，垂直接地体必须满足下列要求：

（1）要有足够的机械强度。以上提到的垂直接地体所用的钢管、角钢、圆钢的尺寸，就是考虑到机械强度后给定的尺才。

（2）为了达到接地电阻的要求数值，接地体宜由两根以上的钢管、角钢、圆钢组成。比较常用的是把几根钢管、角钢或圆钢埋设成一圈或一排，并在其上端用扁钢或圆钢连接成一个整体。接地体的连接一般多采用焊接。用扁钢连接时，其搭接长度应为扁钢宽度的 2 倍；用圆钢连接时，其搭接长度应为圆钢直径的 6 倍。

（3）为了使接地电阻少受季节及其他因素的影响，接地体应埋在大地冻土层以下。一般垂直接地体的顶端距离地面的深度不应小于600mm。另外，几根接地体之间的间距不应小于5m，但距离也不能太大，否则会增加施工的工作量。

（4）在有强烈腐蚀性的土壤中，为了防腐蚀，接地体应使用镀铜、镀锌或镀铅的钢制元件，并且适当加大其截面积。为了降低接地电阻，采用化学方法处理土壤时，要注意控制其对接地体的腐蚀性。

（5）接地体与建筑物和人行道的距离一般不应小于1.5m；接地体与独立避雷针的接地体之间的地下距离不应小于3m；接地装置的地上部分与独立避雷针接地装置的地上部分之间的空间距离不应小于3～5m。

（6）对于大接地短路电流系统的接地体，还必须验算其热稳定性。而一般低压系统的接地体，因通过的电流不大，可以不验算。

水平埋设的接地体，水平接地体使用圆钢时，多采用直径16mm圆钢；使用扁钢时，多采用40mm×4mm的扁钢。水平接地体的型式常见的有带型、环型和放射线型等几种。其埋没深度一般均在0.6～1m之间。带型接地体多为几根水平平行敷设的圆钢或扁钢并联而成。其埋深不小于0.6m，根数的多少和每根的长度不等，可视实际情况通过计算确定。环型接地体是由圆钢或扁钢构成的环状接地垂直埋设的接地体。为了保证足够的机械强度，并考虑到防腐蚀的要求，钢质接地体的最小尺寸如表4-2所示。电力线路杆塔接地体引出线应镀锌，截面积不得小于50mm$^2$。

表4-2　钢质接地体和接地线的最小尺寸

| 材料种类圆钢直径/mm | | 地上 | | 地下 | |
|---|---|---|---|---|---|
| | | 室内 | 室外 | 交流 | 直流 |
| | | 6 | 8 | 10 | 12 |
| 扁钢 | 截面/mm$^2$ | 60 | 100 | 100 | 100 |
| | 厚度/mm | 3 | 4 | 4 | 6 |
| 角钢厚度/mm | | 2 | 2.5 | 4 | 6.0 |
| 钢管管壁厚度/mm | | 2.5 | 2.5 | 3.5 | 4.5 |

## 二、接地线

交流电气设备应优先利用自然导体作接地线。在非爆炸危险环境，如自然接地线有足够的截面积，可不再另行敷设人工接地线。

接地线如有腐蚀保护或机械保护或在地上敷设时，可按前面所讲的PE线的方法选择。如只有腐蚀保护而没有机械保护，在地下部分的接地钢导体的截面不能小于 16mm$^2$。如既没有腐蚀保护,又没有机械保护,在地下的铜导体截面不能小于 25 mm$^2$,钢导体截面不小于 50mm$^2$。对于 TN 及 TT 系统,接地线的截面不必大于:铜 50mm$^2$、铝 70mm$^2$、钢 800mm$^2$。对于 IT 系统,接地线的截面也不必大于:铜 25mm$^2$、铝 35mm$^2$、钢 100mm$^2$。架空线路杆塔的接地极引出的接地线,截面不小于 50mm$^2$,并热镀锌。专用的携带式接地线采用裸铜软纹线,截面不小于 25mm$^2$,且短路时温度不应超过 730℃。

如果车间电气设备较多,宜敷设接地干线。各电气设备外壳分别与接地干线连接,而接地干线经两条连接线与接地体连接。接地线的最小尺寸亦不得小于表 4-3 规定的数值。低压电气设备外露接地线的截面积不得小于表 4-3 所列的数值。选用时,一般应比表中数值选得大一些。

表 4-3　低压电气设备外露铜、铝接地线截面积　　　　　　　　mm$^2$

| 材料种类 | 铜 | 铝 |
|---|---|---|
| 明设的裸导线 | 4 | 6 |
| 绝缘导线 | 1.5 | 2.5 |
| 电缆接地芯或与相线包在同一保护套内的多芯导线的接地芯 | 1 | 1.5 |

非经允许,接地线不得作其他电气回路使用。不得用蛇皮管、管道保温层的金属外皮或金属网以及电缆的金属护层作接地线。

### 三、降低接地电阻的施工方法

(一)均匀土壤中接地电阻的计算

接地电阻的计算在本章第二节已经讲过,这里说一下具体要求。

(1)在中性点经消弧线圈接地的电力网中,计算接地装置的接地电阻时,计算用的接地故障电流应满足下面要求:

①对装有消弧线圈的发电厂、变电所或电力设备的接地装置,计算电流等于接在同一接地装置中同一电力网各消弧线圈额定电流总和的 1.25 倍。

②对不装消弧线圈的发电厂、变电所或电力设备的接地装置,计算电流等于电力网中断开最大一台消弧线圈时的最大可能残余电流值,但不得小于 30A。

(2)计算用的接地故障电流,应按 5~10 年发展后的系统最大运行方式确定。

(3)在中性点不直接接地短路电流系统中,为保证迅速切除接地故障,应根据发电厂、变电所接地装置的接地电阻验算继电保护装置的两相异点接地短路动作电流,或熔断器熔体的熔断电流。接地短路电流不应小于继电保护装置换算到一次侧的动作电流的 1.5 倍，或熔断器熔体额定电流的 4 倍。当不能符合要求时，可降低接地电阻或采取其他措施。

（4）低压电力设备接地装置的接地电阻，不宜超过 4Ω。

使用同一接地装置的并列运行的发电机、变压器等电力设备，当其总容量不超过 100kV·A 时，接地电阻允许不超过 10Ω。

（5）在中性点直接接地的低压电力网中，零线应在电源处接地，但有特殊要求或移动式设备除外。在架空线路的干线和分支线的终端及沿线每 1km 处，零线应重复接地。电缆和架空线在引入车间或大型建筑物处，零线应重复接地（但距接地点不超过 50m 者除外），或在屋内将零线与配电屏、控制屏的接地装置相连。零线的重复接地，应充分利用自然接地体。

直流电力网的零线重复接地，应采用人工接地体，并不得与地下金属管道等连接。

在中性点直接接地短路电流系统中，高土壤电阻率地区的发电厂、变电所的接地装置，其接地电阻达不到要求时，其人工接地网及有关电气设备还应符合以下要求：

①对可能将接地网的高电位引向厂、所外或将低电位引向厂、所的设施，应采取隔离措施。例如对外面的通讯设备加隔离变压器；向厂、所外供电的低压线路采用架空线，其电源中性点不在厂、所内接地，而改在用电的地方接地，通向厂、所外的管道采用绝缘段；铁路轨道分别在两处加绝缘鱼尾板等等。

②考虑短路电流非周期分量的影响，当接地网电位升高时，发电厂、变电所内的 3~10kV 阀型避雷器不应动作。

③设计接地电网时，应验算接触电势和跨步电势，若超过规定值，可采取下列措施：局部增设水平均压带或垂直接地体；铺设砾石地面或沥青地面。

（6）配电线路零线每一重复接地装置的接地电阻不应超过 10Ω。

在电力设备接地装置的接地电阻允许达到 100Ω 的电力网中，每一重复接地装置的接地电阻不应超过 30Ω，但重复接地不应少于三处。

为防止触电危险，在低压电力网中，严禁利用大地作相线或零线。

（7）在高土壤电阻率地区，当接地装置要求作到规定的接地电阻值在技术经济上极不合理时，中性点不直接接地短路电流系统中的电力设备和低压电力设备，接地电阻允许达到 3Ω，发电厂、变电所允许达到 15Ω，但应符合有关的要求。中性直接接地短路电流系统中，发电厂、变电所的接地电阻允许达到 5Ω，但应符合有关的要求。

独立的避雷针（线）宜设独立的接地装置。在非高土壤电阻率地区，其接地电阻不宜超过 10Ω。在高土壤电阻率地区，当要求作到规定的 10Ω 确有困难时，允许采用较高的接地电阻值，并可与主接地网连接，但从避雷针与主接地网的地下连接点至 35kV 及其以下设备的接地线与主接地网的地下连接点，沿接地体的长度不得小于 15m，且避雷针到被保护设施的空气中距离和地中距离还应符合防止避雷针对被保护设备反击的要求。

（8）有避雷线架空电力线路每基杆塔的接地装置，在雷季干燥时，不连避雷线的工频接地电阻，不宜超过表 4 - 4 所列数值。

表 4 - 4　杆塔的工频接地电阻

| 土壤电阻率 $\rho/(\Omega \cdot m)$ | 100 及以下 | 100 ~ <500 | 500 ~ <1000 | 1000 ~ <2000 | 2000 以上 |
|---|---|---|---|---|---|
| 工频接地电阻/Ω | 10 | 15 | 20 | 25 | 30 |

有避雷线架空电力线路杆塔的工频接地电阻如土壤电阻率很高，接地电阻很难降低到 30Ω 时，可采用 6 ~ 8 根总长不超过 500m 的放射形接地体或连续伸长接地体，其接地电阻可不受限制。

35kV 及其以上无避雷线中性点不直接接地短路电流系统中的钢筋混凝土杆和金属杆塔，以及木杆线路中的铁横担，均宜接地，接地电阻不受限制，但年平均雷暴日数超过 40 的地区，不宜超过 30Ω。在土壤电阻率不超过 100Ω · m 的地区或已有运行经验的地区，钢筋混凝土杆和金属杆塔可不另设人工接地装置。

（9）中性点不直接接地系统中。无避雷线的高压电力线路在居民区的钢筋混凝土杆宜接地，金属杆塔应接地，其接地电阻不宜超过 30Ω。中性点直接接地低压电力网中以及高低压共杆的电力网中，钢筋混凝土杆的铁横担和金属杆应与零线连接，钢筋混凝土杆的钢筋宜与零线连接。中性点非直接接地的低压电力网中的钢筋混凝土杆宜接地，金属杆应接地，其接地电阻不宜超过 50Ω。

沥青路面上的高、低压线路的钢筋混凝土杆和金属杆塔以及已有运行经验的地区，可不另设人工接地装置，钢筋混凝土杆的钢筋、铁横担和金属杆塔，也可不与零线连接。

（10）为防止雷电波从低压架空线路侵入建筑物，接户线的绝缘子铁脚宜接地，接地电阻不宜超过 30Ω。土壤电阻率在 200Ω · m 及其以下地区的铁横担钢筋混凝土杆线路，由于连续多杆自然接地作用，可不另设人工接地装置。屋内有电力设备接地装置的建筑物，在入户处宜将绝缘子铁脚与该接地装置相连，不另设接地装置。人员密集的公共场所，如剧院和教室等的接户线，以及由木杆或木横担引下的接户线，其绝缘子铁脚应接地，并应设专用的接地装置，但钢筋混凝土杆的自然接地电阻不超过30Ω者除外。

年平均雷暴日数不超过30的地区、低压线被建筑物等屏蔽的地区，以及接户线距低压线路接地点不超过50m的地方，绝缘子铁脚可不接地。

（11）当以分相接地方式进行带电作业时，除采取安全措施外，工作地段两端的导线还应设临时接地装置，其接地电阻不宜超过5Ω，在土壤电阻率较高的地区，不应超过10Ω。

（12）易燃油、可燃油、天然气和氢气等贮罐、装卸油台、铁路轨道、管道、鹤管及套筒等应设防静电和防感应雷接地，油槽车应设防静电临时接地卡。铁路轨道、管道及金属桥台，应在其始端、末端、分支处以及每隔50m处设防静电接地。鹤管应在两端接地。厂区内的铁路轨道应在两处用绝缘装置与外部轨道隔离，两处绝缘装置间的距离应大于一列火车的长度。净距小于100mm的平行管道，应每隔20m用金属线跨接。净距小于100mm的交叉管道也应跨接。不能保持良好电气接触的阀门、法兰、弯头等管道连接处也应跨接。跨接线可采用直径不小于8mm的圆钢。防静电接地每处的接地电阻不宜超过30Ω。露天敷设的管道，每隔20～25m应设防感应雷接地，每处接地电阻不应超过10Ω。防感应雷和防静电接地可共用一个接地装置，接地电阻应符合两种接地中较小值的要求。

浮动式易燃油、可燃油和天然气贮罐的金属罐顶，应用可挠的跨接线与罐体相连，且不应少于两处。跨接线可用截面不小于25mm²的钢绞线或软铜线。浮动式电气测量装置的铠装电缆应在引入处用金属导体将电缆外皮与罐体相连，且铠装电线应埋入地中，长度不宜小于50m。金属罐罐体钢板的接缝、罐顶与罐体之间以及所有塔、阀与罐体之间的连接，应用焊接法、铆接法或其他可靠方法，以保证电气接触良好。钢筋混凝土的和石制的贮罐和贮槽，应沿内壁敷设防静电接地导体。接地导体应引到罐、槽外接地，并应与引入的金属管道、电缆金属外皮连接。贮罐的四周应设闭合环形接地，接地电阻不应超过30Ω，罐体的接地点不应少于两处，接地点间距不应大于30m。天然气和易燃油贮罐的呼吸阀、热工测量装置应重复接地，即与贮罐的接地体相连。

（13）独立避雷针、避雷线的接地电阻不宜超过10Ω。在高土壤电阻率地区，当接地电阻难于达到10Ω时，允许采用较高电阻值，但应符合防止避雷针、避雷线对罐体及管、阀等反击的要求。

（14）变电站接地电阻允许值应符合表4-5要求。

表 4 – 5  变电站接地电阻允许值

| 序号 | 系统名称 | 接地装置特点 | 接地电阻/Ω |
|---|---|---|---|
| 1 | 中性点直接接地系统 | 仅用于该系统接地 | $R \leqslant 0.5$ |
| 2 | 中性点不直接接地系统 | 1kV 以上设备接地 | $R \leqslant \dfrac{50}{I_{jd}} \leqslant 1.0$ |
| | | 与 1kV 以下设备共用时的接地 | $R \leqslant \dfrac{120}{I_{jd}} \leqslant 10$ |
| 3 | 1kV 以下中性点直接接地与不直接接地系统 | 与并列运行总容量或单台运行容量均为 100kV·A 以上的变压器相连接的接地 | $R \leqslant 4$ |
| | | 重复接地装置 | $R \leqslant 10$ |

注：$I_{jd}$ 为接地短路电流的计算值，单位为 A。

（二）高土壤电阻率地区

在高土壤电阻率地区，可采用下列各种方法降低接地电阻。

（1）外引接地法。将接地体引至附近的水井、泉眼、水沟、河边、水库边、大树下等土壤电阻率较低的地方，或者敷设水下接地网，以降低接地电阻。

（2）接地体延长法。延长水平接地体，增加其与土壤的接触面积，可以降低接地电阻。

（3）深埋法。如果周围土壤电阻率不均匀，可在土壤电阻率较低的地方深埋接地体以减小接地电阻。

（4）化学处理法。这种方法是在接地周围置换或加入低电阻率的固体或液体材料，以降低流散电阻。

（5）换土法。此法是给接地坑内换上低电阻土壤以降低接地电阻的方法。

（三）冻土地区

在冻土地区，为提高接地质量，可以采用下列各种措施：

（1）将接地体敷设在融化地带或融化地带的水池、水坑中；

（2）敷设深钻式接地体，或充分利用井管或其他深埋在地下的金属构件作接地体；

（3）在房屋融化盘内敷设接地体；

（4）除深埋式接地体外，再敷设深度为 0.5m 的延长接地体，以便在夏季地层表面化冻时起流散作用；

（5）在接地体周围人工处理土壤，以降低冻结温度和土壤电阻率。

### 四、接地电阻的测量仪表

由于土壤电阻率随土壤的物理性质、化学成分、含水率、温度等因素变化，接地设施也可能由于锈蚀而影响接地电阻值，因此定期进行接地电阻的测量，对保证电气安全有重要的作用。当测量接地电阻时，先要测量土壤电阻率，如接地极置于水中，则先测量水的电阻率。除了测量接地电阻外，对影响人身安全的接触电压、跨步电压等也要进行测量。

（一）常规测量仪表

优良接地系统是电力、电信、电气依靠运行的重要保证。接地电阻大小是接地系统品质优劣的评判依据。精确、快速、简捷的接地电阻测量方法，已成为防雷接地领域内技术进展的迫切需要。接地电阻可用电流表 - 电压表法测量或接地电阻测量仪法测量。这里介绍几种接地电阻测量仪法。最常见的接地电阻测量仪是电位差计型接地电阻测量仪。这种接地电阻测量仪本身能产生交变的接地电流，不需外加电源。

1. 使用方法

测量仪器由手摇发电机（或电子交流电源）和电位差计式测量机构组成，有 E、P、C 三个接线端子或 C2、P2、P1、C1 四个接线端子。测量时，在离被测接地体一定的距离向地下打入电流极和电压极。测量接线如图 4 - 14 所示，E 端或 C2、P2 端并接后接于被测接地体，P 端或 P1 端接于电压极，C 端或 C1 端接于电流极，被测接地体与电流极、电流极与电压极之间的距离不得小于 20m。选好倍率，以大约 120r/min 的转速转动摇把，同时，调节电位器旋钮，使仪表指针保持在中心位置，即可直接由电位器旋钮的位置（刻度盘读数）结合所选倍率读出被测接地电阻值。

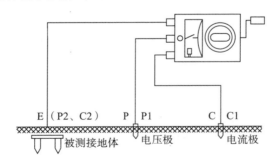

图 4 - 14　接地电阻测量仪外部接线

2. 工作原理

测量仪内部接线如图 4 - 15 所示。在测量过程中，当电位差计取得平衡，检流计指针指向中心位置时，B 点与 P 点（或 P1 点）的电位相等，即 $U_{E-P} =$

$U_{\mathrm{E-B}}$。由此不难得到

$$I_1 R_{\mathrm{E}} = I_2 R_{0-\mathrm{B}}$$

如电流互感器的变流比为 $K_{\mathrm{I}} = I_1 / I_2$，则

$$R_{\mathrm{E}} = \frac{I_2}{I_1} R_{0-\mathrm{B}} = \frac{R_{0-\mathrm{B}}}{K_{\mathrm{I}}}$$

为保证测量的正确性，应将被测接地体与其他接地体分开。测量接地电阻应尽可能把测量回路同电力网分开。

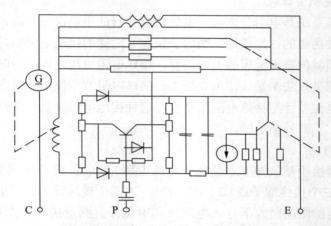

图 4 - 15　接地电阻测量仪内部接线

**（二）钳形接地电阻测试仪表**

以 GM - 318 型钳形接地电阻测试仪表为例。

1. 使用方法

钳形结构，其外形如图 4 - 16 所示。包括测量头（A）、电源开关按钮（B）、保持钮（C）、显示屏（D）、表体部分（E）、钳口开合压柄（F）等六部分。

测量头（红色部分）是仪器的传感器部分。由钳口和内置转动部分组成。在现场测量时，一定要保证钳口的接触部分干净，没有污渍，否则将会影响大于 $100\Omega$ 档的测量精确度。

POWER 按钮是仪器电源的通/断切换开关。在仪器处于关机状态时，按此钮使电源接通，仪器进入正常工作状态。再一次按此钮，即关断仪器电源，仪器停止工作。

测量时按下 HOLD 键，显示屏上的数值保持不变，并且 HOLD 符号被点亮。再一次按 HOLD 按钮，显示屏上的数值被刷新，HOLD 字符消失。

在使用过程中，若 5min 之内没有进行测量操作，仪器会自行关闭电源，此时按 POWER 钮，可重新启动电源。

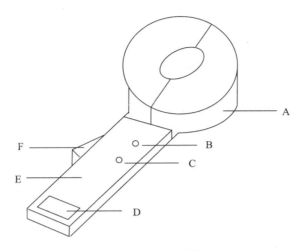

图 4 - 16　外形结构

2. 工作原理

钳表上有两个独立线圈：电压线圈和电流线圈。如图 4 - 17 所示，电压线圈在被测回路中激励出一个感应电势 $E$，并在被测回路中产生一个回路电流 $I$，且有：$I = E/R_L$，其中 $R_L$ 为回路总阻。通过电流经圈可以测得 $I$ 值。这样即可通过 $R_L = E/I$ 求得 $R_L$ 值。但由于

$$R_L = R_x + R_g + R_p + R'$$

式中　$R_x$——待测接地电阻；

　　　$R'$——$R_1$、$R_2 \cdots\cdots R_n$ 的并联等效电阻；

　　　$R_g$——大地电阻，$R_g \approx 0$；

　$R_1$、$R_2$——为各接地点的接地电阻；

　　　$R_p$——回路上防护线电阻，$R_p \approx 0$。

当 $n$ 很大时，$R' \approx 0$，故 $R_x \approx R_L$。

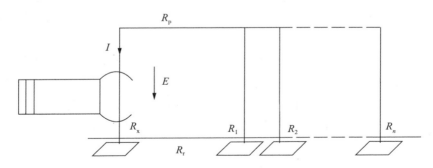

图 4 - 17　钳形接地电阻测量仪原理图

### 五、接地电阻测量的注意事项和测量误差

各种接地装置的接地电阻应当定期测量，以检查其可靠性，一般应当在雨季前或其他土壤最干燥的季节测量。雨天一般不应测量接地电阻，雷雨天不得测量防雷装置的接地电阻。

（一）接地电阻测量的注意事项

在进行接地电阻测量时，必须满足以下几项基本要求。

1. 关于检测接地电阻读数不准确的探讨

引起接地电阻检测不准确或示值不稳甚至出现负值，这是因为接地电阻检测仪是由许多精密的电子元器件构成，有比较长的检测线，在不良环境及操作的影响下，往往引起测量误差，难以确认所测接地电阻的准确值，其主要有以下因素：

（1）地表处存大电位差，多处有独立接地的存在，如工厂、综合楼等的变压器接地，由于多种原因，引起接地电阻变大、变压器本身绝缘变差，产生漏电现象，使接地极周围产生电位差，如果检测棒放在其周围，就将影响测量准确度。

（2）被测接地极本身存有交变电流（用电设备绝缘不好，部分短路引起的泄漏现象，引下线附近有并接的高压电源干扰）；以前的早期建筑物结构比较混乱，接线零乱，有时甚至地零线电位差在 100V 电压以上，直接影响到接地电阻的测量误差。

（3）接触不良（包括仪器本身）：接地电阻测试仪接线连接处，由于经常弯曲使用，容易折断，而由于保护套的存在，又很难发现，造成时断时通的现象；另外，由于检测棒及鳄鱼夹使用时间长，有氧化锈蚀现象，也可造成接触不良；如果被测接地极氧化严重去锈不完全，则也会影响测量读数。

（4）附近有发射机、天线等发出的强电磁场存在：在大功率的发射基地附近，如移动、微波、BP 机等通信发射场，高压变电所及高压线路附近，大功率设备频繁起动场所。

（5）接地装置和金属管道所埋地比较复杂时也可引起接地电阻测量不良或不稳，如加油站、化工厂等，由于地下金属管道布置复杂，按照正常检测连线时，地下金属道貌岸然地存在，实际上改变了测量仪各端的电流方向，常引起测量值为零或负值现象，如果同一场地存在不同的土壤电阻率，也可引起这种现象。

（6）检测高层建筑时，过长的检测线感应出电压而引起检测误差，同时长线本身也有线阻存在。

（7）用土壤电阻率很大，吸水性特差的砂性土作为整层建筑基础垫层时，

往往测出的接地电阻是偏大的。

（8）操作不按使用说明书的规定方法进行，仪器本身维护不当，使用带病、超检仪器。

避免方法：

（1）在检测加油站及液化气站以及高层建筑物接地电阻及静电接地电阻时，因埋入地下的金属（油、气）管和接地装置以及金属器件的布置不是很正确地在图上标出，因此检测接地电阻时的检测表棒的放置方向和距离对测量值影响很大，通常表现为随着方向和距离不同，数值也不一样，有时测量值甚至会出现负值的情况。特别是加油站等金属管道埋地设施场所的检测，常会出现此类现象。解决的办法是：检测前了解地下金属管道的布置情况，不仅要查看接地装置图，还要查看其他地下金属管道的布置图，选择影响尽可能小的地方放置 P、C 接地极。

（2）接地引下线有断接卡的地方，尽可能断开进行检测，避免其他设备对检测的影响。

（3）检测时出现异常，应查明原因，或者不同时间、不同方向和地点分别检测对比，得出正确的检测值。

（4）为了避免在高电磁场下引线受电磁干扰，应相对缩短检测引线，引线的内径使用合格的多股金属线。

（5）在高电阻率砂石垫层的地方检测接地电阻时，P、C 接地极应放在潮湿和地方或与大地导电良好的地方，这样测出的接地电阻相对正确一些。

（6）检测应按操作规程进行，检测仪器要经常维护，定时检定，不使用超检仪器。

2. 在测高层建筑物接地时，阻值偏大、且显示数据跳动

高层建筑测量时，高层建筑物接地引线与地之间存在着一定的阻值（$R_{地线}$），另外从高层建筑物上面测量点向地面仪表所引接的测试线，在空中的部分存在线电感（$WL$），所以高层建筑接地点测量的阻值为 $R = R_{地线} + WL + R_{地}$。地面测量接地电阻 $R = R_{地}$。

高层建筑测量时，测量数据比地面测量时跳动要严重，这是因为测试线在空中的加长，如同一根天线将空中一些无线电、电磁杂波等信号通过测试线引向仪表，而产生严重干扰，使测量数据跳动。解决的方法是，用一根同轴线作为测试引线，将同轴线和芯线连接在一起，并接在测试点上。将同轴线另一端的屏蔽线接在仪表的 C2 端上（即电流极），将同轴线的芯线接在仪表 P2 端上（即电压极），这样能较好地解决测量高层接地电阻由于引线过长造成的干扰。

3. 常规仪表测量接地电阻时，要求测量线分别为 20m 和 40m

测接地电阻时，要求测的是接地极与电位为零的远方接地极之间的电阻，所谓远方是指一段距离，在此距离下，两个接地极的互阻基本为零，经实验得出，20m 以外的距离符合此要求。如果线距缩短，测量误差会逐渐加大。

钳形地阻表只能测量多点接地，测量结果是，被测地极与多个接地极并联值的和，而测量单点接地时要接辅助电极，使测试电路形成回路，所以测量误差要大一些。但操作方便。

4. 注意断开被保护的电器设备的接地端

一般情况下，在测试接地电阻时，要求被保护电器的设备与其接地端断开，这是因为如果不断开被保护的电器设备在接地电阻过大或接触不好的情况下，仪表所加在接地端的电压或电流会反串流入被保护的电器设备，如果一些设备不能抵抗仪表所反串的电压电流，可能会给电器设备造成损坏。另外一些电器设备由于漏电，使漏电电流经过测试线进入仪表，将烧坏仪表。所以一般情况下要求断开被保护的电器设备。在接地良好的情况下，可以不断开被保护电器设备进行测量。

（二）接地电阻测量误差

近几年来，发电厂、变电站的容量越来越大，随之而来接地网的面积也越来越大，而测量方法的准确性、重复性都直接关系到电网的接地电阻值，所以，应当十分注重测量接地电阻的方法。

1. 仪表使用误差分析

近几年来，在接地电阻测量上，相继出现了多种仪表，如美国的 GP - 1、日本的 4105、以及中国的 GM - 138、DZY - 5、KGJ - P - 19 等小电流法的仪表，它们主要是为了解决电场干扰的问题。这些仪表大都是用异频小电流方法来接决测量接地电阻问题。美国 GP - 1 型接地电阻测定器测量结果和电压极的接地电阻有关，电压极接地电阻小，测试结果才能准确。

大电流法测试是目前认为最准确的一种方法，但注入地中电流的大小尚无具体规定，电流大，固然测试准确，但是很不安全，电流极周围的跨步电压将很高，而且需要较大的电源容量，工程造价也相对增加，电流小了，干扰电压比重增大，测试又不准确，所以，应当适当地选择注入地中电流。

大电流测试接线见图 4 - 18。

当有干扰电压 $V_0$ 出现后，测试的接地电网实际电压为：

$$V = \sqrt{V_1^2 + V_2^2 - 2V_0^2}/2$$

式中　$V_1$——倒相前电压；

$V_2$——倒相后电压；

$V_0$——干扰电压。

当测试电压大于 20 倍干扰电压 $V_0$ 时，测试电压小于 5%，此时，倒相前后电压差别不大。

要想测试电压 $V$ 大于干扰电压的 20 倍，试验电流应按相应的数值选择。

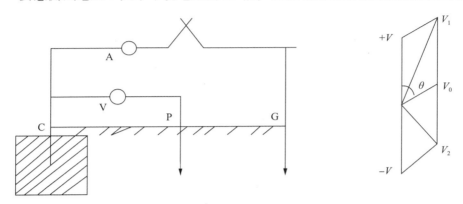

图 4 - 18  大电流测试接线图

一般的大型电网，规程规定接地电阻小于 $0.5\Omega$，如果干扰电压为 1V，应选择测试电压为 20V，此时试验电流应为 40A。如果试验电流选择为 20A，误差也没超过 10%，在工程上也可满足要求。

2. 放线方向的影响

有些变电所和发电厂往往是建立在山旁边，一边靠山，一边是平原，其土壤电阻率差别很大，靠山那边土壤电阻率大，平原侧电阻率较小。变电所接地网电阻率不均匀，放线方向对测试结果影响很大，沿电阻率小的方向放线，测出的电阻值小，沿电阻率大的方向放线，测出的电阻值大。

3. 电压线及电流线的布置

大型变电所和发电厂测试接地电阻时，大都采用直线布置，只是有条件的地方才采用三角型布置，在采用直线布置时，测距都采用步测，有条件的地方，可采用望远镜测距镜测，此法较为准确。

用大电流法测试，电压极、电流极和导线的阻抗都尽量做得小，一般来讲电流极的接地电阻应低于 $30\Omega$，所以，接地棒应采用粗一点的钢钎，在土壤电阻率低的地方打入地下，做完后，用接地电阻表测试。如果高于 $30\Omega$，再敷设水平接地带，直到达到要求。

测试用的电流线、电压线一定要分开，至少要有 1m 远。这样互感小，测试才能准确。

零电位的位置是测试准确数据的关键，所以寻找零电位点，特别重要。

4. 测试距离的选择

测量的接地电阻值和地中电流有关，而地中电流和测试距离有关，当地中电阻率随深度增加而增大时，加大测试距离，测试的接地电阻值增大；反之，接地电阻值减小。在工程上，电压线一般放在电流线60%的地方，实际上，60%处误差是随着电流极的距离增加而减小的。

### 六、接地装置

接地装置的接地电阻值要能符合保护接地及功能接地的要求，并要求长期有效；能承受接地故障电流和对地泄漏电流及其相应的热、动稳定要求；具有一定的机械强度或采取机械保护，并能适应外界的影响；同时还要采取保护措施防止电蚀作用对接地装置本身及其他金属部分的影响。

（一）安装接地装置的技术要求

（1）两台及两台以上电气设备的接地线必须分别单独与接地装置连接，禁止把几台电气设备的接地线串联连接后再接地，以免其中一台设备的接地线在检修或更换等情况下被拆开时，在该设备之前的各设备成为不接地的设备。

（2）不同用途的电气设备，除另有规定者外，可使用一个总接地体，接地电阻值应符合其中最小值的要求。

（3）可利用埋在大地中的与大地有可靠连接的金属管道、自来水管和建筑物的金属构件等作为自然接地体，但应注意其接地电阻值必须符合要求。

（4）接地线如果从屋外引入屋内，最好是从地面以下引入屋内，然后再引出地面。

（5）为提高可靠性，接地体不宜少于两根，其上端应用扁钢或圆钢连成一个整体。

（二）接地装置的导体截面

接地装置的导体截面应符合热稳定与均压的要求，有关技术数据如表4-6～表4-12所示。

表4-6　钢接地体和接地线的最小规格

| 种类 | 规格及单位 | 地上 | | 地下 |
|---|---|---|---|---|
| | | 屋内 | 屋外 | |
| 圆钢 | 直径/mm | 5 | 6 | 8(10) |
| 扁钢 | 截面/mm² | 24 | 48 | 48 |
| | 厚度/mm | 3 | 4 | 4(6) |
| 角钢 | 厚度/mm | 2 | 2.5 | 4(6) |
| 钢管 | 管壁厚度/mm | 2.5 | 2.5 | 3.5(4.5) |

注：1. 电力线路杆塔的接地体引出线，其截面不应小于50mm²，并应热镀锌；

2. 表中括号内数值系指直流电网中经常流过电流的接地线和接地体的最小规格。

表4-7 防雷接地装置的季节系数

| 埋深/m | φ值 | |
|---|---|---|
| | 水平接地体 | 2~3m 的垂直接地体 |
| 0.5 | 1.4~1.8 | 1.2~1.4 |
| 0.8~1.0 | 1.25~1.45 | 1.15~1.3 |
| 2.5~3.0 | 1.0~1.1 | 1.0~1.1 |

注：测定土壤电阻率时，如土壤比较干燥，则应采用表中的最小值；如比较潮湿，则应采用较大值。

表4-8 低压电力设备的铜或铝接地线的最小截面    mm²

| 钢 | 铝 | 铜 |
|---|---|---|
| 15×2 | | 1.3~2 |
| 15×3 | 6 | 3 |
| 20×4 | 8 | 5 |
| 30×4 或 40×3 | 16 | 8 |
| 40×4 | 25 | 12.5 |
| 60×5 | 35 | 17.5~25 |
| 80×8 | 50 | 35 |
| 100×8 | 70 | 47.5~50 |

表4-9 人工接地体工频接地电阻简易计算式    Ω

| 接地体型式 | 简易计算式 | 备注 |
|---|---|---|
| 垂直式 | $R \approx 0.3\rho$ | 长度3m左右的接地体 |
| 单根水平式 | $R \approx 0.03\rho$ | 长度60m左右的接地体 |
| 复合式(接地网) | $R \approx 0.5 \dfrac{\rho}{\sqrt{S}} - 0.28 \dfrac{\rho}{r}$ 或 $R \approx \dfrac{\sqrt{\pi}}{4} \times \dfrac{\rho}{\sqrt{S}} - \dfrac{\rho}{L} = \dfrac{\rho}{4r} - \dfrac{\rho}{L}$ | (1)$S$ 大于 100m² 的闭合接地网 (2)$r$ 为与接地网面积 $S$ 等值的圆的半径，即等效半径(单位: m) |

表 4 – 10　各种型式接地装置的工频接地电阻简易计算式　　　　Ω

| 接地装置型式 | 杆塔型式 | 接地电阻简易计算式 |
|---|---|---|
| $n$ 根水平射线<br>（$n \leqslant 12$，每根长约 60m） | 各型杆塔 | $R \approx \dfrac{0.062\rho}{n+1.2}$ |
| 沿装配式基础周围敷设的<br>深埋式接地体 | 铁塔 | $R \approx 0.07\rho$ |
|  | 门型杆塔 | $R \approx 0.04\rho$ |
|  | V 形拉线的门型杆塔 | $R \approx 0.045\rho$ |
| 装配式基础的<br>自然接地体 | 铁塔 | $R \approx 0.1\rho$ |
|  | 门型杆塔 | $R \approx 0.06\rho$ |
|  | V 形拉线的门型杆塔 | $R \approx 0.09\rho$ |
| 钢筋混凝土杆<br>的自然接地体 | 单杆 | $R \approx 0.3\rho$ |
|  | 双杆 | $R \approx 0.2\rho$ |
|  | 拉线单、双杆 | $R \approx 0.1\rho$ |
|  | 一个拉线盘 | $R \approx 0.28\rho$ |
| 深埋式接地与装配式<br>基础自然接地的综合 | 铁塔 | $R \approx 0.05\rho$ |
|  | 门型杆塔 | $R \approx 0.03\rho$ |
|  | V 形拉线的门型杆塔 | $R \approx 0.04\rho$ |

注：表中 $\rho$ 为土壤电阻率，（单位为 $\Omega \cdot m$）。

表 4 – 11　土壤和水的电阻率参考值　　　　$\Omega \cdot m$

| 类别 | 名称 | 电阻率近似值 | 不同情况下电阻率的变化范围 | | |
|---|---|---|---|---|---|
|  |  |  | 较湿时（一般<br>地区、多雨区） | 较干时（少雨<br>区、沙漠区） | 地下水含<br>盐碱时 |
| 土 | 陶黏土 | 10 | 5 ~ 20 | 10 ~ 100 | 3 ~ 10 |
|  | 泥炭、泥灰岩、沼泽地 | 20 | 10 ~ 30 | 50 ~ 300 | 3 ~ 30 |
|  | 捣碎的木炭 | 40 |  |  |  |
|  | 黑土、园田土、陶土、白<br>垩土黏土 | 50<br>60 | 30 ~ 100 | 50 ~ 300 | 10 ~ 30 |
|  | 砂质黏土 | 100 | 30 ~ 300 | 80 ~ 1000 | 10 ~ 30 |
|  | 黄土 | 200 | 100 ~ 200 | 250 | 30 |
|  | 含砂黏土、砂土 | 300 | 100 ~ 1000 | 1000 以上 | 30 ~ 100 |
|  | 河滩中的砂 |  | 300 |  |  |
|  | 煤 |  | 350 |  |  |

| 类别 | 名称 | 电阻率近似值 | 不同情况下电阻率的变化范围 | | |
|---|---|---|---|---|---|
| | | | 较湿时(一般地区、多雨区) | 较干时(少雨区、沙漠区) | 地下水含盐碱时 |
| 土 | 多石土壤 | 400 | | | |
| | 上层红色风化黏土、下层红色页岩 | 500(30%湿度) | | | |
| | 表层土夹石、下层砾石 | 600(15%湿度) | | | |
| 砂 | 砂、砂砾 | 1000 | 250～1000 | 1000～2500 | |
| | 砂层浓度大于10m,地下水较深的草原地面黏土深度不大于1.5m,底层多岩石 | 1000 | | | |
| 岩石 | 砾石、碎石 | 5000 | | | |
| | 多岩山地 | 5000 | | | |
| | 花岗石 | 200000 | | | |
| 混凝土 | 在水中 | 40～55 | | | |
| | 在湿土中 | 100～200 | | | |
| | 在干土中 | 500～1300 | | | |
| | 在干燥的大气中 | 12000～18000 | | | |
| 矿 | 金属矿石 | 0.01～1 | | | |
| 水 | 海水 | 1～5 | | | |
| | 湖水、池水 | 30 | | | |
| | 泥水、泥炭中的水 | 15～20 | | | |
| | 泉水 | 40～50 | | | |
| | 地下水 | 20～70 | | | |
| | 溪水 | 50～100 | | | |
| | 河水 | 30～280 | | | |
| | 污秽的水 | 300 | | | |
| | 蒸馏水 | 1000000 | | | |

表 4 – 12　土壤季节系数

| 土壤性质 | 深度/m | $\phi 1$ | $\phi 2$ | $\phi 3$ |
|---|---|---|---|---|
| 黏土 | 0.5 ~ 0.8 | 3 | 2 | 1.5 |
| 黏土 | 0.8 ~ 3 | 2 | 1.5 | 1.4 |
| 陶土 | 0 ~ 2 | 2.4 | 1.36 | 1.2 |
| 砂砾盖于陶土 | 0 ~ 2 | 1.8 | 1.2 | 1.1 |
| 园土 | 0 ~ 3 | | 1.32 | 1.2 |
| 黄沙 | 0 ~ 2 | 2.4 | 1.56 | 1.2 |
| 杂以黄沙的砂砾 | 0 ~ 2 | 1.3 | 1.3 | 1.2 |
| 泥炭 | 0 ~ 2 | 1.4 | 1.1 | 1.0 |
| 石灰石 | 0 ~ 2 | 2.5 | 1.51 | 1.2 |

注：$\phi 1$——测量前数天下过较长时间的雨时用之；

　　$\phi 2$——测量时土壤具有中等含水量用之；

　　$\phi 3$——测量时土壤干燥或测量前降雨不大时用之。

## 七、接地装置的检查和维护

（一）对接地装置进行定期检查的主要内容

（1）各部位连接是否牢固，有无松动，有无脱焊，有无严重锈蚀。

（2）接地线有无机械损伤或化学腐蚀，涂漆有无脱落。

（3）人工接地体周围有无堆放强烈腐蚀性物质，地面以下 50cm 以内接地线的腐蚀和锈蚀情况如何。

（4）接地电阻是否合格。

（二）对接地装置进行定期检查的周期

（1）变、配电站接地装置，每年检查一次，并于干燥季节每年测量一次接地电阻。

（2）对车间电气设备的接地装置，每两年检查一次，并于干燥季节每年测量一次接地电阻。

（3）防雷接地装置，每年雨季前检查一次。

（4）避雷针的接地装置，每 5 年测量一次接地电阻。

（5）手持电动工具的接零线或接地线，每次使用前进行检查。

（6）有腐蚀性的土壤内的接地装置，每 5 年局部挖开检查一次。

（三）应对接地装置进行维修的情况

（1）焊接连接处开焊，螺丝连接处松动。

（2）接地线有机械损伤、断股或有严重锈蚀、腐蚀，锈蚀或腐蚀30%以上者应予更换。

（3）接地体露出地面。

（4）接地电阻超过规定值。

## 八、接地装置与接零装置的安全要求

保护接地与保护接零是防止电气设备意外带电造成触电事故的基本技术措施，其应用十分广泛。保护接地装置与保护接零装置可靠而良好的运行，对保障人身安全有十分重要的意义。因此对接地装置与接零装置有下述的安全要求。

1. 导电的连续性

导电的连续性是要求接地或接零装置必须保证电气设备至接地体之间或电气设备至变压器低压中性点之间导电的连续性，不得有脱离现象。采用建筑物的钢结构、行车钢轨、工业管道、电缆金属外皮等自然导体做接地线时，在其伸缩缝或接头处应另加跨越接线，以保证连续可靠。自然接地体与人工接地体之间必须连结可靠，并保证良好的接触。

2. 连接可靠

接地装置之间一般连接时均采用焊接。扁钢的搭焊长度为宽度的 2 倍，且至少在三个棱边进行焊接；圆钢搭焊长度为直径的 6 倍。若不能采用焊接时，可采用螺栓和卡箍连接，但必须保证有良好的接触，在有振动的地方，应采取防松动的措施。

3. 足够的机械强度

为了保证有足够的机械强度，并考虑到防腐蚀的要求，钢接零线、接地线和接地体最小尺寸和铜、铝接零线及接地线的最小尺寸都有严格的规定，一般宜采用钢接地线或接零线，有困难时可采用铜、铝接地线或接零线。地下不得采用裸铝导体作接地或接零的导线。对于便携式设备，因其工作地点不固定，因此其接地线或接零线应采用 $0.75\sim1.5\mathrm{mm}^2$ 的多股铜芯软线为宜。

4. 有足够的导电性和热稳定性

采用保护接零时，为了能达到促使保护装置迅速动作的单相短路电流，零线应有足够的导电能力。在不利用自然导体作零线的情况下，保护接零的零线截面不宜低于相线的 1/2。对于大接地短路电流系统的接地装置，应校核发生单相接地短路时的热稳定性，即校核其是否足以承受单相接地短路电流释放的大量热能的考验。

5. 防止机械损伤

接地线或接零线应尽量安装在人不易接触到的地方，以免意外损坏；但是又必须安装在明显处，以便检查维护。接地线或接零线穿过墙壁时，应敷设在明孔、管道或其他保护管中，与建筑物伸缩缝交叉时，应弯成弧状或增设补偿装置；当与铁路交叉时，应加钢管或角钢保护或略加弯曲并向上拱起，以便在振动时有伸缩的余地，避免断裂。

6. 防腐蚀

为防止腐蚀，钢制接地装置最好采用镀锌元件制成，焊接处涂以沥青油防腐。明设的接地线或接零线可涂以防锈漆。在有强烈腐蚀性土壤中，接地体应采用镀铜或镀锌元件制成，并适当增大其截面积。当采用化学方法处理土壤时，应注意控制其对接地体的腐蚀性。

7. 地下安装距离

接地体与建筑物的距离不应小于 1.5m，与独立避雷针的接地体之间的距离不应小于 3m。

8. 接地支线不得串联

为了提高接地的可靠性，电气设备的接地支线或接零支线应单独与接地干线或接零干线或接地体相连，而不应串联连接。接地干线或接零干线应有两处同接地体直接相连，以提高可靠性。

一般工矿企业的变电所接地，既是变压器的工作接地，又是高压设备的保护接地，又是低压配电装置的重复接地，有时又作为防雷装置的防雷接地，各部分应单独与接地体相连，不得串联。变配电装置最好也有两条接地线与接地体相连。

9. 埋设深度

为了减少自然因素对接地电阻的影响，接地体上端埋入地下的深度，一般不应小于 60cm，并应在冻土层以下。

# 第八节　保护导体

## 一、保护导体的组成

保护导体是某些防电击保护措施所要求的用来与下列任何一部分电气连接的导体：

①外露可导电部分；②外部可导电部分；③主接地端子；④接地极；⑤电源接地点或人工中性点。

保护导体分为人工保护导体和自然保护导体。保护导体包括保护接地线、保护接零线和等电位联结线。

(一)人工保护导体

(1)多芯电缆的芯线；

(2)与相线同一护套内的绝缘线；

(3)单独敷设的绝缘线或裸导体等。

（二）自然保护导体

（1）电线电缆的金属覆层，如护套、屏蔽层、铠装层；

（2）导线的金属导管或其他金属外护物；

（3）某些允许使用的金属结构部件或外部可导电部分，如建筑物的金属结构（梁、柱等）及设计规定的混凝土结构内部的钢筋等。

交流电气设备应优先考虑利用自然导体作保护导体。但是，利用自来水管作保护导体必须得到供水部门的同意，而且水表及其他可能断开处应予以跨接。煤气管等输送可燃气体或液体的管道原则上不得用作保护导体。

## 二、保护导体的截面积

为满足导电能力、热稳定性、机械稳定性、耐化学腐蚀的要求，保护导体必须有足够的截面积。

保护导体截面积的计算和选择主要考虑以下两个因素：

（1）应能承受故障条件下可能遭受的过热；

（2）应具有足够的机械强度，以保证在预定条件下导体的完整。

当保护线（PE线）与相线（L线）材料相同时，保护线的截面积可以直接按表 4-13 选取。

表 4-13　保护线的截面积　mm$^2$

| 相线截面积 $S_L$ | 保护线截面积 $S_{PE}$ |
| --- | --- |
| $S_L \leqslant 16$ | $S_L$ |
| $16 < S_L \leqslant 35$ | 16 |
| $S_L > 35$ | $S_L/2$ |

兼作工作零线的保护零线的 PEN 线的最小截面积除应满足不平衡电流的导电要求外，还应满足保护接零可靠性的要求。为此，要求铜质 PEN 线截面积不得小于 $10mm^2$，铝质的不得小于 $16mm^2$，如系电缆芯线，则不得小于 $4mm^2$。

## 三、等电位连接

等电位连接是指各外露可导电部分和外部可导电部分的电位实质上相等的电气连接。等电位连接又分为主（总）等电位连接和局部（辅助）等电位连接。

1. 主等电位连接

主等电位连接是指用保护导体将系统中的主保护导体、主接地导体及电气装置的外部可导电部分（如主金属水管、主金属构架等）相互连接在一起，使各外露可导电部分和外部可导电部分实质上处于等电位连接。主等电位连接将使处于等电位连接区内的预期接触电压降为零。

## 2. 局部等电位连接

局部等电位连接是指用保护线将所有可能同时触及的外露可导电部分连接在一起。如果 TN、TT、IT 系统的保护满足不了系统的保护要求，可考虑采用局部等电位连接，以降低可同时触及的外露可导电部分和外部可导电部分之间的电位差。

## 3. 等电位连接的作用

(1)降低等电位连接影响区域内可能的接触电压。

(2)降低等电位连接影响区域外侵入的危险电压。

(3)实现等电位环境。

### 四、相－零线回路检测

相－零线回路检测是 TN 系统的主要检测项目，主要包括保护零线完好性、连续性检查和相－零线回路阻抗测量。测量相－零线回路阻抗是为了检验接零系统是否符合规定的速断要求。

保护接零检测包括以下三方面：

(1)工作接地和重复接地的电阻测量。

(2)速断保护元件的检查。

(3)相－零回路检测。

（一）相－零线回路阻抗测量

以图 4－19 为例说明相－零线回路阻抗测量。

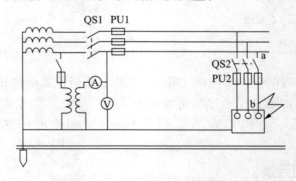

图 4－19　停电测量相－零线回路阻抗

如图 4－19 所示，开关 QS1 断开为切除电力电源，QS2 和其他开关合上以接通试验回路。试验变压器可采用小型电焊变压器(约 65V)或行灯变压器(50V 以下)。试验变压器二次线圈接入电流表后再接向一条相线和保护零线。

为了检验熔断器 FU1，应在 α 处使相线与零线短接，测量回路阻抗。为了检验熔断器 FU2，应在线路末端，即在 b 处使相线与零线短接，测量回路阻抗。所测量的阻抗应由电压表读数 $U$ 和电流表读数 $I_M$ 直接算出，即这样测量得到的结果不包括配电变压器的阻抗，计算短路电流时应加上变压器的阻抗。为了减小测量误差，测量应尽量靠近变压器。

（二）保护零线完好性、连续性检查

为了检查零线是否完整和接触良好，可以采用低压试灯法，其原理如图 4 - 20 所示。在外加直流或交流低电压作用下，电流经试灯沿 a、b 两点之间的零线构成回路。如果试灯很亮，说明 a、b 两点之间的零线良好；如果试灯不亮、发暗或不稳定，说明 a、b 两点之间的零线断裂或接触不良。

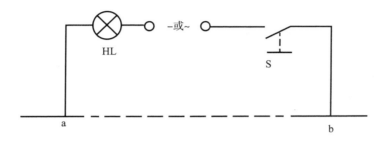

图 4 - 20　零线连续性测试

# 第九节　弱电系统的接地技术

接地技术最早是应用在强电系统（电力系统、输变电设备、电气设备）中，为了设备和人身的安全，将接地线直接接在大地上。由于大地的电容非常大，一般情况下可以将大地的电位视为零电位。后来，接地技术延伸应用到弱电系统中。对于电力电子设备将接地线直接接在大地上或者接在一个作为参考电位的导体上，当电流通过该参考电位时，不应产生电压降。然而由于不合理的接地，反而会引入电磁干扰，比如共地线干扰、地环路干扰等，从而导致电力电子设备工作不正常。可见，接地技术是电力电子设备电磁兼容技术的重要内容之一，有必要对接地技术进行详细探讨。

## 一、接地的种类和目的

电力电子设备一般是为以下几种目的而接地：

1. 安全接地

安全接地即将机壳接大地。一是防止机壳上积累电荷，产生静电放电而危及设备和人身安全；二是当设备的绝缘损坏而使机壳带电时，促使电源的保护动作而切断电源，以便保护工作人员的安全。

2. 防雷接地

当电力电子设备遇雷击时，不论是直接雷击还是感应雷击，电力电子设备都将受到极大伤害。为防止雷击而设置避雷针，以防雷击时危及设备和人身安全。

上述两种接地主要为安全考虑，均要直接接在大地上。

3. 工作接地

工作接地是为电路正常工作而提供的一个基准电位。该基准电位可以设为电路系统中的某一点、某一段或某一块等。当该基准电位不与大地连接时，视为相对的零电位。这种相对的零电位会随着外界电磁场的变化而变化，从而导致电路系统工作的不稳定。当该基准电位与大地连接时，基准电位视为大地的零电位，而不会随着外界电磁场的变化而变化。但是不正确的工作接地反而会增加干扰。比如共地线干扰、地环路干扰等。

工作地的种类：

为防止各种电路在工作中产生互相干扰，使之能相互兼容地工作，根据电路的性质，将工作接地分为不同的种类，比如直流地、交流地、数字地、模拟地、信号地、功率地、电源地等。上述不同的接地应当分别设置。

（1）信号地

信号地是各种物理量的传感器和信号源零电位的公共基准地线。由于信号一般都较弱，易受干扰，因此对信号地的要求较高。

（2）模拟地

模拟地是模拟电路零电位的公共基准地线。模拟电路既承担小信号的放大，又承担大信号的功率放大；既有低频的放大，又有高频放大。因此模拟电路既易接受干扰，又可能产生干扰。所以对模拟地的接地点选择和接地线的敷设更要充分考虑。

（3）数字地

数字地是数字电路零电位的公共基准地线。由于数字电路工作在脉冲状态，特别是脉冲的前后沿较陡或频率较高时，易对模拟电路产生干扰。所以对数字地的接地点选择和接地线的敷设也要充分考虑。

（4）电源地

电源地是电源零电位的公共基准地线。由于电源往往同时供电给系统中的各个单元，而各个单元要求的供电性质和参数可能有很大差别，因此既要保证电源稳定可靠的工作，又要保证其他单元稳定可靠的工作。

（5）功率地

功率地是负载电路或功率驱动电路的零电位的公共基准地线。由于负载电路或功率驱动电路的电流较强、电压较高，所以功率地线上的干扰较大。因此功率地必须与其他弱电地分别设置，以保证整个系统稳定可靠的工作。

4. 屏蔽接地

屏蔽与接地应当配合使用，才能起到屏蔽的效果。比如静电屏蔽，当用完整的金属屏蔽体将带正电的导体包围起来，在屏蔽体的内侧将感应出与带电导体等量的负电荷，外侧出现与带电导体等量的正电荷，因此外侧仍有电场存在。如果将金属屏蔽体接地，外侧的正电荷将流入大地，外侧将不会有电场存在，即带正电导体的电场被屏蔽在金属屏蔽体内。再比如交变电场屏蔽，为降低交变电场对敏感电路的耦合干扰电压，可以在干扰源和敏感电路之间设置导电性好的金属屏蔽体，并将金属屏蔽体接地。只要设法使金属屏蔽体良好接地，就能使交变电场对敏感电路的耦合干扰电压变得很小。

上述两种接地主要为电磁兼容性考虑。

## 二、接地方式

工作接地按工作频率而采用以下几种接地方式：

（一）单点接地

工作频率低（<1MHz）的采用单点接地方式，即把整个电路系统中的一个结构点看作接地参考点，所有对地连接都接到这一点上，并设置一个安全接地螺栓，以防两点接地产生共地阻抗的电路性耦合。多个电路的单点接地方式又分为串联和并联两种，由于串联接地产生共地阻抗的电路性耦合，所以低频电路最好采用并联的单点接地式。

为防止工频和其他杂散电流在信号地线上产生干扰，信号地线应与功率地线和机壳地线相绝缘，且只在功率地、机壳地和接往大地的接地线的安全接地螺栓上相连（浮地式除外）。

地线的长度与截面的关系为：

$$S > 0.83L$$

式中　$L$——地线的长度，m；

　　　$S$——地线的截面，$mm^2$。

（二）多点接地

工作频率高（>30MHz）的采用多点接地方式，即在该电路系统中，用一块接地平板代替电路中每部分各自的地回路。因为接地引线的感抗与频率和长度成正比，工作频率高时将增加共地阻抗，从而将增大共地阻抗产生的电磁干扰，所以要求地线的长度尽量短。采用多点接地时，尽量找最接近的低阻值接地面接地。

（三）混合接地

工作频率介于 1~30MHz 的电路采用混合接地方式。当接地线的长度小于工作信号波长的 1/20 时，采用单点接地式，否则采用多点接地式。

（四）浮地

浮地式即该电路的地与大地无导体连接。其优点是该电路不受大地电性能的影响；其缺点是该电路易受寄生电容的影响，而使该电路的地电位变动和增加了对模拟电路的感应干扰。由于该电路的地与大地无导体连接，易产生静电积累而导致静电放电，可能造成静电击穿或强烈的干扰。因此，浮地的效果不仅取决于浮地的绝缘电阻的大小，而且取决于浮地的寄生电容的大小和信号的频率。

## 三、接地电阻

（一）对接地电阻的要求

接地电阻越小越好，因为当有电流流过接地电阻时，其上将产生电压。该电压除产生共地阻抗的电磁干扰外，还会使设备受到反击过电压的影响，并使人员受到电击伤害的威胁。因此一般要求接地电阻小于 $4\Omega$；对于移动设备，接地电阻可小于 $10\Omega$。

（二）降低接地电阻的方法

接地电阻由接地线电阻、接触电阻和地电阻组成。为此降低接地电阻的方法有以下三种：

（1）降低接地线电阻，为此要选用总截面大和长度短的多股细导线。

（2）降低接触电阻，为此要将接地线与接地螺栓、接地极紧密又牢靠地连接并要加接地极和土壤之间的接触面积与紧密度。

（3）降低地电阻，为此要增加接地极的表面积和增加土壤的导电率（如在土壤中注入盐水）。

（三）接地电阻的计算

垂直接地极接地电阻 $R$（单位：$\Omega$）为：

$$R = 0.366(\rho/L)\lg(4L/d)$$

式中　$\rho$——土壤电阻率，$\Omega \cdot m$；

　　　$L$——接地极在地中的深度，m；

　　　$d$——接地极的直径，m。

例如，黄土 $\rho$ 取 $200\Omega \cdot m$，$L$ 为 2cm，$d$ 为 0.05m，则垂直接地极接地电阻 $R$ 为 $80.67\Omega$。如在土壤中注入盐水，使 $\rho$ 降为 $20\Omega \cdot m$ 时，则接地极接地电阻 $R$ 为 $8.067\Omega$。

## 四、屏蔽地

（一）电路的屏蔽罩接地

各种信号源和放大器等易受电磁辐射干扰的电路应设置屏蔽罩。由于信号电路与屏蔽罩之间存在寄生电容，因此要将信号电路地线末端与屏蔽罩相连，以消除寄生电容的影响，并将屏蔽罩接地，以消除共模干扰。

（二）电缆的屏蔽层接地

1. 低频电路电缆的屏蔽层接地

低频电路电缆的屏蔽层接地应采用一点接地的方式，而且屏蔽层接地点应当与电路的接地点一致。对于多层屏蔽电缆，每个屏蔽层应在一点接地，各屏蔽层应相互绝缘。

2. 高频电路电缆的屏蔽层接地

高频电路电缆的屏蔽层接地应采用多点接地的方式。当电缆长度大于工作信号波长的 0.15 倍时，采用工作信号波长的 0.15 倍的间隔多点接地式。如果不能实现，则至少将屏蔽层两端接地。

（三）系统的屏蔽体接地

当整个系统需要抵抗外界电磁干扰，或需要防止系统对外界产生电磁干扰时，应将整个系统屏蔽起来，并将屏蔽体接到系统地上。

## 五、设备地

一台设备要实现设计要求，往往含有多种电路，比如低电平的信号电路（如高频电路、数字电路、模拟电路等）、高电平的功率电路（如供电电路、继电器电路等）。为了安装电路板和其他元器件、抵抗外界电磁干扰而需要设备具有一定机械强度和屏蔽效能的外壳。

设备的接地应当注意以下几点：

（1）50Hz 电源零线应接到安全接地螺栓处，对于独立的设备，安全接地螺栓设在设备金属外壳上，并有良好电气连接。

（2）为防止机壳带电，危及人身安全，不许用电源零线作地线代替机壳地线。

（3）为防止高电压、大电流和强功率电路（如供电电路、继电器电路）对低电平电路（如高频电路、数字电路、模拟电路等）的干扰，将它们的接地分开。前者为功率地（强电地），后者为信号地（弱电地），而信号地又分为数字地和模拟地，信号地线应与功率地线和机壳地线相绝缘。

（4）对于信号地线可另设一信号地螺栓（和设备外壳相绝缘），该信号地螺栓与安全接地螺栓的连接有三种方法（取决于接地的效果）：一是不连接，而成为浮地式；二是直接连接，而成为单点接地式；三是通过 $-3\mu F$ 电容器连接，而成为直流浮地式、交流接地式。其他的接地最后汇聚在安全接地螺栓上（该点应位于交流电源的进线处），然后通过接地线将接地极埋在土壤中。

### 六、系统地

系统的接地应当注意以下几点：

（1）参照设备的接地注意事项。

（2）设备外壳用设备外壳地线和机柜外壳相连。

（3）机柜外壳用机柜外壳地线和系统外壳相连。

（4）对于系统，安全接地螺栓设在系统金属外壳上，并有良好电气连接。

（5）当系统内机柜、设备过多时，将导致数字地线、模拟地线、功率地线和机柜外壳地线过多。对此，可以考虑铺设两条互相并行并和系统外壳绝缘的半环形接地母线，一条为信号地母线，另一条为屏蔽地及机柜外壳地母线；系统内各信号地就近接到信号地母线上，系统内各屏蔽地及机柜外壳地就近接到屏蔽地及机柜外壳地母线上；两条半环形接地母线的中部靠近安全接地螺栓，屏蔽地及机柜外壳地母线接到安全接地螺栓上；信号地母线接到信号地螺栓上。

（6）当系统用三相电源供电时，由于各负载用电量和用电的不同时性，必然导致三相不平衡，造成三相电源中心点电位偏移，为此将电源零线接到安全接地螺栓上，迫使三相电源中心点电位保持零电位，从而防止三相电源中心点电位偏移所产生的干扰。

（7）接地极用镀锌钢管，其外直径不小于50mm，长度不小于2.0m；埋设时，将接地极打入地表层一定深度、并倒入盐水，一般要求接地电阻小于$4\Omega$，对于移动设备，接地电阻可小于$10\Omega$。

为了设备和人身的安全以及电力电子设备正常可靠的工作必须研究接地技术。接地可直接接在大地上或者接在一个作为参考电位的导体上。不合理的接地反而会引入电磁干扰，导致电力电子设备工作不正常。因此，接地技术是电磁兼容中的重要技术之一，应当充分重视对接地技术的研究。

# 第五章　静电及其预防

## 第一节　静电概述

几乎每个人都有过这样的经历：在干燥的冬天，触摸门把手或汽车外壳的瞬间，时常会突然"啪"地被麻一下；冬天脱毛衣时会伴随"噼啪"声闪现火花；走路时长裙突然被掀起裹到身上……众所周知，这些现象都是静电在作怪。

其实，很早以前人们就已经感知到静电的存在。据资料记载，约在2600年前，希腊人塔利斯就发现了琥珀被其他物体摩擦后具有吸引轻小物体的能力，也就是静电起电现象。再后来，公元1600年左右，英国人吉尔伯特总结前人的一些经验并把这种"特殊"的物质用拉丁文命名为"电"，同年代的沃尔·查尔顿开始用英语的"电"（electric）。此后这种奇异的现象引起了许多科学家的兴趣，这些科学家对电的认识在18世纪有了较快的发展。继起电机、检电器发明之后，在1733年法国的杜飞用两个金属箔做实验，发现了异性相吸、同性相斥的现象。从而证明有两种类型的电荷存在，从此出现正负电荷之学说。到了18世纪中叶又相继发现了莱顿瓶、静电感应现象以及维尔克发表了摩擦带电系列。直到1785年库仑发现了电荷间互相作用力的定量关系才使得静电学理论初具基础。同时，这个时期在静电起电理论方面的解释也取得了一定进展。

进入19世纪以来，对电的研究日益广泛。1800年伏打电池的发明使电荷连续运动成为可能。科学家们把摩擦起电、雷电和电池中流动的电统一了起来，并开始从静电向动电方面发展，通过欧姆、安培、法拉第等人的研究，逐渐发现一个又一个新现象，并从数学上总结成定理、定律，最后发展成较完整的电磁场理论。这些理论在工程上得到了广泛的应用，给了工业发展以新的生命力。

与迅速发展的动力电的理论及应用相比，静电起电理论的研究则显得缓慢得多。1879年赫尔霍姆兹提出的偶电层理论，推动了静电研究的进展。近几十年来由于工业的发展，静电危害日趋严重，静电的应用也日渐广泛，因此给静电机理的探讨赋予了新的推动。

静电到底是什么？它的规律何在？它在我们的日常生活中功勋卓著，但有时却又是带来意想不到的障碍或灾害的罪魁祸首。静电成了许多人心目中最熟悉却又最似是而非的概念之一。可以说，直到最近半个多世纪人类才真正把握住静电的实质。

自然界的一切物质都是由中性原子组成的，原子又是由带正电的原子核和带负电的绕原子核运动的电子所组成。原子内的电子有规律地分布在核外轨道上，最外面轨道上的电子受原子核的束缚力最小。原子核是由表现出带正电性的叫做"质子"的粒子和不表现出带电性的"中子"组成。但是，中子并不永远都是中性的，如果使中子放出一个电子的话（专业术语称之为 β 衰变），中子就会变成质子，显示出带正电的性质。

正常情况下，因为原子核所带的正电与电子所带的负电数量相同互相抵消，所以原子或者说是普通的物体从外面看来是中性的，既不带正电也不带负电，显示不出任何电性。

如果通过某种方法使电子与原子核分离并把它们拆散的话，电子本来带有的负电以及原子核本来带有的正电就会表现出来，也就是说物质带上了正电或负电。

所以，从原子的角度来说，说电的"产生"有些用词不当，正确的说法应该是，通过施加某种作用使物质原本固有却隐蔽着的电性"显现"了出来，而且由于无法把电从质子或电子中单独地分离出来，所以我们只能说：电是物质的固有性质之一。

通常，将物质表现出正电或负电的性质叫做"带电"。物质带电用电荷量来表示。电荷是物质基本粒子的基本特性，一个物体所带的电荷量可以是正、负或零。它只能是质子电荷的整倍数。电荷有两种。一种叫正电荷，用符号"＋"表示；另一种叫负电荷，用符号"－"表示，负电荷总是和电子相联系着的；正电荷则和失去电子的原子、原子团或分子相联系。如果该物体带有正的或负的电荷，那就是该物体失去或得到了一些电子的结果。电荷之间存在着相互作用，同性电荷相互排斥，异性电荷相互吸引。电荷的数量，称为电量，常用符号 $Q$、$q$ 表示，在有理化 MKSA 单位制中，它的单位是库仑，符号 C。

在电荷的周围存在着一种特殊的物质——场。电荷间的相互作用，就是通过这种场来进行的。

电荷相对于观察者是静止的情况下，和电荷相关的场也是静止的，这种场称为静电场。静电场中积蓄的电荷或因俘获、受限而无处传导，由于这些电荷并不流动，所以称之为"静电"。与"静电"相对的是可以流动的"动电"，后者不是本章的讨论内容。

一个带电的物体靠近另一个导体时，导体的电荷分别发生明显的变化，物理学中把这种现象叫做静电感应。

如果电场中存在导体，在电场力的作用下出现静电感应现象，使原来中和的正、负电荷分离，出现在导体表面上，这些电荷称为感应电荷。总的电场是感应电荷与自由电荷共同作用结果。达到平衡时，导体内部的场强处处为零，导体是一个等势体，导体表面是等势面，感应电荷都分布在导体外表面，导体表面的电场方向处处与导体表面垂直。

静电感应现象有一些应用，比如利用静电感应、高压静电场的气体放电等效应和原理，实现多种加工工艺和加工设备。在电力、机械、轻工、纺织、航空航天以及高技术领域有着广泛的应用。但在某些方面也会产生一些危害，有些甚至是巨大的，如在石油、化工、航空航天、火炸药、造纸、印刷、塑料橡胶等都存在静电问题，其危害说明及控制预防措施在下几节中详述。

# 第二节　固体静电的产生

## 一、固体接触静电起电机理

电子在通常情况下，由于受原子核的约束而不能离开物质表面，若要离开就必须给它一定的能量，定义电子离开物质表面所需的最小能量为物质的"功函数"（又称电子逸出功）。一些物质的功函数如表 5 - 1、表 5 - 2 所示。任何两种固体物质紧密接触时在接触面上会产生电子从功函数小的一方向功函数大的一方转移的现象。前者容易失去电子带正电，后者容易获得电子带负电，这样接触面上形成了达到某种电势平衡的双（偶）电层，此时分开物体就带有不同符号的静电。

表 5 - 1　金属的功函数　　　　　　　　　　　　　　　eV

| 金属名称 | 银 | 铝 | 金 | 铅 | 锌 | 铁 | 锡 | 铜 |
|---|---|---|---|---|---|---|---|---|
| 功函数 | 4.97 | 3.38 | 5.06 | 3.94 | 3.6 | 4.4 | 4.09 | 4.87 |

表 5 - 2　固体材料的功函数

| 固体材料名称 | 聚氯乙烯 | 聚乙烯 | 尼龙 66 | 氯化丙烯 | 硅 | 锗 | FeO | $SiO_2$ |
|---|---|---|---|---|---|---|---|---|
| 功函数 | 4.85 | 4.25 | 4.08 | 5.14 | 4.8 | 4.4 | 3.85 | 5.0 |

人们一般认为两种物体只有摩擦时才能产生电，其实摩擦只不过是接触的

一种特殊形式，摩擦的作用仅在于增加两种物质达到一个分子距离以下的接触面积，再把两物体分开时就各带有不同符号的静电。

## 二、固体静电产生的几种形式

（一）两种金属导体的接触起电

金属的功函数可以排成一个序列：（＋）铝、锌、锡、镉、铅、锑、铋、黄铜、汞、铁、钢、铜、银、金、铂、钯、二氧化铅（－）。

按以上这个排列，前后两固体接触时，前者带正电，后者带负电。

（二）绝缘体与导体的接触起电

绝缘体也可以像金属体一样有接触电位差，但有些试验还得不到满意的结果，只是大体上用金属摩擦起电来解释。

当摩擦面上有些部位温度高达 1000℃ 以上时，在金属或绝缘体这部分的电子因获得热能有着向高能迁移的可能性，这样，电子就有可能移向相对的物质，金属或绝缘体就可能带电。

（三）相同固体材料的摩擦起电

两根相同物质的棒，一根静止，另一根在其上摩擦，如图 5－1 所示。静止的棒受到摩擦的范围大，而运动的棒仅重复摩擦了同一地方，这种摩擦为非对称摩擦。用两根橡胶棒进行非对称摩擦时，动的一根带正电，但经几十次强烈的摩擦后符号反转成带负电，这是因为运动的棒在同一个地方摩擦温度上升产生变形的缘故。

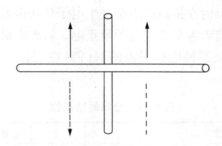

图 5－1　相同固体材料进行摩擦带电

又如，加热的玻璃棒与冷的玻璃棒摩擦，热的带负电，可是相同的两根棒冷热对换后，带电情况也反过来。这一方面是由于玻璃棒间存在温度梯度，使棒的表面的带电粒子向冷的一方扩散；另一方面也由于两者的温度差产生了表面能级之差，由此产生的接触电位差引起了带电粒子的移动。

（四）剥离起电

互相密切结合的物体剥离时引起电荷分离而产生静电的现象，称为剥离起电。有时摩擦带电也伴随材料因破断而发生带电的现象（图 5－2），因摩擦使材料表面组织发生机械破碎时，带电离子被分离开来，同时材料破断时产生的热量还有使分子分离成带电离子的作用。

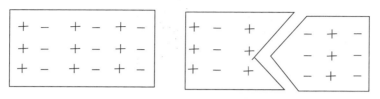

图 5 - 2　固体材料破断带电

（五）电解起电

当固体接触液体时，固体的离子会向液体中移动，这使得固、液分界面上出现电流。固体离子移入液体时，留下相反符号的电荷在其表面，于是在固、液界面处形成偶电层。金属浸在电解液内时，金属离子向电解液内移动，在金属和电解液的分界面上形成偶电层。若在一定条件下，移走与固体相接触的液体，固体就留下一定量的某种电荷。这就是固、液接触情况下的电解起电。

（六）感应起电

感应起电通常是对导体来说的。在外电场作用下，电介质发生极化。极化后的电介质，其电场将周围介质中的某种自由电荷吸向自身，和电介质上与之符号相反的束缚电荷中和。外电场撤走后，电介质上的两种电荷已无法恢复电中性，因而带有一定量的电荷。这就是感应起电。

以下试验可说明感应带电的过程。如图 5 - 3 所示，设一个导体 B 用瓷瓶绝缘起来，另一个带正电的物体 A 置放在被绝缘的导体 B 附近。导体 B 靠近 A 的一边，电子受到 A 电场力的吸引带负电荷，而另一边由于电子被移去集中着正电荷。

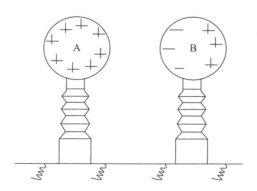

图 5 - 3　A 带正电荷因感应作用使 B 带分开的正负电荷

如果把 A 移开，即把带正电荷的物体移开，则 B 上已分开的电荷重又结合，该物体便恢复不带电。

如果已被感应的带电体 B 接地，则产生火花放电。负电荷从大地流出与 B 上的正电荷中和，而 B 上的负电荷由于 A 的存在依旧被束缚在原处，见图 5 - 4 及图 5 - 5。

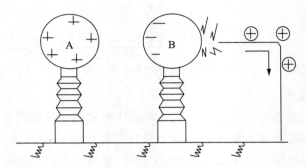

图 5 - 4    B 与大地接近时火花放电

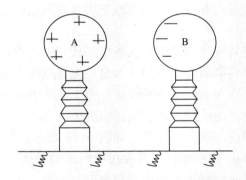

图 5 - 5    B 放电后负电荷仍被束缚在原处

如果把带正电荷的物体 A 移开，而 B 仍是被绝缘的话，则 B 上就带着负电荷，这便是我们通常所说的感应起电，如图 5 - 6 所示。

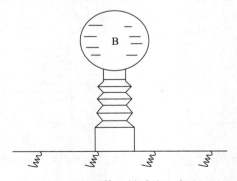

图 5 - 6    导体上被感应上负电

# 第三节　液体静电的产生

## 一、液体起电的偶电层解释

液体和固体接触时，在它们的分界面处形成符号相反的两层电荷，称为偶电层或双电层。偶电层形成的直接原因是正、负离子的转移。液体介质可以通过不同的方式离解成正、负离子。有极性分子或杂质分子可以直接离解；中性分子可以通过氧化过程间接离解。当固、液二相接触时，液体中有一种符号的离子被固体的非静电力吸引并附着在固体表面上，使固体带有一种符号的电荷，而液体带有符号相反的电荷。这就是因固体对液体中离子的选择性吸附形成的偶电层。

固液界面处偶电层的形成还有其他原因。当金属浸入水或高介电常数的液体时，极性很大的水分子或极性溶剂分子与金属上的离子相吸引而发生水化或溶剂化作用，使一些金属离子进入水或溶液中。金属的正离子进入液体，留下的电子使金属带负电，金属与溶液之间产生电位差。这个电位差的大小以及带电符号由金属的种类和溶液中金属离子的浓度决定。

固液界面处形成偶电层还有一个原因，是固体表面吸附一些分子。例如，载荷金属表面吸附有极性分子，并使其定向排列；或吸附表面活性粒子、有机分子等而形成偶电层。

## 二、液体静电起电的几种形式

与固体产生静电的情况一样，当液相与固相、液相与气相、两种不相混溶的液相之间，由于搅拌、沉降、过滤、摇晃、冲击、喷射、飞溅、发泡以及流动等接触、分离的相对运动，同样会在介质中产生静电。这种静电对汽油、柴油、航空煤油等燃料油品以及苯、二甲苯等化工原料是一种潜在的危险，极易引燃这些物品，导致火灾或爆炸。因此研究液体静电对安全生产来说是非常重要的工作。

### 1. 流动起电

固体与液体接触时，介质界面处产生偶电层，位于液体侧的扩散层，是带电的可动层。当液体在介质管道中因压力差的作用而流动时，扩散层上的电荷由于流动摩擦作用被冲刷下来而随液体作定向运动，如图 5 - 7 所示，这就使液体流动起电过程。液体流动摩擦起电是工业生产中常见的一种静电带电形式，在石化工业中更为常见。如汽油、航空煤油等低电导率的轻质油品在管线中输送时，由于流动摩擦便在其中产生静电荷。在一些试验或操作中，如苯通过有滤网的漏斗倒入试瓶；用棉纱蘸汽油洗涤金属零部件或衣物等都有静电带电现象发生。

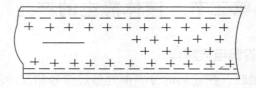

图 5-7  管道中液体流动起电

2. 沉降起电

当悬浮在液体中的微粒沉降时，会使微粒和液体分别带上不同性质的电荷，在容器上下部产生电位差，这就是沉降起电。沉降起电也可以用偶电层解释。水中存在固体微粒时在固液表面形成偶电层。当固体微粒下沉时，带走吸附在表面的电荷，使水和离子分别带上不同符号的异性电荷，见图 5-8。

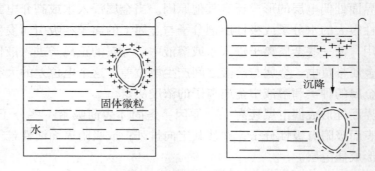

图 5-8  液体沉降起电

3. 喷射起电

当固态或液态微粒从喷嘴中高速喷出时，会使喷嘴和微粒分别带上符号不同的电荷，这种现象称为喷射起电。这种起电方式的原因也可以由偶电层来解释。由于固态和液态微粒之间存在着迅速接触和分离，接触时，在接触面处形成偶电层，分离时，微粒把一种符号的电荷带走，另一种符号的电荷留在喷嘴上，结果使微粒和喷嘴分别带上不同符号的电荷，如图 5-9 所示。另外，当有压力的液体从喷嘴式管口喷出后呈束状，在与空气接触处分裂成很多小液滴，其中比较大的液滴很快沉降，其他微小的液滴停留在空气中形成雾状小液滴云。这个小液滴云会带有大量电荷。

4. 冲击起电

液体从管道口喷出后遇到壁或板，使液体向上飞溅形成许多微小的液滴，这些液滴在破裂时会带有电荷，并在其间形成电荷云，如图 5-10 所示。这种起电类型在石油产品的储运中经常遇到。如轻质油品经过项部注入口给储油罐或槽车装油，油柱下落时对罐壁或油面发生冲击，引起飞沫、气泡和雾滴而带电。

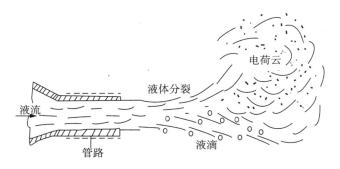

图 5-9　液体喷射起电

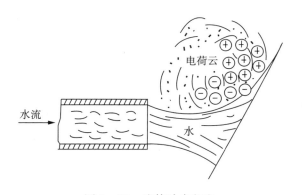

图 5-10　液体冲击起电

# 第四节　气体静电的产生

　　对气体静电起电，仅讨论高压气体喷出产生静电的情况。从氢气瓶中放出氢气或从高压乙炔储气瓶中放出乙炔时，喷出的射流带电，射流与喷口之间存在放电现象。潮湿的蒸汽或湿的压缩空气喷出时，与从喷嘴喷出的水滴相伴随的喷气射流也带有大量静电荷，有时在射流的水滴与金属喷嘴之间发生放电。

　　气体本身没有电荷，也就是说，单纯的气体，在通常条件下不会带电。高压气体喷出时之所以带有静电，是因为在这些气体中悬浮着固体或液体微粒。气体中混进的固体式液体微粒，在它们与气体一起高速喷出时，与管壁发生相互作用而带电。所以，高压气体喷出时的带电，与粉体气力输送通过管道的带电属同一现象，本质上是固体和固体、固体和液体的接触起电。气体中混杂粒子的由来，对带电与否完全没有关系。它可以是管道内壁的锈，也可以是管道积存的粉尘或水分，或由其他原因产生的微粒。上述的氢气从瓶中放出时，氢气瓶内部的铁锈、水、螺栓衬垫处使用的石墨或氧化铅等与氢同时喷出而产生静电。在乙炔储瓶中，溶解乙炔使用的丙酮粒子，便是带电的主要原因。

当高压气体中混有固体微粒时，气体高速喷出时使微粒和气体一起在管内流动，它们与管内壁发生摩擦和碰撞，也就是微粒与管内壁频繁发生接触和分离过程，致使微粒和管壁分别带上等量异号的电荷。若在高压气体喷出时管道中存在着液体，伴随着高压气体的喷出会产生带电液滴云。

# 第五节　人体静电

## 一、人体静电的起电方式

对于静电而言，人体是活动着的导体，人体活动的起电方式主要有三种，即接触起电、感应起电和吸附起电。

人在绝缘地面上走动时，鞋底和地面不断地紧密接触和分离，使地面和鞋底分别带上不同符号的电荷。若人穿塑料底鞋，在胶板地面上走动时，可使人体带 $2 \sim 3kV$ 负电压，这就是因接触产生的静电。

当人走近已带电的物体或人时，将引起静电感应，感应所得的与带电物体（或人）符号相同的电荷通过鞋底移向大地，或通过正在操作接地设备的手移向大地，使人体上只带一种符号的电荷。当人离开带电物体（或人）时，人体就带有了静电。这就是人体的感应起电。

人体带电的第三种方式是人在带电微粒或小液滴（水汽、油气等）的空间活动后，由于带电微粒或小液滴降落在人体上，被人体所吸附而使人体带电。例如在粉体粉碎及混合等车间工作的人，会有很多带电的粉体颗粒附着在人体上，使人体带电。

## 二、影响人体静电产生的因素

（一）起电速率和人体对地电阻对人体起电的影响

起电速率是单位时间内的起电量。它是由人的操作速度或活动速度决定的。人的操作速度或活动速度越大，起电速率就越大，人体起电电位就越高；反之，起电速率就越小，人体起点电位就越低。

人体的对地电阻对人体的饱和带电量和带电电位也有影响。在起电速率一定的条件下，对地电阻越大，对地放电时间常数就越大，饱和带电量越大，人体带电电位也越高。

（二）衣装电阻率对人体起电的影响

实践经验告诉我们，在现代化生产和运输所达到的速率下，常常是电阻率高的介质起电量大。人的衣装材料一般属于介质（抗静电工作服除外）。高电阻率介质的放电时间常数大，因而积累的饱和电荷也大，所以不同材质的衣装对人体的起电量有不同的影响。

一般来说，衣装的表面电阻率大，在起电速率一定时，就有较高的饱和起电电量。

（三）人体电容对人体起电的影响

人体电容是指人体的对地电容。它是随人体姿势、衣装厚薄和材质不同而不同的可变量。人体电容一般为 $100 \sim 200pF$，特殊场合下可达 $300 \sim 600pF$。不同场合人体电容的变化是很大的。人体带电后，如果放电很慢，这时人体电容的减小会引起人体电位升高从而使静电能量增加。

# 第六节　静电放电

## 一、气体放电的简单物理过程

### （一）气体的碰撞电离

在未加外电场的情况下，空气中由于宇宙线和地层放射性物质等作用，只有很少量的带电粒子存在，因而空气是一种良好的绝缘体。当加上外电场后，空气中的带电粒子以及由电极释放出的电子，在电场力的作用下，就能沿电场方向或逆电场方向移动，使带电粒子的动能有所增加。

各种带电粒子在电场中运动时，就会发生相互碰撞。由于自由电子和中性原子数量最多，因此它们的碰撞最频繁，大多数情况下是弹性碰撞。在这一类碰撞中电子失去的动能很少，只是使电子的定向运动转变为"热运动"，如果电子具有的动能超过原子某一激发能级的能量，碰撞时电子把本身相当大的一部分能量交给原子，使原子的外层电子跃迁到较高的能级，处于激发状态。如果电子的动能超过原子的电离能，经碰撞后使中性原子的外层电子克服原子的束缚力而成为自由电子，原来的中性原子变成正离子，这个现象称为电离。上述两种碰撞叫做激发碰撞和电离碰撞。这一类碰撞都有明显的能量转移，统称为非弹性碰撞。

在非弹性碰撞中，新产生出来的自由电子可以进一步继续和其他中性原子发生碰撞，又产生新的自由电子和正离子。与此同时，电子很容易吸附在氧、水汽、特别是含有卤族元素的气体如 $SF_6$ 等粒子上形成负离子。电子或负离子与正离子相遇时，能互相中和还原成原子或分子，此种过程被称为复合。所以在电场作用下空气中的带电粒子是处在不断地产生、不断地消失的过程中。当产生的速度极大地超过消失的速度，自由电子和正离子可以像雪崩一样急剧地增加，即所谓电子雪崩。此时空气就被击穿，改变成为导体。

对于不同的气体有不同的击穿强度。空气为 35.5kV/cm，甲烷、丙烷等气体需要 22kV/cm、27kV/cm，空气与油气的混合气击穿电压仅需要 4 ~ 5kV/cm。

（二）气体放电伏安特性

在充有空气的密封玻璃管内，设置两个平板电极并接上可调直流电源，如图 5 - 11 所示，这时电流随电压的变化如图 5 - 12 所示。其中 OA 段是一上升斜线，此时通过气体的电流随着电压的升高而增加，说明开始时气体中的电荷没有全部流向电极。AB 段是一水平线，此时电极两端的电压虽有增加，但电流基本不变，说明气体中的电荷已全部通过电极，达到饱和值。若在此时改变外部条件，例如用紫外线或放射性物质照射玻璃管，则 AB 段就能上移至 A'B'。原因是这时空气中的电荷数量有所增加。此后，若再增加电极上的电压，则电流会急剧增加，如线段 BC 所示。因为此时电极两端的电压已达到气体的击穿电压，形成电子雪崩，使空气转变成导体。对空气击穿以前的导电状态称为被激导电。对击穿以后的导电称为自激导电。以上的物理特性称为气体放电的伏安特性。

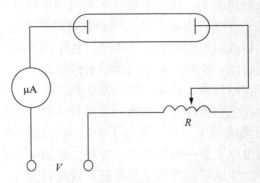

图 5 - 11　伏安特性实验接线

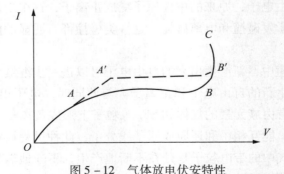

图 5 - 12　气体放电伏安特性

### 二、静电放电的一般形式

气体静电放电包括液体介质的静电放电通常是一种电位较高，能量较小，处于常温常压条件下的气体击穿。电极材料可以是导体或绝缘体，其放电类型可概括为 3 种(图 5 – 13)：

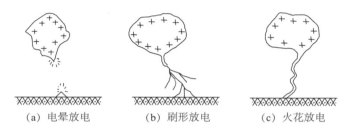

(a) 电晕放电　　　　(b) 刷形放电　　　　(c) 火花放电

图 5 – 13　静电放电的一般形式

#### （一）电晕放电

一般发生在电极相距较远，带电体或接地体表面有突出部分或楞角的地方。因为这些地方电场强度大，能将附近的空气局部电离，并有时伴有嘶嘶声和辉光。此类放电，尖端带负电位比带正电位的起晕电位低，放电能量比较小。

#### （二）刷形放电

这种类型的放电特点是两电极间的气体因击穿成为放电通路，但又不集中在某一点上，而是有很多分叉，分布在一定的空间范围内。此种放电伴有声光，在绝缘体上更易发生。因为放电不集中，所以在单位空间内释放的能量也较小。

#### （三）火花放电

两电极间的气体被击穿成为通路，又没有分叉的放电是火花放电，这时电极有明显的放电集中点。放电时有短爆裂声，在瞬时内能量集中释放，因而危险性最大，在两个电极均为导体、相距又较近的情况下，往往发生火花放电。

综上所述，电晕放电能量较小，危险性较小；刷形放电有一定危险性，有时也能引燃；而火花放电能量较大，因而危险性也最大。绝缘体带有静电时，较易发生刷形放电，也可能发生火花放电。金属电极之间或对地容易发生火花放电。

# 第七节　静电的参数

静电学是一门新兴的边缘学科，它是在电工学基础上衍生，并继承和借鉴许多其他的学科如电学、电子学、物理学、化学、材料学以及管理工程学等多种学科的理论而逐渐发展起来的。因此，上述学科中的许多概念、公式及参数在静电学中仍然适用。

为了解生产过程中静电起电情况，判别生产过程中静电的影响程度，检验静电防护用品、设施、工器具和材料静电性能，需要对静电性能参数进行测量，了解和掌握静电性能参数，对于静电性能参数的测量将起到积极作用，也是静电防护工作中不可缺少的重要一环。静电参数在理论上是可以计算出来的，但由于实际情况的千变万化，理论计算往往难以令工程需要所满意，因此工程中需要更多地依赖于实际测量所得到的数据。

静电性能参数的测量主要包括以下静电参数。

## 一、静电电位

静电电位也称为静电电压。电工学中通常以地电位作为一个指定的参考点，并将地电位取为零，某带电体表面的静电位与它之间的差值称为静电电压。故带电体表面的静电位值即代表了该处的静电压水平。

知道电位与电荷是成正比的，电位相对于地电位的高低反映出了物体的带电程度，于是可通过测量电压的大小来了解带电量的大小。

## 二、电阻与电阻率

电阻是指电压($U$)与电流($I$)的比值，在电流一定的情况下它与电压成正比，在一定电压的作用下它与电流成反比，是物体阻碍电流通过的能力的一种表征。电阻的大小与物体的形状、尺寸有关，物体的线性尺寸越长，或者径向尺寸越小，它对电流提供的阻力就越大，即物体的电阻越大。因而，说某一个物体电阻的大小，并不能完全表示出该物体本身的导电性质。为此，常常使用电阻率这个物理量作为物体自身导电性能的表征。因为它不受物体形状与尺寸的制约，而只由物质本身的种类和内部结构特性决定。当然，表面电阻率主要反映物质的表面状况，例如掺杂或污染的程度。物质的电阻系数在数值上等于用该种物质做的长1m、截面积为1mm²的导线在温度为20℃时的电阻值。

在静电防护领域，将涉及两个与静电泄漏密切相关的物体特性参数：体积电阻和表面电阻。施加于被测样品的两个相对表面上的电极之间的直流电压和流经该两电极的稳态电流的比值称为体积电阻。施加于被测样品表面上的两个电极之间的直流电压和流经该两电极之间的电流比值称为表面电阻。

电阻率也相应地分为体积电阻率和表面电阻率。前者是描述物体内电荷移动和电流流动难易程度的物理量，定义为材料内直流电场强度和稳态电流密度的比值。后者是描述材料表层内直流电场强度和线电流密度的比值。它等于在两个相对电极内每平方尺寸面积上的表面电阻值。体积电阻率和体积电阻存在以下关系：

$$R_v = \rho_v b/S \quad 或 \rho_v = R_v S/b$$

式中   $R_v$——体积电阻，$\Omega$；

      $\rho_v$——体积电阻率，$\Omega \cdot cm$；

      $b$——材料厚度，$cm$；

      $S$——电极相对面积。

根据定义，表面电阻率和表面电阻之间的关系可由下式表示：

$$\rho_s = R_s L / d$$

式中   $R_s$——表面的电阻，$\Omega$；

      $L$——电极长度，$mm$；

      $d$——电极之间的距离，$mm$。

从前面我们了解到物体因摩擦和接触、分离都可在其表面上产生静电荷。对于电阻率高的物体来说，其所带的静电荷中和和泄漏所需要的时间会很长，所以物体将长时间带电。对于电阻率低的物体来说，其所带静电荷会很快地泄漏中和，因而物体不易带电。因此，在静电防护领域，测量物质的电阻率对于控制静电具有非常重要的意义。

### 三、静电电量

静电电量是反映物体带电情况的最本质的物理量之一。当带电体是一个导体时其所带电荷全部集中于物体表面，而且表面上各点的电位相等，如果想知道它的带电量可以通过接触式静电电压表先测出其静电电压，然后按照基本关系式 $Q = CU$ 计算。

### 四、接地电阻

接地在静电防护领域中具有特别重要的作用，它是实现静电防护的最重要的措施之一。因此，对接地电阻参数的测定，是定量评价、考核监控接地系统运行状态的唯一手段。

### 五、静电半衰期

静电半衰期指试样上的电荷衰减至其终值的 $1/2$ 时所需的时间。对于塑料、橡胶、化纤织物等高分子材料来说，其泄漏电荷的能力通常用静电半衰期表征。静电半衰期 $t_{1/2}$ 与材料自身物理特性的关系如下式：

$$t_{1/2} = 0.69\tau = 0.69\varepsilon\rho = 0.69RC$$

式中   $R$——试样的对地泄漏电阻，$\Omega$；

      $C$——试样的对地分布电容，$F$；

      $\varepsilon$——材料的介电常数，$F/m$；

      $\rho$——材料的电阻率，$\Omega \cdot m$。

各种材料的物理特性是不同的，$t_{1/2}$ 值的差异很大，导静电好的材料可能只有几秒甚至几毫秒，而绝缘材料则可能长达数小时甚至数天。

### 六、表面电荷密度

表面电荷密度 $\sigma$ 是表征纺织品材料表面静电起电性能的主要参数。人体动作的牵动会使随身的衣物，或与人体接触的物品如座垫、沙发套等特别是布料类材料发生摩擦、接触分离等物理作用，伴随着这些将产生静电。$\sigma$ 值的大小决定了这类物质发生这些物理变化时产生静电的水平，因此在静电防护领域我们要予以检测，更好地控制。

### 七、液体介质电导率

液体静电的发生和液 – 固交界面处形成的偶电层厚度关系很大，并有关系式：

$$\delta = \sqrt{D_m \tau}$$

即偶电层厚度 $\delta$ 与液体的弛豫时间常数的 $1/2$ 次方成正比。由于 $\tau = \varepsilon / \sigma$，所以时间常数的长短主要由电导率 $\sigma$ 决定，因为对大多数液体介质来说，介电常数 $\varepsilon$ 的差别不很大。

当电导率增大时，时间常数和偶电层厚度将减小，静电的发生将减少。液体介质的电导率 $\sigma$ 不但是标志液体绝缘程度好坏的一个物理参数，而且是直接反映液体存在静电危险程度的重要参数。

### 八、粉体静电性能参数

粉体是固体物质的一种特殊形态，其带电性能与固体物质有显著的不同。这种不同来源于粉体存在状态的不均匀性和弥散性及粒子之间的无章排列，造成电性能的不均匀性、不稳定性和各奇异性。

另外，一般粉体物质都具有较大的吸湿性，故电性能测量受湿度的影响较大。粉体电性能的测量对温度和气压的影响有时也相当敏感。所有这些，造成了粉体静电性能测量的复现性较差。

粉体物质在气流加工和管路输送过程中，由于频繁的发生物料与管壁、容器壁之间以及粉体物料粒子彼此之间的接触和再分离，呈现明显的带电过程。而且，一些粉体物料、例如硝铵炸药和 TNT 炸药等火工产品，其体积比电阻多在 $10^{11} \sim 10^{15} \Omega \cdot cm$ 之间，属于易于积累静电的危险范围。因此需对粉体静电的防护增加更多的关注。静电参数测量方法复现性差，但它对粉体物质静电性能能提供一些定量的描述和可供相对比较的数据，所以研究粉体静电性能测量是十分必要的。

### 九、静电荷消除能力

对于绝缘物质带电，或被绝缘了的导体带电，因为无法采用依靠向大地泄漏电荷的方法消除静电，故可利用离子风静电消除器发出的正的和负的离子中和带电体上的电荷，电离器的电荷中和能力是其主要的参数。

## 十、人体静电参数

在某些场合下，人体是一个危险的静电源，因为人体具有活动性所以其危险性就更大了。在通常情况下，人体相当于具有一定电阻值的导体，约为$1000 \sim 5000\Omega$范围内。人体的电阻受很多因素的影响，如皮肤表面的水分、盐分或者是油脂之类的残留物、皮肤与电极的接触面积和接触压力等等。据有关资料称，大多数人体电阻分布在$1500\Omega$左右。由于人体是一个导体，通常人体一旦产生静电，会通过很多方式泄漏到大地中，因而不会积蓄电荷。但是，如果人们的衣物是绝缘的，如鞋子等会使人形成与大地绝缘的孤立导体，这时人体则可能积聚静电荷，人体的电位可能会非常高，此时则可能诱发静电火灾、爆炸事故，也可能会使对静电敏感的产品质量受到影响。因此，控制人体带电一直是静电防护领域中不可忽视的内容之一，而有关人体静电参数的测量是人体静电控制工作中的一个重要组成部分。

人体静电参数包括人体对地电容、人体静电位、人体对地电阻。

（一）人体对地电容

上面我们提到人体是一个导体，由于我们都需要穿衣服、鞋子等，由于它们的隔绝作用会使人体对地产生一定的电容。这相当于这样一个模型：人体是电容器的一个极板，衣履相当于电容器中的电介质，大地是另一个极板，于是三者构成一个电容器。这个电容器的大小除了受衣物鞋帽的影响外还要受个人外貌特征、身材高矮、胖瘦等的影响。我们知道电容$C$、电量$Q$和电压$U$之间存在这样一个基本关系式即：

$$U = Q/C$$

所以不同的人对地的电容是不同的，即使是同一个人在不同的时间场合下其电容也是不断变化的，于是人体对地的电压也是不断变化的。

（二）人体静电位

我们习惯上认为大地的电位为零位，故人体的静电位就是人体的对地电压。由上面的公式我们看出人体的电压与带电量$Q$成正比，与人体对地的电容$C$成反比关系，通常人体的对地电容是很小的，于是实际生产生活实践中人体电位有时会高达几十千伏的数量级。因为人体电位是造成静电危害的一个直观参数，所以需要作为一个控制指标来认真对待。

（三）人体对地电阻

人体对地电阻指人体在正常穿带静电防护衣履和腕带情况下的对地泄漏电阻值。在静电防护领域中，我们主要关心的是人体对地的电阻，而与人体自身的电阻关系不大。人体对地电阻值的下限主要受人体安全因素制约，在非正常情况下，人体触及 $200 \sim 380V$ 工频电压时，应确保流过人体的电流小于 $5mA$（即人体对地电阻需要大于 $1 \times 10^5 \Omega$）。确定人体对地泄漏电阻的上限时，要考虑泄漏电荷的能力。如考虑到某些电子产品对静电较为敏感，人体电位应在 $100V$ 以下，而且从静电起电初始电压下降至 $100V$ 的时间不得超过 $0.1s$。否则，难保敏感产品不受损害。如果假定人体的初始电压 $U_0 = 5000V$，人体对地电容 $C = 200pF$，安全电压上限 $100V$，过渡时间 $0.1s$，由公式 $U(t) = U_0 e^{-t/RC}$，可求得人体泄漏电阻为 $1.28 \times 10^8 \Omega$。这就是人体接地电阻的上限。工程上要求人体对地电阻须控制在 $1M\Omega$ 左右。可见人体带电由人体起电情况和人体放电情况受人体对地电阻和人体对地电容制约，因而人体对地电阻的控制是人体带电控制的重要手段。

# 第八节  静电的危害

对于大多数人来说，静电确实不是一种危害，只不过是一种令人讨厌的小小的电击而已，尽管人们时常能感觉到它的存在。虽然这种电击使人难受和烦恼，但却不能致命。目前为止，除了雷电（也是静电的一种形式）之外，尚无任何人被静电电击致死的记录。但是，在某些普通的条件下，静电会产生 3 种独特的危害。

（1）静电能够损坏半导体器件，大规模集成电路元器件，特别是某些类型的金属氧化物场效应晶体管（MOSFET）等，甚至在生产过程中就可使之毁坏。在金属氧化物场效应晶体管中，金属电极由极薄的氧化层彼此隔离，若加上约 $100V$ 的电压，这些氧化层就会击穿。因此，在生产、运输和使用某些金属氧化物场效应晶体管时，必须采取特殊防护措施。

（2）静电虽不直接使人致死，但却使人受惊而发生事故。突遇的静电电击会使人跳起或作出猛然的反应。这本身一般不会造成巨大的损伤，但若此刻人正处在危险的条件下，例如站在梯子上，或处在危险的、不加防护的运转着的机器包围之中，则不自觉的反应却把本来是微不足道的事情，变成严重的事故。还应注意，心脏衰弱者应避免操作静电喷涂设备，因微弱的电击都可能引起或加剧心脏病的发作。

（3）静电能使军火、火箭燃料、医院手术室器材、有机溶剂、燃料甚至于粉尘突然发生毁灭性的火灾和爆炸。曾经一次，位于卡那维尔角的德尔塔火箭发射机意外点燃，找不到其他原因，科学家最后怀疑是由静电引起的。虽然真正的肇事者可能永远不得而知，但每年都因可能是由静电引起的火灾和爆炸，而造成人员死亡和巨额财产损失；当然还有许多"起源不明"的火灾。用于清洗、印刷和其他工作的易燃液体在使用或储存时，会被静电点燃。诸如煤油和燃料油等石油产品在通过管道汲吸时，能产生并存储大量电荷。当这些带电的产品储存在油槽车中，油面上面的充满蒸气的空间会被电荷点燃。小得无法看见或感觉的静电火花或放电，对于点燃某些爆炸性的蒸气却绰绰有余。在使用易爆麻醉剂的医院手术室中，静电的危险早已被人们公认。有些动手术的患者即因这种爆炸而死亡。

易燃粉尘（如粮食粉尘、有机粉尘以及金属粉尘等）极易产生电荷。当这些粉尘沉落于绝缘表面上时，会出现明显的电荷积聚，这会引起灾难性的火花。只要一个微小的火花就可点燃易燃的粉尘。油槽车和其他橡胶轮胎的机动车，由于轮胎与公路间不断地接触与离合（特别当轮胎干燥时），会产生静电。当橡胶轮胎机动车用于运输如汽油等易燃液体时，这种潜在的火源是相当危险的。

在生产和接触军火及爆炸物的工厂中，必须采取严格的措施，以避免静电产生火花。同样，对火箭燃料也必须严加警惕，以避免意外。数年前在肯尼迪角，只是将聚乙烯薄膜从火箭上拉开，已足以引起静电放电，使火箭点燃。

有时静电并不只有危险性，但却令人厌恶。如在印刷厂或图片厂中，静电会使质量降低，而且会使纸张附着在一起，破坏正常操作。

静电的危害形式多种多样，归结起来可以从3个方面进行说明：

## 一、静电放电的危害

（一）引发火灾和爆炸事故

静电放电形成点火源并引发燃烧和爆炸事故，须同时具备下述3个条件：

（1）发生静电放电时产生放电火花。

（2）在静电放电火花间隙中有可燃气体或可燃粉尘与空气所形成的混合物，并在爆炸极限范围之内。

（3）静电放电量大于或等于爆炸性混合物的最小点火能量。

因此应尽量消除这3种可能性的发生，特别要注意在静电的3种放电形式中，火花放电最为危险。

（二）造成人体电击

在通常的生产工艺过程中会产生很小的静电量，它所引起的电击一般不至于致人死命，但可能发生手指麻木或负伤，甚至可能会因此而引起坠落、摔倒等致人伤亡的二次事故；还可能因使工作人员精神紧张引起操作事故。

（三）造成产品损害

静电放电对产品造成的危害包括工艺加工过程中的危害（如降低成品率）以及产品性能损害如降低性能或工作可靠性。

（四）造成对电子设备正常运行的工作干扰

静电放电时可产生频带从几百赫兹到几十兆赫兹、幅值高达几十毫伏的宽带电磁脉冲干扰，这种干扰可以通过多种途径耦合到电子计算机及其他电子设备的低电平数字电路中，导致电路电平发生翻转效应，出现误动作。还可造成间歇式或干扰式失效、信息丢失或功能暂时破坏等。而静电放电结束或干扰停止，仪器设备可能恢复正常，但造成的潜在损伤可能会在以后的运行中造成致命失效，且这种失效无规律可循。

## 二、静电力作用的危害

由于静电力作用，其吸引力和排斥力会妨碍生产正常进行，虽然一般情况下物体产生的静电只有每平方米几牛顿，但能对轻细物体产生足够的吸附作用，这对生产环境有较高要求的企业会构成不同程度的危害。

## 三、静电感应的危害

在静电带电体周围，其电场力线所波及的范围内使与地绝缘导体与半导体表面上产生感应电荷，其中与带电体接近的表面上带上与带电体符号相反的电荷，另一端带与带电体符号相同的电荷。由于与周围绝缘电荷无法泄漏，故其所带正负电荷由于带电体电场的作用而维持平衡状态，但总电量为零。而物体表面正负电荷完全分离的这种存在状态，使其充分具有静电带电本性。静电感应使物体带电，既可造成库仑力吸附，又可与其他邻近的物体发生静电放电，造成两类模式的各种危害。

# 第九节  静电的测量

在很多情况下，用不着试验仪器就可发现静电的存在；如听到其劈啪作响，看见其吸附布料，通过手臂上汗毛的运动也可感觉得到它的存在。据美国联邦矿业局介绍，若将手指缓慢并准确地伸到距带电物体数千分之一英寸内，甚至低至1500V的静电电压也可检测得出来。然而，如要更精确地测量到静电，常用的测量装置有静电计、辉光放电管、静电电压表或电子管电压表。

## 一、金箔静电计

金箔静电计（图5-14）是检测静电的一种最简单的仪器。简单地说，它是由固定于金属杆上的薄金箔构成。金属杆装在一个容器上，并用琥珀球塞子将其与容器绝缘。杆的另一端伸出容器，是一个金属圆球，用以接触带电表面。当圆球接触到带电表面后，因金箔与杆上有同性电动，由于同性相斥，金箔会在经校定的标尺上移动。标尺的读数大致正比于相对电位，并可通过容器上的窗口读出。

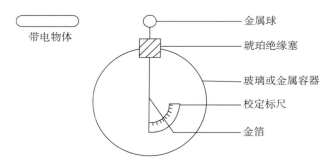

图 5 – 14 金箔静电计

## 二、辉光放电管

辉光放电管一般被用来检查汽车火花塞，有时也用来检测静电的存在。但它不能指明积蓄的数量。

## 三、静电电压表或静电计

该仪器的工作原理，就是测量载有电荷的固定及可动翼片之间的运动。若仪器的一部分或其探测棒离被测表面的距离很小时，表面的电荷就会使弹簧加压的可动翼片偏移。这样通过固定于此翼片上的指针就能指示出电荷量。

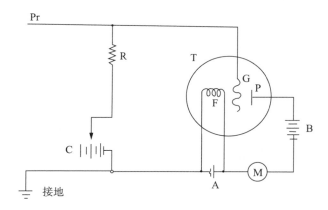

图 5 – 15 电子管静电计

T—电子管；P—阳极；F—灯丝；G—栅极；M—电表；

Pr—探测棒；R—栅漏电阻；A、B、C—电池

电子管静电计(图 5 – 15)使用一只简单的电子管。此管用加热的灯丝作为电子源，还装有一个加上大量正电荷的阳极。栅极置于灯丝和阳极之间。加在栅极上的静电电荷将会改变从灯丝流向阳极的电流。若栅极上加正电荷，则电流增加；若加负电荷则电流减小。在阳极电路中的电表就指示出电流的变化。为测量精确，必须保证：

图 5 - 16 防爆型静电电压表

(1)操作者不能使自身带电。人体上的电荷会使仪器读数发生误差。

(2)在同样的条件下进行全部测量。

(3)对照附近的接地设备来检查读数。

静电表。如图 5 - 16 所示的静电表为可测量范围 ±30V ~ ±80kV 的安全防爆型静电电压表，其测量原理是传感器采用电容感应探头，利用电容分压原理，经过高输入阻抗放大器和 A/D 转换器等，由液晶显示出被测物体的静电电压。

# 第十节 静电的控制和预防

如前面所述，在很多情况下，静电的产生是不可避免的。但产生静电并非危害所在，危险在于静电积蓄，以及由此产生的静电电荷的放电。

控制静电的方法就是在发生火花之前，为彼此分离的电荷提供一条通路，使之毫无危害地中和。为此，常用的方法有：静电的泄漏和耗散、静电中和、静电屏蔽与接地、增加湿度等。

通常各种措施主要围绕下列几点：

(1)尽量减少静电荷的产生。

(2)对已产生的静电荷尽快予以消除，包括加速其泄漏、中和及降低它的强度。

(3)最大限度的减少静电危害。

(4)严格静电防护管理，以保证各项措施的有效执行。

## 一、控制静电场合的危险程度

在静电放电时，它的周围有可燃物存在才是酿成静电火灾和爆炸事故的最基本条件。因此控制或排除放电场合的可燃物，成为防静电危害的重要措施。

### (一)用非可燃物取代易燃介质

在石油化工许多行业的生产工艺过程中，都要大量的使用有机溶剂和易燃液体(如煤油、汽油和甲苯等)，而这些闪点很低的液体很容易在常温常压下形成爆炸混合物，容易形成火灾或爆炸事故。如果在清洗设备和在精密加工去油过程中，用非燃烧性洗涤剂取代上述液体就会大大减少静电危害的可能性。非可燃洗涤剂如苛性钾、磷酸三钠、碳酸钠、水玻璃、水溶液等。

### (二)降低爆炸性混合物在空气中的浓度

当可燃液体的蒸气与空气混合，达到爆炸极限浓度范围时，如遇火源就会发生火灾和爆炸事故。因为爆炸温度存在上限和下限，在此范围内，同时可燃物产生的蒸气与空气混合的浓度也在爆炸极限的范围内，所以可以利用控制爆炸温度来限定可燃物的爆炸浓度。

（三）减少氧含量或采取强制通风措施

限制或减少空气中的氧含量，可使可燃物达不到爆炸极限浓度。可使用惰性气体减少空气中的氧含量，通常含氧量不超过 8% 时就不会使可燃物引起燃烧和爆炸。一旦可燃物接近爆炸浓度，可采用强制通风的办法，使可燃物被抽走，空气得到补充，则不会引起事故。

## 二、减少静电荷的产生

静电事故的基础条件是静电荷大量产生，所以可人为控制和减少其产生，便可认为不存在点火源。

（一）正确选择材料

（1）在工艺和生产过程中，可选择固体材料电阻率在 $10^9\Omega \cdot m$ 以下的物体材料，以减少摩擦起电。如尽量采用金属或导电塑料以避免静电荷的产生和积累。

（2）按带电序列选用不同材料：因为不同物体之间相互摩擦，物体上所带电荷的极性与它在带电序列中的位置有关，一般在带电序列前面的相互摩擦后是带正电，而后面的则带负电。根据这个特性，使工艺过程选择两种不同材料，与前者摩擦带正电，而与后者摩擦带负电，从而使物料上形成的静电荷互相抵消，从而消除静电。

（3）选用吸湿性材料：根据生产工艺要求必须选用绝缘材料时，可以选用吸湿性塑料，会将塑料上的净电荷沿面泄掉。

（二）工艺的改进

改进工艺中的操作方法和程序也可减少静电的产生，如在搅拌过程中适当安排加料顺序，便可降低静电的危险性。危险化学品在管道中流动所产生的静电量，与流速的二次方成正比。降低流速便降低了摩擦程度，可减少静电的产生。主要控制措施有：限制物料输送速度，管径越大，速度要放慢；灌装液体物料时，从底部进入或将注入管伸入容器底部；必须按照操作规程控制反应釜内易燃液体的搅拌速度；在灌装过程中，禁止用检尺、取样、测温等现场操作，应静置一段时间后方可进行操作；设备和管道应选用适当的材料，尽量使用金属材料，少用或不用塑料管；采用惰性气体保护等。

（三）降低摩擦速度和流速

（1）降低摩擦速度：增加物体之间的摩擦速度，可使物体产生更多静电量，反之，降低摩擦速度，可使静电大大减少。

（2）降低流速：在油品营运过程中，包括装车、装罐和管道运输等，由于油品的静电起电与液体流速的 1.75～2 次幂成正比，故一旦增大流速就会形成静电火灾和爆炸事故，因此必须限制燃油在管道内的流动速度。推荐流速可按下式计算：

$$v^2 D \leqslant 0.64$$

式中　$v$——允许流速；

　　　　$D$——油管内径。

（四）减少特殊操作中的静电

1. 控制注油和调油方式

在顶部注油时，由于油品在空气中喷射和飞溅，将在空气中形成电荷云，经过喷射后的液滴将带有大量的气泡、杂质和水分注入油中，发生搅拌、沉浮和流动带电，这样在油品中会产生大量的静电并累积成引火源。例如，在进行顶部装油时如果空气呈小泡混入油品，开始流动的一瞬与油品在管道内流动相比，起电效应约增大 100 倍。所以，调合方式以采用泵循环、机械搅拌和管道调合为宜，注油方式以底部进油为宜。

2. 采用密封装车

由于一是顶部飞溅式装车，由于液滴分离，油滴中易含大量气泡以及油流落差大，油面产生的静电多；二是大量的油气外逸，易于产生爆炸性混合物而不安全。

密封装车是将金属鹤管（保持良好的导电性）伸到车底，选择较好的分装配头，使油流平稳上升，从而减少摩擦和油流在管内翻腾。同时可避免油品的蒸发和损耗。

## 三、减少静电荷的积累

（一）静电接地

1. 接地是消除静电灾害最简单、最常用的方法。其类型包括下述 3 种：

（1）直接接地，即将金属导体与大地进行导电性连接，从而使金属导体的电位接近于大地电位的一种接地类型。

（2）间接接地，即为了使金属导体外部的静电导体和静电压导体进行静电接地，将其表面的全部或局部与接地的金属导体紧密相接，将此金属作为接地电极的一种接地类型。

（3）跨接接地，即通过机械和化学方法把金属物体间进行结构固定，从而使两个或两个以上互相绝缘的金属导体进行导电性连接，以建立一个供电流流动的低阻抗通路，然后再接地的一种接地类型。

2. 通常接地对象有下列几种

（1）凡用来加工、储存、运输各种易燃液体、可燃气体和可燃粉尘的设备和管道，如油罐、储气罐、油品运输管道装置、过滤器、吸附器等均须接地。

（2）注油漏斗、浮顶油罐罐顶、工作站台、磅秤、金属检尺等辅助设备均应接地。大于 $50m^3$，直径 2.5m 以上的立式罐，应在罐体对应两点处接地，接地点沿外围的距离应不大于 30m，接地点不要装在进液口附近。

（3）工厂和车间的氧气、乙炔等管道必须连接成一个整体，并予以接地，其他的有产生静电可能的管道设备，如油料储运设备、空气压缩机、通风装置和空气管道，特别是局部排风的空气管道，都必须连接成整体，并予以接地。

（4）移动设备，如汽车槽车、火车罐车、油轮、手推车，以及移动式容器的停留、停泊处，要在安全场所装设专用的接地接头如颚式夹钳或螺栓紧固，使移动设备良好接地，防止移动设备上积聚电荷。当槽车、罐车到位后，停机刹车、关闭电路，再打开罐盖前先行接地，同时对鹤管等活动部件也应分别单独接地。注油完毕先拆掉油管，经一定时间（一般为 3~5min 以上）的静置，才能把接地线拆除。汽车槽车上应装设专用的接地软铜线（或导电橡胶拖地带），牢固连接在槽车上并垂挂于地面，以便导走汽车行驶时产生静电。

（5）金属采样器、检尺器、测温器应经导电性绳索接地。为避免快速放电，取样绳索两端之间的电阻应为 $10^7 \sim 10^9 \Omega$。

（6）静电接地极电阻要求不大于 $100\Omega$，管线法兰联接的接触电阻不大于 $10\Omega$。

（二）增湿

随着湿度的增加，绝缘体表面上结成薄薄的水膜，使其表面电阻大为降低，从而加速静电的泄漏。在产生静电的生产场所，可安装空调设备、喷雾器或挂湿布片，以提高空气的湿度，降低或消除静电的危险。从消除静电危害的角度考虑，在允许增湿的生产场所，保持相对湿度在 70% 以上较为适宜。

此外，增湿还能提高爆炸性混合物的最小引燃能量，这也有利于安全。

（三）抗静电剂

抗静电添加剂是一种表面活性剂。在绝缘材料中掺杂少量的抗静电添加剂就会增大该种

材料的导电性和亲水性，使导电性增强，绝缘性能受到破坏，体表电阻率下降，促进绝缘材料上的静电荷被导走。

（1）在非导体材料、器具的表面通过喷、涂、镀、敷、印、贴等方式附加上一层物质以增加表面电导率，加速电荷的泄漏与释放。

（2）在塑料、橡胶、防腐涂料等非导电材料中掺加金属粉末、导电纤维、炭黑粉等物质，以增加其带电性。

（3）在布匹、地毯等织物中，混入导电性合成纤维或金属丝，以改善织物的抗静电性能。

（4）在易于产生静电的液体（如汽油、航空煤油等）中加入化学药品作为抗静电添加剂，以改善液体材料的导电率。

（四）采用使周围介质电离的静电消除器

静电消除器又称为静电消电器和静电中和器。它是将气体分子进行电离，从而产生消除静电所必要的离子的装置。它是防止绝缘体带电的有效设备。当带电物体的附近安装静电消除器时，静电消除器产生的与带电物体极性相反的离子便向带电物体移动，并与带电物体的电荷进行中和，从而达到消除静电的目的。

静电消除器按工作原理不同，可分为感应式静电消除器、附加高压的静电消除器、脉冲直流型静电消除器和同位素静电消除器。

1. 感应式静电消除器

它是利用带电体的电荷与被感应放电针之间发生电晕放电使空气被电离的方法来中和静电。

2. 附加高压静电消除器

为达到快速消除静电的效果，可在放电针上加交、直流高压，使放电针与接地体之间形成强电场，这样就加强了电晕放电，增强了空气电离，达到中和静电的效果。

3. 脉冲直流静电消除器

脉冲直流静电消除器是一种新型、高效的静电中和装置，特别适合电子和洁净厂房。由于正、负离子的多少和比例可调节，更适合无静电机房的需求。该消除器的特点是，有正负两套可控的直流高压电源，它们以 4～6s 的周期轮流交替的接通、关断，从而交替的产生正负离子。

4. 同位素静电消除器

它主要是利用同位素射线使周围空气电离成正、负离子，中和积累在生产物料上的静电荷。如 α 射线效果极佳。

5. 人体静电的防护措施

人体静电的消除，可利用接地，穿防静电鞋、防静电工作服等具体措施，减少静电在人体上的积累，在危险场所及静电产生严重的地点工作时，应穿防静电鞋，其电阻必须在 $0.5 \times 10^5 \sim 1 \times 10^8 \Omega$ 范围内，还应穿防静电工作服、手套和帽子。

在人体必须接地的场所，应设金属接地棒，赤手接触接地棒即可导出人体静电。

产生静电的场所的工作地面应是导电性的，地面材料应采用导电率为 $10^{-6}$s/m 以上的，如导电性水磨石、导电性橡胶等。

此外用洒水的方法，使混凝土地面、嵌木胶合板湿润，使橡胶、树脂及石板的粘合面形成水膜，增加其导电性。每日最少洒一次水，当相对湿度在 30% 以下时，应每隔几小时洒一次。

为确保安全操作，在工作中，尽量不做与人体带电有关的事情。如不接近或接触带电体，在工作场所不穿、脱工作服。在有静电的危险场所操作、巡检不得携带与工作无关的金属物品，如钥匙、硬币、手表、戒指等。

（五）抑制静电放电和控制放电量

1. 抑制静电放电

静电火灾和爆炸危害是由于静电放电造成的。因此，只有产生静电放电，而放电能量等于或大于可燃物的最小点火能量时，才能引发出静电火灾。如没有放电现象，即使环境存在的静电电位再高、能量再大也不会形成静电危害。

而产生静电放电的条件是，带电物体与接地导体或其他不接地体之间的电场强度，达到或超过空间的击穿场强时，就会发生放电。对空气而言其被击穿的均匀场强是 33kV/cm。非均匀场强可降至均匀电场的 1/3。于是我们可使用静电场强或静电电位计，监视周围空间静电荷积累情况，以预防静电事故发生。

2. 控制放电量

综上所述，如发生静电火灾或爆炸事故，其一是存在放电，其二使放电能量必须大于或等于可燃物的最小点火能量。因此也可采用控制放电量的方法来避免产生静电事故。

# 第十一节　石化工业特殊场合静电灾害的控制和防护

## 一、油罐区静电产生的原因及防范措施

我国石油工业近年来发展得较快，伴随而来的静电事故也屡屡发生。值得注意的是，静电往往在罐区里发生，一般易引发油罐爆炸事故。这些事故的发生主要原因是缺乏对石油静电知识的基本了解，以致对操作和管理不够科学。油罐区的静电主要存在于输油管线、过滤器储罐及活动的人体中。

（一）输油管线及其静电

由液体起电机理可知油品在泵及管道中将因摩擦而带静电。

### 1. 油品在泵及管道内产生静电情况

为了弄清在泵及管道内产生静电所占比例的情况，有人用 JP - 4 燃料油做过试验。当泵送通过 60ft(18.29m) 长的管线，流速为 15ft/s(4.57m/s)，泵内产生的冲流电流为 $600 \times 10^{-10}$A，管道中的冲流电流为 $585 \times 10^{-10}$A，两者很接近。还有资料提出在离心泵与鹤管内，当油品流速大于 17.5ft/s(5.33m/s)，其电荷效应相同，试验结果见表 5 - 3。

表 5 - 3　泵与管线静电起电对照

| 流速/(m³/min) | 泵内静电/μA | 管线内静电/μA |
|---|---|---|
| 100 | 0.023 | 0.028 |
| 200 | 0.030 | 0.068 |
| 300 | 0.085 | 0.100 |
| 370 | 0.09 | 0.220 |

### 2. 管线冲流电流的计算

由于精确计算既复杂又无必要，贝斯太(Bustin)等人根据航空煤油 JP - 4 在内径 1/4ft(7.62mm) 的光滑管线(不锈钢管)中作了 40 多次试验归纳出一个半理论半经验的公式。

$$i_L = (2.15u^{1.75} + i_0)(1 - e^{-L/3.4u}) \qquad (5-1)$$

式中　$i_L$——管线中冲流电流，$10^{-10}$A；

$i_0$——流入管线的初始电流，$10^{-10}$A；

$u$——流速，ft/s；

$L$——管线长度，ft。

### (二)过滤器及其静电

由于某些油品质量要求较高需要经过多道过滤。而过滤器是比泵、管线更大的静电源。

### 1. 过滤器对起电的影响

如果在管线内设置一台过滤器，油品中的静电荷就会大大增加。许多测量表明，精密过滤器产生的静电比同一系统中没有过滤器的情况多 10 ~ 200 倍(在过滤器的出口处)。

可将过滤器的滤芯看作是千千万万个浸在油中的平行小管线，它依照管线输油起电原理而起电。关于管线上安装过滤器对起电的影响曾做过较多测试，这里举出一组对装车油面电位影响的数据，见表 5 - 4。

表5-4　过滤器对铁路槽车油面电位影响

| 油品 | 流速/（m/s） | 有否过滤器 | 槽车油面电位/V | 日期 |
|---|---|---|---|---|
| 66号汽油 | 4.67 | 没有 | 2400 | 1972.11.20 |
| 66号汽油 | 5.20 | 有 | 9300 | 1972.11.20 |
| 航　煤 | 4.46 | 没有 | 8500 | 1973.6.1 |
| 航　煤 | 4.33 | 有 | 11000 | 1973.6.1 |

过滤器的滤芯使用的材料不同，所产生的电位也不同，表5-5是某油料研究室于1975年4月在某机场试验不同材质的滤芯产生静电的情况。测量点位于过滤器前后及油车的油面中心点电位。

表5-5　不同材质滤芯对起电影响

| 滤芯类别 | 测量点的最高电位/V | | | |
|---|---|---|---|---|
| | 过滤器前 | 过滤器后 | 油面电位 | 备　注 |
| 四对毡绸滤芯 | | | 22500 | 一级过滤器 |
| 四对纸质滤芯 | 350 | 8100 | 18000 | 同上 |
| 七对纸质滤芯 | 140 | 15000 | 28000 | 同上 |
| 四对玻璃棉滤芯 | 130 | 10000 | 24000 | 二级过滤器 |

为了弄清泵、管线和过滤器各部起电情况，有人作了综合运转试验，系统由油罐、泵、过滤器、油罐及连接管线组成，用绝缘法兰命使4个待测静电电流部分互相绝缘，通过接地的微安表测量出各部分的静电电流，其结果列于表5-6。4个待测静电电流部分为：（1）代表油罐至泵的管线；（2）代表泵及泵出口管线；（3）代表过滤器；（4）代表过滤器至油罐管线。试验中使用的过滤器滤芯材料为玻璃纤维。

表5-6　不同部位起电比较

| 流量/（m³/min） | 各部位电流值/μA | | | |
|---|---|---|---|---|
| | （1） | （2） | （3） | （4） |
| 0.4546 | 0.023 | 0.028 | 1.35 | 0.17 |
| 0.9092 | 0.030 | 0.068 | 2.45 | 0.37 |
| 1.3638 | 0.085 | 0.100 | 4.00 | 0.80 |
| 1.6820 | 0.090 | 0.220 | 5.40 | 1.75 |

上述各项试验表明，过滤器是一个静电发生源。起电的大小与过滤器结构形式、滤芯的材质有关。

2. 过滤器的形式

过滤器种类很多，大致分精密过滤器和粗过滤器两种。精密过滤器又可分高度精密和一般精密。

粗过滤器的结构形式有两种。一种为固定筒式过滤器，其过滤面积为相应管线截面的 3 倍，滤网孔眼用 $\phi 1.4$ 钢丝编织成 $4mm \times 4mm$ 的方格网。另一种为锥台形可拆卸式，其过滤面积也是 3 倍，滤网用 $\phi 0.8$ 钢丝编织，网孔为 $1.5mm \times 1.5mm \sim 2mm \times 2mm$ 的方格。这种粗过滤器一般装设在泵的进出口，仅用作滤出较大的机械杂质。

粗过滤器产生的静电虽然比精密过滤器要小得多，但也不能忽视。例如某油库用 100mm 直径的管线向 $4m^3$ 汽油槽车装油，测得槽车油面电位是 4kV。若在管线上加一铜过滤网的过滤器，油面电位就上升到 7kV。

精密油品过滤器用于保证航空煤油、航空汽油及专用柴油、芳烃等类产品的高质量，在装车、装船时，可以滤除油品中夹带的微小机械杂质、锈污和水分。

精密油品过滤器产生的静电较多，危害较大，决不能忽视。

3. 关于研制新型过滤器问题

过滤器构造在逐步改进，其内部滤芯材料也在不断地革新。在设计新型过滤时，不能只考虑工艺流程，构造简单及取材方便等，而忽视严重的静电问题。过滤器的发展也像其他设备一样有一个改进的过程。在压力低，流量小的工艺条件下，静电起电问题可以不作重点考虑，而在今天工艺要求高压力、大流量时，静电起电的问题则上升为主要矛盾。

在设计新型过滤器时，应把起电性能作为研制新型过滤器的鉴定指标之一。从防静电的角度出发，我们提出以下一些设想：

（1）已知不同物质其带电序有所不同，有可能某种材料与油品接触时油品带正电，而另一种材料与油品接触时油品带负电。这样，可以把这两种材料做成两层滤芯磁在一起使用，让油品带上正、负电荷自行中各以达到消电效果。

（2）设计一个过滤器与消静电器的结合体，可叫做过滤消电器。

（3）在过滤器内，滤芯的后部设置一个缓和室，构成一个过滤器缓和器联合体。要求有一定的缓和时间。

（4）在以往使用中，发现滤芯使用时间长了起电量可能啬且会改变极性。这说明有一个流量的极限问题，我们尚需做试验对某种材料规定个极限量值。至于极性改变，据分析可能是离子杂质积累的结果。

（5）对过滤器安装位置要进行研究，要求在过滤器后面留有足够长的管线再注入容器。但这与减少污染有矛盾，在设计中要综合考虑。

（三）储油罐中的静电

炼油厂炼制出的成品油，首先要通过泵、管线送往各种储罐。然后再通过装油栈台或码头装车或装船送到用户手中。油品在管线输送过程中，虽然有静电荷产生，但由于管线内充满油品而没有足够的空气，不具备爆炸着火的条件。如果把已带有电荷的油品装入储罐，则因电荷不能迅速泄掉便积聚起来，使油面具有一个较高的电位。此时若油面上部空间有浓度适宜的爆炸混合气体，那么就十分危险。所以可以认为静电荷主要来源于管线输送系统，积聚和火灾危险则主要在可形成爆炸性混合气体的储罐或槽车中。

1. 储罐的形式

储罐的形式较多，按用途可分为收油罐、发油罐、中间罐和储油罐等。

接材质和形状分有：

（1）金属油罐，包括

立式锥顶桁架油罐、无立矩悬链曲线顶油罐、立式圆柱形拱顶油罐、立式圆柱形浮顶油罐、立式圆柱形内浮顶油罐、球形油罐、卧式油罐、地下轻油罐。

（2）非金属油罐，包括装配式钢筋混凝土油罐、浇注式钢筋混凝土油罐。

若从防静电观点分析，可把油罐归纳为 3 大类：

（1）锥顶桁架式油罐；

（2）无立矩悬链式曲线顶油罐；

（3）浮顶罐。

立式圆柱形拱顶油罐与锥顶桁架式油罐由于罐内电位分布有相同之处故归一类。但两者还有不同之处，那就是桁架式在罐顶安装有与大地连接着的金属桁架结构，而形成突出的接地体。

无力矩悬链曲线顶油罐为单独一类，其特点是罐顶由中心支柱支撑。支柱用钢管制作，顶天立地安装，是一个中心接地体。因此，油罐中的最高电位不在油罐中心，而是在中心与罐壁 1/2 处的圆线上。

另一种是球形罐、浮顶罐，都属于密度型储罐，基本上不存在静电火灾危险。对于浮顶罐仅在顶盖未浮起之前限制流速。

2. 油罐内静电荷的产生

油罐内静电荷大部分产生于进罐前的输送系统。其余部分则是在装罐时新产生的。油品在装罐时产生静电的原因与防止办法分述如下：

（1）静电荷的产生与装油方式的关系

装油方式大体分为：底部装油又称潜流装油；上部装油又称喷溅装油。前者是合理的，后者容易产生静电。因为当油品从鹤管内高速喷出时，将因发生液体分离而产生电荷；当油品冲击到罐壁造成喷溅飞沫而产生静电。对同一种油品，电荷产生的多少与装油鹤管直径、油品流速、管端距油面高度以及管口形式等有关。

上部装油除因喷溅产生静电荷外还会促进产和油雾，有时会使油气、空气混合物容易达到爆炸浓度范围。此外，顶部装油还会使油面局部电荷较为集中，容易发生放电。

底部进油也有可能产生新电荷。当罐底有沉降水，底部进油方式会搅起沉降水从而产生很高的静电电位。

用蒸汽清洗油罐也能产生很高的静电电位，有很多事故被认为是清洗操作造成的。这种静电的起因是由于油和水混合所致。

油罐在装油过程中，油面电位的最大值有时发生在停止装油之后。从注油结束的时刻到最大电位出现的时刻，称为延迟时间。油罐进油到罐容的 90% 时停止作业后实测的电位变化曲线。延迟时间是 6s、78s 之后电位才显著下降。

为了安全，当需要直接测量液位或油温时，应该躲过罐内静电荷的泄漏时间。这个时间被各国规定为安全标准，而各国标准也不尽相同。如有的国家规定按装油深度确定安全测量时间为 1h/m。若装油 10m 深则需在注油停止后 10h 才能进行直接测量。又有的国家规定不管罐的容积大小，必须在注清停止两小时后才可以进行直接测量。日本的《静电安全指南》中是按油罐的容积和油品电导率确定静止时间。该表之所以规定较长的时间是考虑油中杂质微粒及水分沉降可能发生的静电起电，见表 5-7。

表 5-7　油品静置时间表　　　　　　　　　　min

| 带电液体电导率/ | 带电体容积/$m^3$ | | | |
|---|---|---|---|---|
| $(\Omega/m)$ | < 10 | 10 ~ < 50 | 50 ~ < 500 | ≥500 |
| $10^{-8}$ 以上 | — | — | — | — |
| $10^{-12} \sim 10^{-8}$ | 2 | 3 | 10 | 3 |
| $10^{-14} \sim 10^{-12}$ | 4 | 5 | 60 | 120 |
| $10^{-14}$ 以下 | 10 | 15 | 120 | 200 |

（2）不同油品相混引起的静电危险

国内处都有不少因油品相混而发生重大事故的事例。油品相混一般出现在调合、切换两条管线同时向油罐注送不同油品的时候。

例如某厂用管线向一油罐输送航煤，同时又开放另一管线送油，后者管线内残存有碱渣也被送入罐中。虽然输送流速仅 2m/s 多，但却因静电造成爆炸事故，损失 50 万元。

另一类危险的混油现象是向底部有汽油或其他轻油的容器注送重油。由此引起的事故在油库及炼厂都有发生。发生这类事故的原因除去混油可能增加带电能力外，还因为柴油、灯油、商用航空透平燃料油、燃料油及安全溶剂等都属于低蒸气压油品，其闪点都在 38℃ 以上。在正常情况下，它们是在低于其闪点温度下输送，不会有火灾危险。但是如果将这种油品注入装有低闪点油品的容器内，重质油就会吸收轻质油的蒸气而减少了容器的压力，空气则会乘虚而入，使得未充满液体的空间由原来充满轻质油气体（即超过爆炸上限）转变成合乎爆炸浓度的油气空气混合物。若此时出现火源即可引爆。调合油品是生产需要的一项工作，但必须符合安全要求以及采取相应措施。

3. 油罐的安全操作

为了防止静电危险的发生，油罐的安装与操作应采取以下措施：

（1）应尽量避免上部喷溅装油。否则要有相应的安全措施。

（2）加大伸入油中的注油管品径，以使流速减慢，在条件允许的情况下可设置缓和器。进入油罐的管口要向上呈 30°锐角。

（3）伸入油罐中的注油管要尽可能地接近底部，并水平放置，以减少底部水和沉淀物的搅拌。

（4）尽可能把油罐底部的水除净。

（5）不许使用喷气搅拌器，不许用空气或气体进行搅拌。

（6）油罐注油时罐顶应避免上人。

（7）注油前清除罐底，不许有不接地的浮游导体和其他杂物。

（8）检测和取样等必须在测量井内进行，若未装设专用的测量井，则上述工作必须在油品充分静置以后进行。

（9）检测用卷尺上需装端子或专用夹，并与接地线联接后使用。

（10）浮顶罐在浮顶未完全浮起前其注油速度不应超过 1m/s。

（11）当油品注入油罐前通过过滤器时应限制注油管流速在 1m/s 以下。最好能使管线长度保证油品有 30s 以上的缓和时间。

（四）人体活动的静电

1. 人体带电的原因和危害

人在活动过程中，由于衣服与外界介质的按触分离；鞋底与绝缘地面的接触分离，以及其他原因会使衣服、鞋等带电。人的身体对于静电是良好的导体，衣服等局部所带电荷通过静电感应会使人体带上一定的电位，形成人体周身带电。以后随着衣物局部电荷逐渐流散到全身表面，达到静电平衡。

人在走路时，因鞋底和地面不断地紧密接触、分开就发生接触起电。冬天脱毛服时有静电，这是因为身穿的衣服之间经长时间的充分接触和摩擦而起电。由于相接触的两件衣服所带的电荷是相反的极性，所以未脱衣之前，人体不显静电，脱去外面的一件后，应显示出了静电。当将尼龙纤维的衣服从毛服从毛衣外面脱下时，人体可以带 10kV 以上的负高压静电。人手拿着东西时，也可以使人体带电。人的皮肤在干燥的条件下也能和外界的介质表面接触起电。

总之，上述的各种人体活动的起电过程，基本上属于不同固态介质之间的接触起电过程。

人体也可能受静电感应而起电。例如，甲不带电，但带电的乙从甲的背后走过时，甲的背上就感应出与乙异号的电荷，而甲的手上感应有与乙同号的静电。

另外，人们在有带电微粒的空间活动后，由于带电微粒吸附在人体上，也会使空气有大量运动缓慢的正离子，人在这类空间活动后，身体就会带电。

人体活动起电主要是由于上面 3 种原因。人体带电现象在生产、生活中常常能见到。人体静电对于操作易燃易爆的物质是一个危险源。如人体对地电容 $C_人 = 200pF$，人体电位 $V_人 = 2000V$，则人体所带静电量为 $W_人 = \frac{1}{2} C_人 V_人 =$ 0.4mJ。这已经比石油蒸汽混合物的引火极限 0.2mJ 高出了 1 倍。像这样带电的人，当触及接地导体或电容较大的导体时，就可把所带电能以放电火花的形式释放出来。这种放电火花对于易燃物质的安全操作是一个威胁。

2. 人体起电的极性

人身的衣装与外界接触后分开，其起电符号是由接触双方在静电系列中的相应位置来决定的。表 5-8 是有关材料的静电系列。

表 5-8　有关材料的静电系列

| + | 玻璃 | 头发 | 尼龙 | ▶羊毛 |
|---|---|---|---|---|
| ◀ 丝绸 | 棉布 | 纸纤维 | 黑橡胶 | ▶涤纶 |
| ◀ 维尼纶 | 聚乙烯 | 聚氯乙烯 | 聚四氯乙烯 | − |

例如，毛绒衣与棉布接触也就是羊毛与棉布接触时，棉布在表列中是在羊毛的后面应当是带负电，而羊毛带正电。

静电系列实际上是固体材料功函数的系列。功函数差别大的两种材料接触后分离，如果其他条件相同，起电量也大。

3. 起电速率和人体对地电阻

导体在泄电条件一定时，其饱和带电随起电速率的增大而增加。人体带电也是这样，不同的人，在同样的绝缘地面上，对地电阻 $R_人$ 和 $R$ 的放电量为 $\dfrac{V}{R}$ $\mathrm{d}t = \dfrac{Q}{RC}\mathrm{d}t$。因此，在 $\mathrm{d}t$ 时间内，人体电荷增加量 $\mathrm{d}Q$ 为

$$\mathrm{d}Q = i_0\mathrm{d}t - \frac{Q}{RC}\mathrm{d}t$$

以 $t = 0$ 时，人体带电量 $Q(0) = 0$ 的条件，解方程得

$$Q = i_0 RC(1 - e^{-\frac{t}{RC}})$$

$$V = i_0 R(1 - e^{-\frac{t}{RC}})$$

人体对空气及地放电电流 $i = \dfrac{V}{R}$，所以

$$i = i_0(1 - e^{-\frac{t}{RC}})$$

从公式中可以看出，为对地电阻大，因而对地放电时间常数 $\tau_人$ 也大的情况下，人体饱和带电量和带电电压也都大。例如地面干燥时，人对地电阻 $R_人$ 值比面潮湿时大。对地电容 $R_人$ 如果大体相同，那么它们的放电常数 $\tau_人 = R_人$ $C_人$ 也大体一样。在这种条件下，身体所带电位 $V_人$ 将取决于在活动过程中的起电速率，起电速率越高，人体所带电位也越高，反之相反。

4. 衣装电阻对人体带电的影响

经验告诉我们，在现有工业生产速率下，常常是电阻率高的介质起电量大，可能引起的静电危害也大。衣装电阻率对人体活动带电的影响也类似。所以工作服介质电阻率也是常常选作静电安全的指标之一。

对于衡量衣装材料而言，主要是使用表面电阻率，其单位是 $\Omega$。在相对湿度为 30% 的条件下，棉布的表面电阻率为 $10^{12}\Omega$，的确良为 $10^{13}\Omega$，尼龙为 $8 \times 10^{15}\Omega$。由于它们的电阻率不同，在同样过程中，其起电量差别较大。但当相对湿度低于 30% 时，棉工作服的表面电阻会升得较高，其带电数值可与合成纤维服相近。

5. 介质的局部集中带电

在生产过程中，由于人们的活动，有可能使一部分高绝缘介质的局部表面集中带上高强度静电。

为了消除这种集中带电现象，必须设法降低有关介质表面电阻率，涂敷适当的抗静电剂或保持足够的相对湿度等都可用做消静电措施。

6. 人体电容的影响

在人体立正站立时，人体对地电容 $C_人$ 有 60% 是人的脚底对地面的电容，40% 以下是人身其他部分电容。人体的姿势不同，对地总电容也发生变化。因此，当人体带电以后，如果泄漏很慢(也即电量 $Q_人$ 不变)，由于 $Q_人 = C_人 V_人$，则人体的电位 $V_人$ 将随 $C_人$ 变小而增大。有人曾做过这样的试验：在温度 25℃，相对湿度 59% 时，穿塑料鞋慢步走 15min 后测试电压，单脚站立人体电压为 -1060V，双脚站立人体电压 -690V。当慢步走 20m 时测得人体电压单脚站立 -1500V，双脚站立为 -900V。当快速走 40m 时，测得人体电压单脚站立为 -2500V，双脚站立为 -1500V。由此可见当单脚站立时，人体所带的静电能量显著加大。这结果也表明，在危险环境中，动作稳健，对防静电来讲也是必要的。

(五)油罐区静电的控制与消除

为了防止罐区因静电而引发的火灾与爆炸事故，减少人员伤亡和财产损失，必须对静电进行控制或消除。

1. 静电的控制

带有静电的带电体上的静电荷总是要泄放掉的。电荷的泄放有两个途径：一是自然逸散，二是不同形式的放电。静电放电是电能转换成热能的过程并能将可燃物引燃，成为引起着火或爆炸的火源。

被积聚的静电荷必须同时具备以下几个条件才能构成危害：

(1)积聚起来的电荷所形成的静电场，具有足够大的电场强度；

(2)这个电场强度能形成静电放电；

(3)放电达到能够点燃的能量；

(4)放电必须在爆炸混合物的爆炸浓度范围内发生。

要避免灾害发生，只要消除其中的任意一个或几个条件就可以了。

2. 防止静电灾害的条件

(1)防止减少静电的产生；

(2)设法导走或中和产生的电荷，使它不能积聚；

(3)防止高电场产生的，有足够能量的静电放电；

(4)防止爆炸性混合气体的形成。

已经明确油品内杂质是其起电的重要因素，然而使油品达到高精度是困难的也是不经济的。因此，对于防止油品静电灾害来说，不是完全消除静电电荷的产生而是控制各项指标。诸如：产生的电荷量或电荷密度；积聚电荷产生的电位或场强的大小；放电的形式与能量；爆炸混合气体的浓度等。控制它们不致达到危险的程度，从而不致发生灾害。

3. 控制流速

已知油品在管道中流动所产生的流运电流或电荷密度的饱和值与油品流速的二次方成正比。可见控制流速是减少静电荷产生的一个有效办法。然而这种方法与目前石油工业发展的高速装运有矛盾。一些国家和单位进行研究的结果，是对最大流速加以限制。

西德 P·T·B 进行的实验归结为如下安全流速的公式：

$$u = 0.8\sqrt{\frac{1}{d}} \tag{5-2}$$

式中　$u$——平均流速，m/s；

　　　$d$——管道直径，m。

由于静电的危险程度受许多因素影响，因此表 5-9 内数值不是绝对的。如果有长期运行经验证明，也可以提高速度。但是，在此同时要注意防止因高速形成喷雾的状态。此外，对乙醚输送，在管径不大于 12mm 以及对二硫化碳输送管径不大于 24mm 时，二者的流速均不宜超过 1~1.5m/s。如管径增加，则流速要降低。其他如脂类、酮类和醇类等液体流速允许达到 10m/s。

表 5-9　不同管径允许最大流速

| 管径/mm | 最大流速/(m/s) |
|---|---|
| 10 | 8 |
| 25 | 4.9 |
| 50 | 3.5 |
| 100 | 2.5 |
| 200 | 1.8 |
| 400 | 1.3 |
| 600 | 1.0 |

1977 年第三次国际静电会议西德的一篇文献提出了可用如下方程式来预测油罐在顶部灌注时注入速度的安全范围。

$$Vd = 0.25K_r^{1/2} \cdot L^{1/2} \tag{5-3}$$

式中　$V$——流入速度，m/s；

　　　$d$——注入管直径，m；

　　　$L$——油罐在 $\frac{1}{2}$ 高度处横断面面积的对角线长度，m；

　　　$K_r$——液体的静止电导率，pS/m，在电导率容器内测量。

上述公式适用条件：顶部灌注，注入管伸至罐底。当为底部灌注时，注入速度应减少约 18%；罐车及注入管正确接地，并且在系统内没有绝缘导体；过滤器下游的停留时间至少 100s；产品不含游离水或胶状物等；注入速度的整个限度不超过于 7m/s。

美国石油学会编写的防止静电、雷击和杂散电流引燃的暂行规定 APIRP·2003 中规定，当鹤管端头浸入油面以后，可以提高流速至 4.5~6m/s。

《液体石油静电安全规程》（GB 13348—2009）规定：对于电导率低于 50pS/m 的油品，在注入口未浸没前，初始流速不应大于 1m/s，当注入口管浸没 200mm 后，可逐步提高流速，但最大流速不应大于 7m/s。中国石油化工集团公司职业安全卫生管理制度对易燃、可燃液体静电安全管理规定：甲、乙类液体进入储罐和槽车时，初流速不得大于 1m/s。当入口管浸没 200mm 后可提高流速，最高不得超过 6m/s。甲、乙类液体含游离水、有机杂质以及两种以上油品混送时的初流速亦不得超过 1m/s。甲、乙类液体经过添加抗静电剂，或有专门静电消除器与静电报警仪同时具备的，流速可为 6m/s。

4. 控制加油方式

铁路槽车加油分大鹤管和小鹤管两种。为了减少小油流进入槽车新产生的静电荷，应使鹤管伸入到槽罐底部，当采用喷洒装油时，可在鹤定端部加装不同形式的分流头。

对于储油罐应尽力避免顶部注油。

5. 控制油面空间的混合气体

为防止爆炸混合气体的形成，在不少场所采用正压通风的办法。然而对于油面空间就不好使用了，而往往用充惰性气体的办法。这个办法就是在充油容器油面以上的空间可能形成爆炸性混合气体时，充以惰性气体。可以充满全部空间也可以充局部。按其使用方法可分为密封隔离式和置换稀释式两类。前者是用以隔离氧气以及抑制混合性气体的形成，后者是降低混合气的浓度，以控制它在爆炸浓度范围以外。一般要求在空间内含氧体积不超过 8%，这时即使有火源也因氧气不足而不会被引燃。

国际上，IMCO 防火委员会于 1972 年通过决议，要求 $10 \times 10^4$ t 以上的油轮和 $5 \times 10^4$ t 以上的混合货轮应安装惰性气体发生装置，以供油轮充气之用。在我国很少使用这个方法，其实各石油厂矿彩此法都有方便的条件。制氧厂的副产品——氮气、一氧化碳锅炉的废气二氧化碳等都可以可以利用。在使用惰性气体时，必须遵守有关的操作规定。例如，二氧化碳内含硫量不得大于 10%；二氧化碳严禁喷入以防强烈带电；同时还要防止人体吸入等。

6. 避免水、空气与油品以及不同油品的相混

当油中含水或不同油品相混并通入压缩空气时，静电的发生量将增大。实

验证明，油中含水率 5%，会使起电效应增大 10～50 倍。油品通风调合是十分危险的。某厂一个 5000m³ 油罐，罐内先已装有 40t 航煤，之后装柴油并进风调合，在进风只 1min 时便发生了爆炸。因此，油品调合时必须有相应的安全措施。

7. 加强组织管理

油品静电的控制有各种各样的方法，不论哪种方法都不可能是万无一失的。因为影响静电灾害的因素是错综复杂的，面且大都存在着不可预见的问题。

为控制和消除静电灾害必须加强组织管理工作。一是要使操作人员具有油品静电基本知识；二是要有完整的管理规程和操作规程，应建立如下的组织管理措施：

（1）建立静电安全管理体系：

①编制油品防静电设计准则；

②建立油品静电安全操作规范；

③建立测试方法标准；

④建立油品静电安全标准；

⑤建立油品静电教育课程；

⑥建立用于检测、取样及衣、鞋等器具标准；

⑦建立设备接地及消电器设置等标准。

（2）测定现场安全状况

①测定现场环境中可燃气体的浓度分布；

②测定静电危险源情况；

③测定接地电阻值。

（3）加强静电安全的宣传教育

①加强静电研究，包括安全器具和防静电衣服、鞋的研究；

②分析事故进行通报和统计；

③举办灾害预防展览；

④举办技术讲座，普及防静电知识。

8. 接地和跨接

（1）静电接地的目的与要求

静电接地是指将设备容器及管线通过金属导线和接地体与大地联通而形成等电位，并有最小电阻值。跨接是指将金属设备以及各管线之间用金属导线相连造成等电位体。显然，接地与跨接的目的是在于人为地与大地造成一个等电位体，不致因静电电位差造成火花而引起灾害。然而，管线跨接的另一个目的，是当有杂散电流时，给它以一个良好通路，以避免在断路处发生火花而造成事故。为这种目的的跨接正常情况下可以不用，而检修时需事先接好。

积聚在绝缘油品内部的电荷通过接地体导入大地是需要一定时间的，如前节所述所需时间为 $t \geqslant 3\tau$，因此即使接地良好的金属容器也不能消除油品内静电的产生和积聚，有人企图在绝缘液体中设立金属网并良好接地用以来消除静电，这正好是背道而驰。因为金属网不能啬绝缘液体的导电性能，反而增加了固、液相接触面积，给新静电荷的产生制造了良好机会。

电阻率大于 $10^{11}\Omega \cdot cm$ 的介质便是静电的良好导体。从这个观点考虑，如果总接地电阻能满足 $10^8\Omega$，则静电荷就可以流畅的跑掉。

由于静电电流为微安级（$10^{-6}A$），若要求接地体造成的是位差不超过 10V，那么接地电阻最大可以取到 $10^6\Omega$。如果把电流取到 $10^{-4}A$，电压取到 0.1V，再考虑到使用方便，那么静电接地装置的金属导体部分的总电阻值小于 $100\Omega$ 即可。因此，静电的接地电阻取在 $10^2 \sim 10^6\Omega$ 范围内是合适的。虽然对单独用于防静电目的的接地电阻值可以较高，但需要注意连接必须牢靠，否则在虚接或松脱情况下，会出现高电位表发生放电的危险。

为了保护炼油厂中的设备及建筑、构筑物不受雷电的侵害，应设有防雷电的保护装置。装置中的接地电阻值接防雷等级分别有不同的要求，见表 5 – 10。

表 5 – 10　建筑物、构筑物及储罐的防雷级别和相应的电阻值

| 防雷级别 | 电阻值 |
| --- | --- |
| Ⅰ级防雷建筑、构筑物及储罐 | $5 \sim 10\Omega$ |
| Ⅱ级防雷建筑、构筑物及储罐 | $10\Omega$ |
| Ⅲ级防雷建筑、构筑物及储罐 | $10 \sim 20\Omega$ |

显然，在使用联合接地网时，不论那一级别的接地电阻值对静电来说都是绰绰有余的。当接地体为人工接地体时，一般是使用 50mm × 50mm × 5mm 的角钢或壁厚大于 3.5mm 的钢管，截取 2.5m 长为一根，打入地下，其顶部距地坪 700mm，各接地体之间 40mm × 4mm 的扁钢连成一体并与设备相联，电阻值以实测值为准。

（2）油罐的接地与跨接

对于一般金属拱顶罐通过外壁良好接地即可，对于浮顶罐或内浮顶罐除外壁良好接地外尚需将浮顶与罐体，挡雨板与罐顶、活动走梯与罐顶进行跨接。跨接使用截面不小于 $25mm^2$ 的钢绞线。为保证接地安全可靠，油罐原则上要求在多个部位上进行接地。其接地点应设两处以上，接地点应沿设备外围均匀

布置，其间距不应大于30m。为消除人体静电，在扶梯进口处，应设置接地金属棒，或在已接地的金属栏杆上留出1m的裸露金属面。

（3）管线的接地与跨接

管线边着阀门、流量计、过滤器、泵和储罐等设备。应要求它们的每一个联接处都有最小的接触电阻。经测量表明：

①固定螺栓法兰接缝，如果用的是金属螺栓而不是绝缘栓，则它们的接触电阻一般都在0.03Ω以下；

②活动接头（没有污垢）的电阻在 $0 \sim 10^4 \Omega$；

③管子支架与管子之间的电阻约为15Ω。

从以上数值看，在连接处使用金属法兰时，可以不用跨接，但必须防止金属件的锈蚀或油垢污染而使电阻值超过要求。对金属管路中间的非导体管路段，除需做屏蔽保护外，两端的金属管应分别与接地干线相接。非导体管路段上的金属件应跨接、接地。对管线应保证它每一点的对地电阻都不超过 $10^6 \Omega$，否则需进行跨接或接地。一般厂内系统管线可每100～200m接地一次。当平行管路相距10cm以内时，每隔20m应加连接。当管路与其他管路交叉间距小于10cm时，应相连接地。

如仅仅作为防静电的连接导线，则使用截面大于 $1.25 \mathrm{mm}^2$ 的铜线即可。对于在鹤管前部的活动套管之间应使用有足够机械强度的可挠绞线。一般使用不小于 $6 \mathrm{mm}^2$ 的铜绞线。

对于内铠钢丝的橡胶软管，在管子的始、末端均需将钢丝引出进行接地，以增加电容降低电位。

对于接地设施及管线的连接部件，每年需有一次以上的检查。

9. 消静电器

顾名思义，消静电器是直接消除油品内流动电荷的器件，它安装在管道末端，不断地向管中注入与油品中电荷极性相反的电荷而达到中和的目的。从电荷注入方式上区分，消静电器可分为外电注入式和感应注入式两种。后者由于具有结构简单，使用方便以及消电效率高等优点，虽自20世纪60年代由美国为解决槽车装车静电安全而研制，但于近几十年来在许多国家获得应用。

消静电器主要由3部分组成：

（1）接地钢管及法兰部分；

（2）内部绝缘管；

（3）电离针及镶针螺栓等。

为了均匀地在油内产生相反的电荷，电离针沿长度方向交错布置4～5排，每排沿圆周均匀布置3～4根针。为了方便检查和维修，电离针用螺栓做成，可拆卸的。

电离针选用耐高温、耐磨的钨合金等金属材料制作。针体的直径约为 1 ~ 1.5mm，其末端经处理成尖形。长度一般突出管内壁 10mm 左右为宜。绝缘管是用高绝缘低介电常数耐油塑料（例如聚乙烯）等制作。它可以做成整体的，也可以分层衬在钢管内壁，而其厚度和长度依据试验确定。表 5－11 是美国石油学会（API）推荐的尺寸和规格；表 5－12 列出了苏联 $\phi100$ 管线消电器的规格和参数。

表 5－11　API 推荐的尺寸和规格

| 钢管直径/in | 管长/ft | 电介质管内径/in | 塑料管壁厚/in | 最大流量/(gal/min) |
|---|---|---|---|---|
| 8 | 4 | 4 | 2 | 600 |
| 10 | 6 | 6 | 2 | 1200 |
| 10 | 3 | 6 | 2 | 1200 |
| 20 | 6 | 12 | $3^1/2$ | 5000 |

表 5－12　苏联 $\phi100$ 管线消电器的规格和参数

| | |
|---|---|
| 干线燃料工作压力 | 16kgf/cm |
| 流体工作温度 | ±50℃ |
| 有效直径 | 100mm |
| 绝缘层外径 | 200mm |
| 钢管直径 | 220mm |
| 绝缘材料 | 聚乙烯，聚四氟乙烯 |
| 通过能力 | 3000L |
| 电离针 | 18 只 |
| 消电效率 | >70% |
| 长度 | 896mm |
| 重量 | 200kg |

近年来，我国也着手研制了不同形式的消静电器，比如适用于宽区域，高速静电消除的棒型除静电仪：在长距离上的多重区域中执行，同步消除静电的风扇型消电器；适用于针点式静电消除及高压空气净化静电消除的定点型消电器，针对不同的需求使用效果良好。

10. 缓和器

缓和器又叫张弛器、松弛器、弛张器等，系翻译过来的名词。它是一种结构简单且消散电荷效果较好的装置。

（1）缓和器的泄电原理

带电的油品在进入油罐之前先进入该置内"缓和"一段时间，使大部分电荷在这段时间内趋向管壁，通过管壁接线装置逸出，流向大地，从而大大减小了进入油罐的电荷。这就是缓和作用。

（2）缓和器容积的计算

已知容器内油品带电量 $Q$ 的衰减规律为

$$Q = Q_0 e^{-t/\tau} \tag{5-4}$$

式中　$Q_0$——初始带电量，C；

　　　$\tau$——油品逸散时间常数。

在装油过程中，并不要求电荷完全逸出，只要控制剩余的电荷在一定范围内，就可以满足静电安全的要求。但是，消散一定数量的电量，需要一定的缓和时间。即

$$\frac{Q}{Q_0} = e^{-t/\tau}$$

$$\ln \frac{Q_0}{Q} = \frac{t}{\tau}$$

$$t = \tau \ln \frac{Q_0}{Q} \tag{5-5}$$

若设油品体积流速为 $u\,m^3/s$，则缓各时间 $t$ 所需要的体积 $V$（单位：$m^3$）为

$$V = tu$$

$$V = \tau \ln \frac{Q_0}{Q} \tag{5-6}$$

由于油品流动的连续性，在缓和时间内不断有新的电荷进入缓和器，所以所需要的缓和器容积要大于上述计算值。要详细计算缓和器的容积是复杂的，但是在工程上没有必要确定精确的容积。因为静电荷只要求控制在一定的范围，所以进行近似计算就足够了。假定缓和器足够大，且油品完全充满容器并且不考虑缓和器内新产生的电荷，此时缓和器内的电量 $Q$ 将为一稳定值：

$$Q = i_0 \tau \tag{5-7}$$

式中　$i_0$——进入缓和器的流动电流值，A；

　　　$\tau$——油品的逸散时间常数。

既当缓和器容积足够大时，内部完全充满的电荷量等于进入容器的流动电流与逸散时间常数的乘积。不过这时的逸散时间常数不能用静止电导率求得，而应该采用有效电导率求得。上式也可以理解为，当容器足够大时该容器内的电荷量相当处于一个相对平衡状态，通过该容器流向大地的电荷量等于进入该容器的电荷量，容器内始终保持一个 $i_0 \tau$ 的电荷量。此时的 $\tau$ 可以看做油品在

容器内的平均停留时间。这样，若缓和器容积为 $V \mathrm{m}^3$，则容积内的电荷体积密度 $\rho$（单位：$\mu \mathrm{C/m}^3$）为

$$\rho = \frac{Q}{V} \qquad (5-8)$$

或写成

$$\rho = \frac{i_0 \tau}{V} \qquad (5-9)$$

设油品的体积速度为 $u \mathrm{m}^3/\mathrm{s}$，则流出缓和器的电流 $i$ 为

$$i = \rho u \qquad (5-10)$$

以式（5-9）代入式（5-10），有

$$i = \frac{\tau i_0}{V} u \qquad (5-11)$$

则

$$V = \tau u \frac{i_0}{i} \qquad (5-12)$$

由式（5-12）明显看出，要使输出电流 $i$ 等于零，即输入电流全部由器壁泄放到大地，缓和器需要的体积则为无限大。避免静电灾害，勿须把电荷全部泄光，这样就可以根据要求的允许电流值求出缓和器的容积。

有了缓和器的容积，还要进一步确定缓和器的具体尺寸。这是，一方面要使缓和器内的流速大大低于原来管道的流速，因而缓和器的截面至少要大于管道截面 10 倍以上。同时，要避免在缓和器内产生局部的涡流，使油流比较均匀地进出，因而其长度和截面要有适当的比例，并避免在进出口内壁形成直角。

显然，这样的缓和器在工程上实现并不困难。由于输送对象、输送条件和油品质量的变化，会使容积 $V$ 在较大的幅度内波动。为此，应进行较长时间的观察、测量和统计后方可确定数据，进行计算，并考虑适当的安全系数。

（3）缓和器的使用

缓和器虽然结构简单，效率较高，但需占用一定的地方和空间，使它们的使用受到一定的限制。为解决这个矛盾，可以与某些设备结合起来设计。例如，在过滤器的尾部加大空间，使之变成过滤器 – 缓和共处器结合体；或者在加油系统中将所需要的容积分成几个单元容积串接在系统中；或者利用罐体本身加以改进达到缓和器的目的。

对于通过过滤器或短管线以及绝缘材料管线（如胶管、玻璃钢管等）进入容器的油品，共静电消除使用缓和器是适合的。

使用中要求缓和器内各处都要充满油并尽可能把它设置在系统的末端并保

证良好接地。为确保油品质量还要顾及维修和清洗的方便。

11. 抗静电添加剂

前面的几种方法都需要增加设备以及检测与维修工作。设想找一种"抗素"投入油品中便可以抑制静电的产生，这样就省了许多事情。早在 1893 年里希特提出向油品里加进皂镁等有机杂质可以达到这个目的。这就是今天所说的抗静电添加剂。

20 世纪 50 年代中期，随着石油工业的发展，静电灾害日益严重，促使一些国家和公司加强了对抗静电添加剂的研制。1958 年荷兰壳牌石油公司研制出 ASA － 1 和 ASA － 3 抗静电剂，1960 年代开始在加拿大和英国正式使用。其后美国及北大西洋公约组织各国相继允许在航空燃料中使用。1970 年代后期，苏联也研制了"AKOP － 1"抗静电添加剂。我国从 1960 年代着手研究，1970 年代中期获得成功。经过试验室、外场试用试验，证明抗静电添加剂不仅有显著的消静电效果，而且对油品的理化指标无不良影响。

（1）抗静电添加剂的作用机理

抗静电添加剂的作用不是"抗"静电，而且当加入微量的这种物质时，可以成十倍成百倍地增加油品电导率，使其电荷得不到积聚，而又不影响油品质量，如烃类等低电导率物体，通常产生的静电荷积蓄在液体内部，静电荷的漏泄与电导率有关，电导率高则漏泄速度快，当漏泄很快时，实际上应不带电了，从表 5 － 13 可以清楚地看出，油品电导率和带电性的关系。

表 5 － 13　石油电导率和带电性最大值

| 电导率/（Ω/cm） | 放电次数 |
| --- | --- |
| $1 \times 10^{-15}$ | 1 |
| $5 \times 10^{-15}$ | 35 |
| $1 \times 10^{-14}$ | 110 |
| $5 \times 10^{-14}$ | 500 |
| $1 \times 10^{-13}$ | 600 |
| $5 \times 10^{-13}$ | 550 |
| $1 \times 10^{-12}$ | 250 |
| $5 \times 10^{-12}$ | 2 |
| $1 \times 10^{-11}$ | 0 |

注：表中表示油品通过玻璃纤维循环，放电间隔为 7kV、10min 内放电次数和电导率的关系。

由双电层原理分析，当液体在管中流动时，液体和管壁的界面形成双电层。电导率高的液体如水的扩散层很薄。电导率低的液体如烃类则扩散层非常之厚，扩散到液体内部的广大范围，引起电荷的分散。而当烃类中有离子性物质时，其双电层被压迫而变薄，使其电荷的分离、分布都受到限制，液体流动所携带的电荷量也就大大减少。这就是抗静电添加剂起作用的道理。

（2）抗静电添加剂的组成和性能

抗静电添加剂都采用多组分金属盐化合物，这是因为两种金属盐配合使用能起到显著的增效和协合作用。其混合溶液的结合电导率要比两种单体盐电导率之和增大数百倍甚至上千倍。

两种组合的选择原则通常是一个组分必须是两价或高于两价的金属盐。如各种酸的镁盐，碱土金属及其他金属盐。单价金属除锂外均无效。另一组分应是一种电解质，可提供一定的电导率。

抗静电添加剂有如下使用性能：

①燃料对添加剂的感受性

不同的燃料对抗静电添加剂的感受性是不同的。

②添加剂含量对燃料导电性能的影响

燃料电导率随抗静电添加剂含量增加而增大，基本上呈线性关系。添加剂含量与燃料带电量的关系是，含量低时带电量少，增加含量则带电量加大并逐渐达到最大值，当继续增加则带电量下降。

③微量水对含抗静电添加剂燃料油电导率的影响

燃料油中的微量水对电导率有直接的影响。使用抗静电添加剂时，应考虑地区不同酌情增减抗静电添加剂的加入量。

④燃料温度对电导率的影响

当温度下降时，电导率降低。

⑤抗静电添加剂对燃料理化指标的影响

由于抗静电添加剂用量极少，对于燃料的理化指标不会有很大影响。

（3）抗静电添加剂的选择及使用

选择原则：性能优良的抗静电添加剂应具备下列条件：

①加入微量的添加剂即能显著地提高燃料的电导率，并且不影响燃料的其他理化指标及使用性能。

②可溶于水，但不乳化，不因水存在而发生水解现象。溶于水中之后，不被排除到系统之外。

③低温下油溶性好。

④燃烧后灰分少，不产生有害气体。

⑤对皮肤无刺激性，无毒性。

⑥和其他添加剂共存时性能无变化。

⑦长期稳定。

加入量：一般认为，向燃料中加入微量的添加剂后要使其电导率增加到50电导单位以上。

加入方法：加剂时，通常先将添加剂以数倍燃料稀释，调配成母液，然后视调合罐容积再进行充分地循环。停泵半小时后用电导率仪表测定，当各部电导率值相同时，即可认为调合均匀。添加剂可在炼油厂加入，也可以在使用地点加入。方法有以下几种：

①在混油时，通过比例泵加入；

②在循环泵入口处，经过添加剂储罐吸入已计量好的添加剂；

③在混油管线的孔板处，通过恒定差压流量控制器按比例加入；

④在高位罐中的添加剂通过流量计向基础油中混对。

使用注意事项：添加剂是易燃品，要注意安全。

①添加剂宜储存于铁桶中，开启桶盖时禁止利用可能产生火花的工具。

②添加剂储罐宜存放在库房里，周围严禁烟火。要避免和强氧化剂、酸类等同库存放。

③搬运储罐要轻拿轻放，禁止振动、撞击、摩擦、重压和倾倒。

④使用时避免接触皮肤和衣服，严防溅入眼睛中。一旦与皮肤接触要用水和肥皂清洗，若溅入眼内要用大量水冲洗，并立即就医治疗。

⑤添加剂着火时，可用沙、土或二氧化碳灭火机扑灭，切忌用水。

⑥注意定期检查油品电导率。

12. 人体活动静电的消除

（1）当气体爆炸危险场所的等级属 0 区或 1 区，且可燃物的最小点燃能量在 0.25mJ 以下时，工作人员应穿无静电点燃危险的工作服。当环境相对湿度保持在 50% 以上时，可穿棉工作服。

（2）在爆炸危险场所工作的人员，应穿防静电（导电）鞋，以防人体带电，地面也应配用导电地面。

（3）禁止在爆炸危险场所穿脱衣服、帽子或类似物。

（4）操作人员徒手或徒手戴防静电手套触摸接地金属物体后方可进入工作场所。

## 二、铁路槽车及其静电

铁路槽车目前仍是主要的装油手段。据统计，国内石化工业的静电事故中，铁路槽车装油事故占首位，其次是油罐装油事故，因而预防铁路槽车装油时的静电已成为石化企业预防静电的一项重要内容。

（一）槽车及进油系统形式

目前我国铁路轻油槽车车型比较复杂，有国产的及进口的；有内部涂漆或不涂漆的。它们的容积一般为 50 ~ 60m³，如 G50 型及 G60 型。轻油槽车多为上装上卸，只有 G17 型黏油、轻油两用车有下卸口。然而上装上卸的方式对防止静电事故发生是个不利因素。

当前，炼油厂的铁路槽车装油的进油系统基本有两种形式：（1）泵式装油系统；（2）自流式装油系统。分别见图 5 – 17 及图 5 – 18。

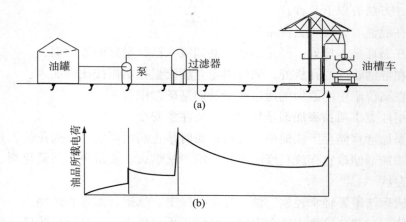

图 5 – 17　泵式装油系统

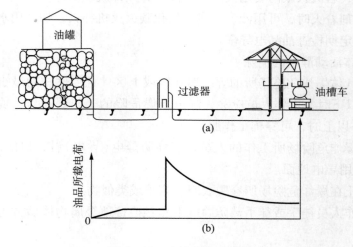

图 5 – 18　自流式装油系统

以下对这两种系统的静电荷产生情况简短进行分析。泵式装油系统从泵开始即大量地产生电荷，在过滤器处达到高峰，然后进入管线，再后进入槽车。如果管线较长的话，高峰可能小一些。自流系统与泵式系统不同之处，在于没有因泵而使静电荷急剧增加的环节，这使得进入过滤器的初始电荷值较小。二者都存在着过滤器位置的设计问题，一般希望把它设置在离装油栈台 100m 以外，以便有充裕的时间逸散电荷，或者设法降低流速以减少电荷的产生。

（二）鹤管类型及其产生静电情况

目前我国铁路槽车装油台使用的鹤管大致按口径分为两种，DN100 以下的称为小鹤管，DN200 的称为大鹤管。小鹤管按车位布置平均 12m 左右设置一台，可以同时装车 30 多台；大鹤管一般设置两个鹤位集中装油。小鹤管虽然管径较小，但由于多台同时装车所以装车流速并不算高，一般在 3.5～4m/s，装一台车时间大致是 35min 左右，装一列车约需 30～120min。由于操作上的种种原因，满车顺序总有先后。因此，一列车中总有部分车位出现流速不均匀，有时可达 6～8m/s，有时甚至高达 13m/s，这是小鹤管在操作中要特别注意的时刻。对于大鹤管，由于管径大，流量大，5～8min 就可以装完两台车，相对地说流速较高。所以大鹤管装车时槽车油面电位较高。大鹤管虽然使用的历史不长，范围不广，但出现的事故较多。国内炼厂就曾有两起大鹤管装车不慎而引起的大型事故。

（三）装油方式

目前全国各炼厂铁路槽车装车栈台多数采用上装方式，而且多为喷溅装油。鹤管形式有大鹤管，小鹤管以及新式汽动小鹤管。不管使用的是哪种鹤管，一般装油时鹤管仅伸入槽车口 1m 左右。老式的活动套筒式小鹤管可以伸到槽车底部装油，但在实际的操作中一为方便，二为减少油品损失（鹤管头部深入油内造成鹤管里阻力增加，油会从套筒间溢出）都没有把鹤管插入油车底部。甚至有的单位的确规定鹤管头要离油面 200mm 以上，这是很不妥当的。因为这会使鹤管口附近的油面上集聚更多的电荷，电位梯度增大，容易放电。我们推荐底部装油或将鹤管伸至接近罐底。这是因为：

（1）可以避免油柱流经车体中部电容最小位置时（此时油在管内）所产生的最大电位。

（2）在装油后期油面电位达到最大值时，油面上部没有突出接地体，可避免局部电场增高。

（3）在局部范围内可避免因油集中下落形成较高的油面电荷密度。

（4）减少喷溅、泡沫，从而减少新产生的静电荷。

（5）减少油品的汽化及蒸发，可避免在低于闪点温度时点燃。

（四）鹤管头形式

当采用顶部装油方式时，在鹤管头上采取一定措施可以改善槽车内分布状况。目前已有圆平口、T 形、锥形和 45°角斜口等几种鹤管头。

我们曾做过多次现场测试比较，发现 T 形管比圆筒管能降低电位。45°斜口管在试验室内细管试验较好，然而在现场试验并不比圆筒管优越。锥形管形成电位也和圆筒管一样,并产生很大的油雾。但从鹤管对油面电容影响来看锥形管最大,而45°斜口管最小,T形管实际上是把注入的油分成两路下落,这可避免增大局部电场强度。

究竟选用何种形状的管口为好?试验表明,对100mm直径的鹤管,管口用T形比用其他3种好,但是改变直径后就不一样了。因此,鹤管头形式的鉴定尚有待进一步地研究。

(五)槽车内静电分析

(1)油料的电导率较大时,车内各部分油料的电荷密度容易趋向均匀。

(2)因电荷有同性相斥的作用,油中的电荷有流向油面的趋势,又因液体表面张力的缘故,油面电荷较多,这就是所谓的趋表效应。

(3)由于车内各点电容不同,因而同样数量的电荷在电容较小的部位就会有较高的电位。较高电位处的电荷将向低电位处流动而使电位趋向平衡。

(4)当油品流动较慢时,车内各部位的电位易趋向均匀,而电荷不均匀的现象较明显。但在油品流动较快时,各部分电荷易趋向均匀,电位差别较大的现象就增加。

(5)鹤管装油时接近油面,其管口末端不同形状对局部电容有不同的影响,从而引起电荷密度及电位的差异。

(6)油面电位的数值,主要取决于所在位置电荷和电容数值的大小,一般说来在鹤管油柱下落处的电荷密度较大,在车内中部位置电容较小(有爬梯时稍增加),所以槽中心部位电位较高。

(7)在槽车在装油的整个过程中,油面电位是随着油面上升而变化。最高电位出现在 $1/2 \sim 3/4$ 容积处。

(六)槽车装油防静电安全措施

(1)排除气体

已输送过汽油的槽车,如未经清洗又装煤油、柴油等油品,会因吸收汽油蒸汽而使混合气体进入爆炸范围。从注入柴油开始,经 $10 \sim 15s$ 便进入这个状态。所以对于这类槽车必须进行清洗或者用排气装置排除掉汽油蒸气或者用惰性气体进行更换。

(2)人体除电

油槽车的装车工人,需先用空手接触接地金属体进行人体放电后再从事操作。一般的操作工人应当穿防静电工作服、鞋(电阻 $10^5 \sim 10^7\Omega$)。

(3)接地

装车开始前一定要把接地线接在槽车某一指定的位置,并用专用的接地夹以防止车体上积聚电荷。对铁路罐车来说,因铁轨对地电阻很低,可不再另行接地。但对鹤管等活动部件则应分别单独接地。

（4）装车方法

要将鹤管插入到槽车底部。

（5）控制流速

装轻质油品等易燃液体时要求先以 $1m/s$ 流速装入，到鹤管管口完全浸入油中以后才可逐渐提高流速。

（6）过滤器的设置

要求过滤器至装油栈台间留有足够的距离，或者采用消电器等措施以便消散过滤器所产生的电荷。

（7）检测及取样

当测温盒等设备是金属制品时，其吊绳也必须用导体材料制作，并且上端用特制金属夹与槽车接地线相连。当测温盒等器具是绝缘材料制品时，其吊绳应用尼龙绳。其他测量尺、取样品器具等也应与测温盒一样处理。有人认为，要防止放电，从绳索到使用器具两端的电阻应为 $10^7 \sim 10^9 \Omega$ 较好。检尺等工作进行需在装车以后静止 $3min$ 以上。

### 三、汽车油罐车的静电及预防

#### （一）汽车油罐车的静电及特点

从产生静电的机理看，无论是加油车还是管线车在与流动燃油接触时每个环书都可能参与制造电荷过程。但是，这种移动式加油工具与管道型的加油系统相比，有它自己的特点。

首先，从产生静电的效果看，车上加油系统产生的静电比管道型的要高得多，它的电荷量主要的不是来自管线，而是过滤器。可以这样说，国产加油车的静电源就是它的过滤器，所产生的电荷量主要决定于加油速度和过滤器的形式。其次，过滤器前的燃油泵等一般参与起电过程，但起电量极少。最后应该提到的是，橡胶软管起电或逸散电荷可能与流过的燃油中电荷量有关。因此，欲解决国产加油车静电过高的现象，从根本上来说必须改进过滤器的结构设计和过滤材质。

国产汽车油罐车一般是采用钢板或铝板焊成，油罐内有一个或几个垂直挡油板将整个油罐分成几个间隔，以减缓车辆行驶中罐内油料的冲击。油罐载荷分配形式和断面形状往往由使用条件和容量决定。一般小容量的，或有越野要求的多为非承载的筒式结构，断面有椭圆形和圆弧短形两种。大容量的承载式挂车或半挂车油罐多为中间放大的变断面，以增加装载量。加油过程中油罐由于静电发生爆炸而着火，是因为油面电荷积聚形成的电场超过蒸气空间的极限场强，向接地目标放电造成的。

油面电位与电荷积聚情况和油面电容有关，因为这两种因素都是变化着的，所以油面电位也是个变化量。当刚开始加油时，油面电容最大。随着油顶上升电容逐渐减小，至2/3处电容降至最小。油面再上升，其电容又开始增大，一直增大到油满时为止。

（二）汽车油罐车装油时应注意的事项

许多汽车油罐车静电灾害说明，除上述汽车油罐车固有的因素外，管理不善或操作上的疏忽，都可能成为静电着火、爆炸的辅助因素。下面就一些人为的因素提出如下注意事项：

（1）合理地控制油压与流速

通常，设备在正常压力与流量下是不会发生事故的，意外原因或工作玩忽而使压力、流量增加时，往往是很危险的。如某机场用压力罐给汽车油罐车加油，为增加供油速度而人为的把压力从343kPa增加到539kPa，结果连续出现静电失火事故。另外，要尽量避免突然开泵或突然停泵。我们已经知道过滤器是主要的静电源。它的起电率往往在初按时最高，所以突然开停泵会造成瞬时冲击压力和流速过高，使静电涌起，往往造成事故。据分析，突然关泵所带来的影响可能是罐内电荷因流动突然减慢而增加趋表效应。据美国EXXON研究所的试验报告认为，当汽车油罐刚刚加满油自动关闭时，油面场强可以从零跳到27kV/m，维持时间达7~13s后才降回零。合理的解决措施是利用一种缓减手段，例如某机场利用先开小泵、后开大泵，停泵时先大泵后小泵的操作顺序，起到了很好的防护作用。

（2）安全可靠的接地措施

从防静电角度出发，接地电阻值的要求并不高，但一定要连接可靠，确保系统安全。例如不少水泥路面的机坪和加油站没有固定的接地装置，随意将接地针扔在地面上即算接地，这是很危险的。事实上这种水泥路面电阻常可高达$10^{11}~10^{12}\Omega$以上，而油罐"悬空"情况下注油时，罐体可带10kV以上的电位。在这种情况下金属对地打火只要300~500V就可点燃石油蒸汽混合气体。

人们还是比较重视接引接地线的，但在拆卸地线时往往造成人为的使油罐"悬空"。由于罐内液体流动等因索，有时虽已停止加油，油面电位常可保持几分钟，因此在停泵后过快拆除地线同样可以造成与上面相似的"悬空"状况。为安全起见，汽车油罐车注装结束后最好静止5min后再收地线。同时要注意先拆除加油接头及共连接导线，最后拆除罐体接地线。

（3）严防罐内有浮游物体存在

据有关资料介绍，在给汽车油罐车加油时，油面电压达到28kV左右才会出现放电现象，但是当油面有游离的绝缘金属物，即相当有一些电荷收集器时，只要 1~2kV 就会出现放电。因此油面的游离绝缘金属物是非常危险的，一定要注意认真予以排除。目前汽车油罐车液面计浮子大多采用开口销活络连接，易锈蚀又不可靠。加油过程进行检尺、取样或将手电筒、工具等掉进正在加油的油罐中，都可能因"集电"而引起放电。因此在进行装油作业时，罐顶不站人，更不允许进行其他作业。

（4）尽量避免顶部喷溅注装方式

上部注装油料容易形成可燃混合气体，也易于起电，应尽量避免。但国内一些地方和单位仍保留着顶部装油设施，一时还难以更改。从实践经验看，在目前尚不能改装的地方，应采用将加油管伸到 1/2 罐高以下的暗统加油方式，且流量最好不超过 1000L/min。对于大型汽油车则不应允许顶部注装低电导率的航空煤油，更不能用本车泵双管同时在罐口加油，此外，由于汽车油罐车内总是有部分存油，因此对放置时间较久或罐内存油较脏时，切忌顶部喷溅加油。

（5）换装过滤器芯后要降速装油

平时过滤器内总是充满着油。然而换装新滤芯后，过滤器内则充满油气混合气。新滤芯又有高的起电特性，因此就出现了过滤器内静电放电和蒸汽爆炸的潜在威胁。这时如以较高速度排气和加油，发生过滤器静电爆炸是完全可能的。为此在换新滤芯和排除容器内气体时，泵速必须限制在最小范围内，一般不得大于 10% 额定速度，最好采取自流式为宜。

## 四、防静电接地电阻测试

接地电阻是指接地装置流过电流时所呈现的电阻，包括接地线电阻、接地体电阻、接地体与大地之间的接触电阻和大地流散电阻。其中，接地线与接地

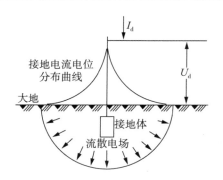

图 5 - 19　接地电流的扩散图

体的电阻很小，而大地流散电阻较大。当电流经接地体而流入大地时，电流呈半球状从接地体向四周扩散，如图 5 - 19 所示。越靠近接地体，扩散电流密度越高；距接地体越远，扩散电流密度越低。在距接地体 20m 处，扩散电流密

度近似为 0。所以把接地体周围 20m 范围内接地体与大地相接触的接触电阻和大地流散电阻称为接地电阻。防雷接地电阻值要求不大于 10Ω；防静电接地电阻值不大于 100Ω；电气保护接地的接地电阻值不大于 4Ω。

目前炼化企业防雷防静电接地电阻测量一般采用三极法、单钳法两种。

1、三极法

目前炼化企业所使用的三极法接地电阻测试仪有 ZC - 8 接地电阻测试仪、ZC - 29 接地电阻测试仪、ZC - 18 接地电阻测试仪、4102 接地电阻测试仪、4105 接地电阻测试仪等。所谓的三极法就是测试上有"三极"，即接地极 E、电压极 P、电流极 C。接地极 E 一般用 5m 导线与被测接地极相连接；电压极 P 对于 ZC 系列测试仪，一般用 20m 导线与接地测试棒相连接，对于 4102 与 4105 接地电阻测试仪，一般用 10m 导线与接地测试棒相连接；电流极 P 对于 ZC 系列测试仪，一般用 40m 导线与接地测试棒相连接，对于 4102 与 4105 接地电阻测试仪，一般用 20m 导线与接地测试棒相连接。其测试原理图如图 5 - 20 所示。

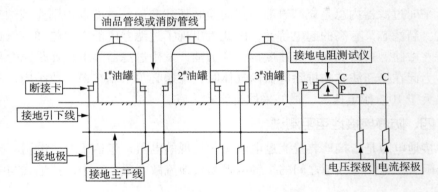

图 5 - 20　三极法测试原理图

"三极法"测试原理主要依据的是接地电阻的定义，所以测试的数据比较准确。但也应注意以下事项：

（1）测试时必须打开断接卡

接地引下线的断接卡设置主要是为接地电阻测试而用，如断接卡未打开，这样就会造成测试数据的不准确性。图 5 - 21 显示在不打开断接卡测试时的示意图，由图可看出，如果接地引下线 1#、2#、3# 三处全断裂，接地电阻测试仪照样会测试出接地电阻值，并且测试的数据往往仍能达到标准要求。其原因是：炼化企业的油罐、容器、塔、设备等相互连接性非常强，所以，即使部分接地引下线的地下部分发生断裂，由于地上部分还有金属管线相互连接，系统只要有一处接地电阻值合格，那么，测试的数据就会合格。

这样的测试将发现不了地下接地的实际情况，因此，测试必须是在打开断接卡的情况下进行。

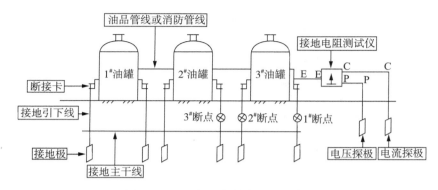

图5-21　不打开断接卡测试示意图

（2）两个探极与大地之间的接触问题

标准规定当采用"三极法"测试时，两个探极必须夯入大地内。当现场是硬覆盖地面时，探极将无法夯入，因此一般都使用"浇水法"代替，在测试时向探极喷洒少许水。但此方法由于水量小，在极短的时间水就将渗入地下，造成探极与地面接触不好，测试时将会出现一定的误差。

2、单钳法

单钳型接地电阻测试仪由钳头、显示屏、操作面板和扳柄组成。其中钳头又称电磁变换器，是由两个独立的环形钳口组成，主要用于产生测量用信号源和采集信号源；显示屏主要用于显示测量读数，操作面板，进行功能或工作模式设定；扳柄，主要用于打开钳头。单钳型接地电阻测试仪其钳头（电磁变换器）内主要为两个独立的电压线圈 $N_g$ 和电流线圈 $N_r$。工作时，先由电压线圈 $N_g$ 产生内部高压 $e$，利用电磁感应原理使被测接地回路中产生一个恒定电压 $E$，其中 $E = e \cdot N_g$，让 $E$ 使被测接地回路产生感应电流 $I$ 由 $R_x$ 处流出并经由接地回路从 $R_s$ 接地极分支流回仪表处。电流线圈 $N_r$ 则可通过表内检流计、运算放大器，计算出感应电流 $I$ 值，经过比较、再运算，计算出环形导体或接地回路电阻，显示器可显示出 $R_L = E/I$ 并求得 $R_L$ 的值。

图5-22为单钳表测试示意图，根据单钳表的测试原理，如图5-22所示，回路产生感应电流 $I$ 只能沿接地引下线、接地主干线这一闭型环路"流动"，这样所显示的电阻值也只能是这一环路的电阻值。由接地电阻定义看，这种测试显示的数据没有包括接地体电阻、接地体与大地之间的接触电阻和大地流散电阻，所以测试数据不准确。另外，如果断接卡的接触电阻较大，测试显示的接地电阻的数值也会相应的增大，从显示的数据看，就会出现实际接地

电阻是合格的，而测试结果为不合格的情况，测量值不能反应真正的接地电阻值。

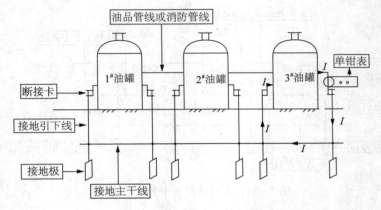

图 5 – 22　单钳表测试示意图

# 第十二节　静电事故案例

## 一、国外静电事故事例

据日本自治省防卫厅全国火灾统计，从 1962 ~ 1971 年 10 月期间，由静电引起的火灾事故每年约 100 件。其他国家均有数量不等的同类事故发生。以下介绍比较典型的六起静电事故案例。

（一）炼油厂汽油专用车事故

从存有 200t 的储油罐中向铁道引入线上的汽油专用车装灯油。槽车容积 41m³ 约盛 30t。输油用的管线为 101.6mm（4in）软管。由于管子不够长，在输油管头上又接入长 2m 的聚氯乙烯管，当时油流速为 4m/s。在注入 8t 灯油时，槽车入口附近着火，一名作业人员烧伤，8t 全部烧光。分析着火的原因，一是因油槽车在装灯油之前曾装过汽油，车内尚有残存汽油蒸气；二是因用了绝缘管，流速又高。在操作规范上规定，装油之前，使用专用夹子夹住槽车有关部位，以便良好接地。但该操作人员竟忘记此项规定，所以引起静电着火。

（二）圆锥顶油罐采样事故

在装有 10000t 苯的圆锥顶罐上，从检查孔伸进长 30m 的钢卷尺测量，再用直径 70mm，长 350mm 的黄铜铬采样器，从油面 2m 深处采样，而后将约 200mL 的苯倒入油桶。但当在第二次采样时，当手拿采样器触到卷尺突然着火，燃烧的火焰约 1m 高，随即将盖闭上立刻又引起爆炸，总共燃烧了约 14h。

分析原因：在即将取样前，曾从另外油罐用管线输送苯，输送距离为

110m，流速为 1.3m/s。由于采样器搅拌了因输送已带上静电的苯，故采样器也带上了电，但采样器是用绝缘棉绳系着的，因此电荷不易泄漏。当戴了胶皮手套的采样人员，拿着采样器触到卷尺柄时引起放电着火而爆炸。

（三）油罐汽油爆炸事故

有一个半地下的 200t 油罐，内存 25tJP－4 航空煤油。为了清洗油罐，要把残留的 25t 油泵出并经过滤器后送进油槽汽车。在注入不久，油槽汽车突然爆炸，死伤 5 人。

现场情况是从油罐到油槽车汽车口距离 30m，航煤以直径 50.8mm（2in）的乙烯软管输送。油槽汽车在此之前曾装过汽油。

分析原因：由于用了 30m 乙烯软管输油，油流速较高，故起电量大。同时油槽汽车又残留有汽油蒸气，所以静电引起爆炸。

（四）用汽油洗衣物引起着火事故

某厂工人将挥发性汽油盛入圆桶，在桶内泡洗衣物。当穿着橡胶长筒靴的作业人员，将桶内衣物提出桶外搓洗时，衣物在手中着火。大火烧掉 150m 的木厂房，烧伤一名工人。分析其原因，就是在搓洗时引起静电放电着火。

（五）油船事故

1976 年年初，挪威别尔根航运公司一艘载重 $2.2 \times 10^5$ t 的油矿船"别尔克·依斯脱拉"号，在从巴西开往日本的途中，船舱内突然连续发生三次强烈爆炸，使船体裂成几段后速沉入海里，船上的 32 名船员仅有 2 名得救，损失惨重。其原因可能也是静电引起爆炸，因为在 1969 年已有几艘 $2.2 \times 10^5$ t 的油轮在途中因洗舱产生静电爆炸沉入海底。不过这条船不是洗舱时产生的静电引起爆炸，而可能是压舱水被船身摇晃冲刷产生的静电所致。国际航运公司油船委员会主办的专家工作组，调查试验研究最后认为：混合货船在压船水涌激时产生的电与油舱在清洗时是相似的，即在压舱水被摔回时有火花放电发生。尤其是在有油污水的货舱中，每边最大为 4° 的横摇所引起的波动强度就足以形成带电的雾气，其电荷密度可与用水清洗时一样大或更高。据测试，空间电压为 －50kV，最大电荷密度达 50nC/m³。

（六）巴西火箭爆炸事故

2003 年 8 月 22 日，巴西第三枚 VLS－1 型运载火箭在发射平台上爆炸，造成 21 名航天技术人员丧生。这是巴西航天史上最惨重的事故。据新华网消息，巴西国防部长维埃加斯说，为火箭推进器点火装置供电的"火线"中的电流，或者是点火装置内部发生的静电放电，可能是导致 2003 年 8 月巴西运载火箭爆炸事故的原因。维埃加斯公布的调查报告说，根据调查中收集的大量信息分析，爆炸事故的直接原因是第一级火箭的"A"推进器突然发动，这一问题很可能是由该推进器点火系统中的一个装置突然启动引发的。而造成"A"推进器中一个点火装置突然启动的最主要的可能原因有两个：一是调查显示，向推进器点火装置供电的"火线"缺乏防护，容易受静电影响，"火线"中的电流可能导致了点火装置启动；二是点火装置内部发生静电放电，造成了同样结果。

## 二、国内静电事故事例

### （一）大鹤管装油槽车事故

1969 年 7 月 7 日某厂所在地区天气情朗，气候干燥，4 号油台正在忙于装运 66 号汽油。最初装车速度为 4.1m/s，当第 5 号车装满后，关闭了进油阀门，剩下最后的第 6 号车也已装到 3/4，此时装油速度已上升到 6m/s。突然，轰隆一声响，火光冲天，烧起熊熊列火。第 6 号槽车没入火海，接着引燃了第 5 号槽车并波及到另外两台尚未装油而存有残油的槽车。由于操作工被烧伤，装车阀门未及时关闭，以致使装油台区形成大火，经过 1h 15min 才得以扑灭，损失了 11.6 万元，烧伤 5 人。

事后检查，发现鹤管活节套筒的最下一节的上部 700mm 处，有火花放电痕迹，与该痕迹相对应的槽车口内侧也有火花放电的痕迹。这说明是在以上两处发生火花放电而引起事故。另外在该套筒的下部也有火花放电的痕迹，这可能是以前曾放过电。或者是与这次同时施电所致。从分析这次事故的原因可以看出，促成静电产生和积聚的条件有以下几点：

（1）输油管线内油流速度快。在同时装两台车时，鹤管油流速是 4.1m/s；在装一台车时，高达 6m/s。流速与静电产生的关系是二次方的正比关系。

（2）鹤管套筒上没有设置专门的接地装置。由于套筒与套筒之间是活接，所以在使用中，套筒表面结上了油膜，造成两套筒之间的绝缘，套筒上积聚了大量电荷无法排出。

（3）大鹤管的管径大，相对地讲与槽车口的距离比小鹤管要小，因此比较容易击穿形成火花放电。

（4）天气干燥，槽车口敞开，油气可充分混合，足以达到爆炸极限。

### （二）油槽车测温事故

1976 ~ 1977 年某炼油厂装油栈台连续出现过三次油槽车测温事故。每次都是因为在槽车装满以后，马上用尼龙绳吊着测温器盒同测温器送入油内测温，当将测温用具提出到槽口时，测温器盒对槽车口放电引起爆炸着火。爆炸时每次都烧伤了操作人员并将其抛到油台下。他们总结经验，把金属制测温器盒改换成塑料盒以后，应再未出现过同类性质的事故。

为什么会引起火花放电呢？因为金属测温盒是一个电荷收集器，当它和油面接触时把油面电荷收集到金属测温盒上，而它又是用尼龙绳悬吊着，所以电荷消散不了。当把它提升到与槽车口接触或将要接触时，测温盒就对已接地的槽车放电，其能量是 $W = \frac{1}{2}CV^2$。假如其能量达到 0.2mJ，就可以点燃石油气体而引起着火爆炸。式中的 $C$ 是电容，由金属测温盒的形状、体积决定。$V$ 是电位，油面上测温盒的电位近似油面电位，可达到 $2 \times 10^4 V$ 以上，一般在几千伏至上万伏。

为什么当改换成塑料的测温器盒应不再出现事故了呢？这是因为塑料是一种绝缘材料，当它与油面接触时收集的电荷较少且放电不集中。当它被提到槽车口时，只有接触处的部分放电，而其他部位的电荷不能一下子都参加放电，所以能量小点燃不了石油气体。

（三）碱渣罐爆炸

1977 年 10 月 8 日早晨 6 时 45 分，某炼厂内的 02 号碱渣罐爆炸，顶盖飞出离罐体 114m 远的地方。

该罐直径 8m、高 11m，容积 500m³，1977 年 9 月投用，在爆炸之前，罐内已装了碱渣 5m 深，碱渣上面又浮了一层油，油层厚 200～300mm。碱渣进口设在罐上部 9.4m 处，管子直径 DN50，开泵之前管内已充满了汽油，因此在开始装渣时须得用碱渣将汽油顶出。开泵后管内压力是 725.2kPa，汽油进入罐内有着 4.4m 的落差，喷洒下落。

由于油罐爆炸着火痕迹消失，很难准确地确定爆炸原因。经多方分析认为，可能也是起于静电。因为当时是晴天，又是清晨，且附近没有人使用明火。而罐内虽然装的是碱渣，但汽油很多，所以罐内会存在达到爆炸浓度的石油气体，喷洒而下的汽油激起油水碱渣等混合物的泡沫，这些泡沫和其他浮游物较多地收集了因喷洒含有杂质的汽油而产生的静电荷，进而与罐壁等接地体发生放电，引起爆炸。

（四）油罐调合引起爆炸

1978 年 1 月 6 日 14 时，某厂 645 号罐在进完油后送风调合，约送风 1min 应听见罐内有沙沙声，随后一声巨响喷出一团红色烟球，罐被拔起 100mm 高，裂有长 7.3m，宽 200mm 的大缝隙，发生局部变形，但未引起大火。罐容积 5000m³，直径 22.7m，高 12.6m。爆炸后测得接地电阻为 0.3Ω。爆炸前罐内已装航空煤油 40t，又加入常二线柴油、裂化柴油、通用柴油共 1970t，总计为 2010t。其中航煤占 2%，进风管设在罐壁上部，风压为 4 个大气压，风量为 12m³/min，当时油温为 44.5℃。

分析原因：送入调合风卷起油旋、泡沫、油雾，以及油内翻滚形成类似沉降一样的起电效果。泡沫会收集油中的电荷带至油面，增加电荷密度（包括汽泡破裂增加新的电荷）。泡沫成为电荷收集后，以一定的静电向罐壁放电，或者罐内形成高空间场强放电。由于罐内油温较高、航煤蒸气较浓，故而引起爆炸。

（五）油罐爆炸

1977 年 12 月 8 日某厂的 247 号油罐爆炸着火。油罐顶盖，包括 7m 长的钢柱一起抛上天空。

油罐总容量为 200m³。事故发生前，以 0.5m/s 的流速送油 56t，并以 2.6m/s 速度将 2 号减压塔顶油注入其中。在 2 号减压塔顶油注入 12min 时，发生爆炸。为了判明事故原因，对现场进行了调查。除在剩油及沉积泥水中发现以前因断线留下的三个金属浮子外，并未发现其他异常现象。以后又请有关大学及科研所进行现场模拟测试。结果显示，当上部进油流速为 2.6m/s 时，油面最高电位达 7kV。其对原因的具体分析见表 5 - 14。

从表中可以看出，可能是铁浮子与其他物体放电引起爆炸。

表 5 - 14　事故原因分析

| 点火原因 | | 调查及测试结果 | 分析 |
|---|---|---|---|
| 明火 | | 爆炸前罐周围未见明火 | 调查为准 |
| 铁浮球与罐壁相碰打火 | | 流量小，浮子游动较慢 | 可能性较小 |
| 其他因素 | | 油品经化验未见异常情况 | 可能性较小 |
| 静电因素 | 断线铁浮子放电 | 7000V 铁浮子放电能量为 0.54mJ，可点燃石油气体 | 可能性很大 |
| | 空间高场强放电 | 由于仪表限制未作测量 | 有待进一步测量 |
| | 带电液面放电 | 经测量液面中部电位为 7000V，不算太高 | 可能性很小 |
| | 储罐外壳带电后放电 | 经测量外壳接地电阻小于 1Ω，不可能带电 | |

（六）放油不当引起着火

2000 年 10 月 31 日 14 时 45 分，河南某石化厂机修车间一名女职工提着一带塑料柄挂钩的方形铁桶，到炼油 Ⅱ 催化粗汽油阀取样口下，打算放一些汽油作为清洗工具用，当该女职工将铁桶挂到取样阀门上，打开手阀放油不久，油桶着火。现场一技术员见状，迅速打开旁边的事故消防蒸汽软管，该女职工在消防蒸汽的掩护下，很快关掉了取样阀门，并和该技术员一起，用干粉灭火器和消防毛毡将火扑灭。

这是一起典型的由于阀门开度过大、汽油流速过快而导致静电荷积聚、静电放电产生火花而引发的事故，虽然现场扑救及时得当，没有让事态进一步扩大而造成危害，但反映出个别职工安全意识不够高，对静电安全技术知识的了解和掌握欠缺，对静电造成的危害认识不深。

（七）加油站静电火灾

2001 年 6 月 22 日，广东省石油公司某加油站 3 号油罐正在接卸一车 97 号汽油，当班卸油工违章将卸油胶管插到量油孔喷溅式卸油，造成大量汽油溢出。溢出的汽油沿地面流淌，流进低于地面的管沟，管沟穿过营业室与加油机相连，汽油充满了从 3 号油罐到加油机的地面和管沟（管沟未填埋，油罐也未完全填埋）。发现地面有大量汽油后，卸油工没有采取措施处理，而是继续违规卸油。21 时 40 分左右，油罐突然起火，火势迅即蔓延成大面积火灾，4h 15min 后，大火被扑灭。火灾将 4 台加油机、油罐等设施全部烧坏，卸油工被烧成重伤，烧伤面积达 80% 以上。

据调查，事发之时油罐附近没有明火火源，那么，点火源很可能就来自于违规卸油过程中产生的静电火花。

加油站静电的产生的原因：

（1）汽油进加油站时带有静电荷，产生静电的主要部位是油泵、过滤器、管道及运输途中颠簸产生的静电荷。管线中流动时产生静电荷。当液体在管线中流动时会形成液体与固体接触分离的条件，这种现象的连续发生就会产生静电。经过油泵、过滤器时由于剧烈搅动或形成湍流，会产生大量静电荷。油罐车在运输途中摇晃颠簸，汽油和油罐壁摩擦使汽油带上静电。道路不平、行驶速度快、汽油搅动愈剧烈，所带的静电荷愈多。尤其是油罐内装油不满时，运输途中会产生大量的静电荷。汽油经油罐车后的电量会变成加油栓出来汽油电荷量的 10 倍以上。

（2）喷溅式卸油产生大量静电荷。当汽油从注油胶管管口喷出时，液体微粒和喷嘴之间存在迅速接触与分离的过程。接触时，在接触面形成偶电层；分离时，偶电层的一层电子被带走，另一层电荷留在喷头上。结果使汽油和喷头分别带上大量不同符号的电荷。当胶管喷头静电荷积聚到一定量时，就会击穿空气介质对接地体放电，产生静电火花。

喷溅式卸油时，由于油流和空气或油气混合气的相互摩擦，以及飞溅的液滴和油气之间的摩擦以及罐壁之间的撞击，均会产生大量的静电荷并积聚在油面上。喷溅卸油时空气呈气泡状混入油品，在流动开始的一瞬间要比通常在管线内流动产生的静电高出很多，易发生放电事故。当波起的液面高点与罐壁间的电场强度高于击穿强度时，就会发生放电现象，产生静电火花。

喷溅注油过程中，罐内液体上方不仅会形成带电雾云，还会覆盖在贮罐顶部形成危险性更大的液滴。因为当液滴从贮罐顶部落下时，在从顶部剥离的瞬间，因剥离带电而会具有较大电荷。特别当它是水的液滴时，由于受带电云的静电感应而变为更大的带电体，当它和接地体接近时就会发生点火性放电，形成点火源。

（八）东莞"3·18"火灾

2001年3月18日，东莞市塘厦正典塑胶电器厂由于职工违章使用大量120号溶剂油（俗称白淀油）清洗车间地板，挥发出的可燃气体与空气混合，达到爆炸浓度极限，遇静电火花引起爆燃。火灾直接财产损失3.7万元。火灾死亡人数2人。

据查，18日上午10时许，该厂人事部主管马某某组织30多名工人清洗车间地板和机械设备。清洗前，该厂塑胶部带班组长黄某某曾向马某某提出异议，说自己在报纸上看到过用溶剂油洗地发生火灾的报道，并极力劝阻马某某不要蛮干。但马某某根本不听，以致酿成惨剧。

（九）操作不当引起静电起火

2001年9月27日，广州一家生产涂料的化工厂简易厂房发生火灾，起火原因是因为3个工人操作不当引发静电起火。

2004年6月9日，北京某涂料厂发生火灾事故，1人受伤，直接财产损失96000元。事故原因：北京某化工厂的卸车押运员刘某某在卸甲苯过程中违章操作，由静电引起甲苯起火。

（十）操作不当引起静电爆炸

2005年2月24日宜兴周铁的某化工厂发生爆炸。事故调查组的初步调查发现，发生爆炸的车间项目未经审批，是典型的违法建设项目。2月24日下午在首次试生产过程中，由于乙二醇甲醚的滴加速度过快，反应釜温度和压力急剧上升，操作人员错误处置，打开了反应釜上用于投放固体原料的闸阀，导致反应釜内的氢气高速冲出，短时间达到爆炸极限。高速流动的氢气与闸阀口摩擦产生静电，引发了空间气体爆炸。

（十一）静电造成烟花爆炸

2004年3月3日上午9时50分，山西阳泉市晋东化工厂烟花厂突然发生烟花爆炸事故。事故共造成5名职工不幸死亡、三名职工重伤。

经调查，2004年元宵节期间，阳泉市晋东化工厂承揽省内外二十多家单位的焰火燃放任务。燃放工作结束后，部分礼花弹在没有按规定剪除电点火头的情形下，便被运回厂房。因对产品需返修重新装配，运回的产品经分拣后，全部转运至五分厂。

3月3日上午，五分厂的160m² 厂房内有九名女工在作业。现场有122.5~294mm(5~12in)的礼花弹240发，地面烟花29盘，总药量达350kg。在返修和装配礼花弹过程中，聚集产生的静电及摩擦造成礼花弹电点火头引线发火，引发礼花弹爆炸，进而迅速引燃厂房内存放的其他烟花，最终导致重大人员伤亡事故的发生。

### 三、其他静电事故案例

#### （一）流动液体产生的静电

当不良导电液体流动时会产生静电，在液体和金属容器（或加料臂）之间放电，产生电火花。如像丙酮和甲醇这样的良好导电液体流到一个没有接地的容器里时，容器从液体获得电荷，在容器和任何附近接地的金属之间产生电火花，如以下事故。

事故1：丙酮被定期排到一个金属桶里。一天，操作员将桶吊在排放阀上，而不是将桶放在下面金属阀的表面上，如图5-23所示。桶的提手上包有一层塑料。当丙酮被排放到桶里后，桶和丙酮液体里聚积了电荷，塑料不能使电荷通过已经接地的导线流向大地。最终，在铜和导线之间产生电火花，丙酮起火。

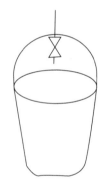

图5-23　吊在排放阀上的金属桶

即使已经将桶接地，也不能用敞口的桶来处理可燃的（或有毒的或腐蚀性的）液体。为了防止溢出，应在一个密封的罐里处理。可是，密封的罐也不能防止被静电引燃，如以下事故。

事故2：一个人提着一个10L的金属罐接丙酮。当他关闭丙酮线上的阀门时，丙酮着火了，火势蔓延到楼的其他部分。这个人穿着生胶鞋，因为静电在丙酮、桶和人体上聚积，当他伸手去关阀门时，火花从他的手跳到阀门上，阀门是接地的，丙酮蒸气被引燃。

事故3：有人用一条2in的橡胶软管向一台金属罐里加乙酸乙酯，没有办法将金属罐接地，软管的长度也不能伸到罐的底部。液体从0.6m高处溅落。加了几分钟后，发生爆炸。罐的两端被炸飞，其中一端击中一个人的腿，把两条腿撞断，另一端撞到另一人的踝关节，在随后的火灾中被烧伤经抢救无效死亡。

（二）气体和水射流产生的静电

在有些情况下，当人们使用二氧化碳灭火器时，会受轻微的电击。从灭火器喷出的气体射流中含有固态的二氧化碳颗粒，所以电荷集中在灭火器的喷口，通过握着喷口的手传到地面。

有这样一起事故：有人用二氧化碳惰化装有石脑油的船舱时，发生严重爆炸事故，造成4人死亡，7人受伤。当时用一根8m长的塑料软管向船舱里加二氧化碳，软管一端接着一根短黄铜管（0.6m长），从船舱的罐孔里伸进去。电荷积聚在这根黄铜管上，在黄铜管和船舱之间放出电火花。

船舱（用高压水洗设备清洗）里水滴放电已经引燃可燃气体混合物，使几艘超级油轮受到严重破坏。放电来自水滴雾团，因而是"内部闪电"。

一个玻璃蒸馏塔裂了，水溅到裂缝上，有人发现火花从保温材料的金属覆层（没有接地）跳到水线的端头。在这种情况下，虽然没有起火，但事故说明应将所有的金属物体和设备接地。它们可以充当来自蒸汽泄漏或水射流电荷的收集器。

（三）粉尘和塑料产生的静电

有人向装置的一个储罐的导管里倒粉末。如图5-24所示，用一根橡胶软管作导管，当粉末向下流动时，产生的电荷聚积在上面。虽然软管用金属丝加固因而能导电，但是两端所接的聚丙烯短管是不导电的，因而电荷聚积在软管上，产生火花，引起粉尘爆炸造成一人死亡。

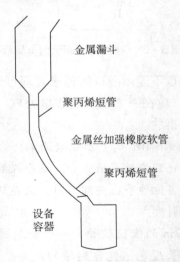

金属漏斗

聚丙烯短管

金属丝加强橡胶软管

聚丙烯短管

设备
容器

图5-24 向装置的一个储罐的导管里倒粉末

非导电性的软管保持了电荷，但产生的火花不像导电软管那么大，不能点燃粉尘。比导电的没有接地的软管更安全，但不如接地的软管安全。

用来输送爆炸性粉末的软管或短管应当用导电性的材料制造，并完全接地。作为一种替代(或附加的)方法，可以使用氮气降低气体的活动性，使短管能承受住爆炸，或安装卸爆管。

即使没有空气存在，静电放电也能引起化学反应。例如，当在真空条件下干燥粉末时，在粉末里，静电放电产生增加导电性的通路网。当充入氮气后，真空不再存在了，压力的上升使电火花突然增加，粉末的分解反应失控。在低真空度下操作，可以防止着火，因为放电更频繁，能量较低，破坏性较小。

# 第六章　雷电与防雷保护

## 第一节　雷电概述

雷电是自然界中极为壮观的声、光、电现象，它有着划破黑夜长空的耀眼的闪光和震耳欲聋的霹雳声。它给人类生活和生产活动带来很大影响。它具有很大的破坏作用，不仅能击毙人畜、劈断树木、破坏建筑物及各种工农业设施，还能引起火灾和爆炸事故。雷电以其巨大的破坏力给人类社会带来了惨重的灾难，尤其是近几年来，雷电灾害频繁发生，对国民经济造成的危害日趋严重。因此，防雷是石油化工行业一项重要的防火防爆安全措施。应当加强防雷意识，与气象部门积极合作，做好预防工作，将雷害损失降到最低限度。

### 一、雷电的产生

雷电是雷云之间或雷云对地面放电的一种自然现象。在雷雨季节里，地面上的水分受热变成水蒸气，并随热空气上升，在空气中与冷空气相遇，使上升气流中的水蒸气凝成水滴或冰晶，形成积云。此外，当水平移动的冷、暖气流相遇时，冷气团下降，暖气团上升，在高空凝成小水滴，形成宽度达几公里的峰面积云，当云中悬浮的水滴很多时，形成了乌云。乌云起电机理有 3 种理论：

（1）水滴破裂效应：云中的水滴受强烈气流的摩擦产生电荷，而且为负电的小水滴，小水滴容易被气流带走形成带负电的云；较大的水滴留下来形成带正电的云。

（2）吸收电荷效应：由于宇宙射线的作用，大气中存在着两种离子，由于空间存在自上而下的电场，该电场使得云层上部聚集负电荷，下部聚集正电荷，在气流作用下云层分离从而带电。

（3）水滴冰冻效应：雷云中正电荷处于冰晶组成的云区内，而负电荷处于冰滴区内。因此，有人认为，云之所以带电是因为水在结冰时会产生电荷的缘故。如果冰晶区的上升气流把冰粒上的水带走的话，就会导致电荷的分离因而带电。

由于静电感应，带电的云层在大地表面会感应出与云块异性的电荷，当电场强度达到一定值时，即发生雷云与大地之间的放电；在两块异性电荷的雷云之间，当电场强度达到一定值时，便发生云层之间放电。放电时伴随着强烈的电光和声音，这就是雷电现象。

雷云放电时，也是由于雷云中的电荷逐渐聚积增加使其电场强度达到一定的程度，此时周围空气的绝缘性能就被破坏，于是正雷云对负雷云之间或者雷云对地之间，发生强烈的放电现象。云层与云层之间的放电虽然有很大响声和强烈的闪光，但对地面上的建（构）筑物、人、畜没有多大影响，只对飞行器和敏感的电子设备有危险。然而，云层对大地放电时，就会产生巨大的破坏作用。

雷云是产生雷电的基本因素，而雷云的形成必须具备下列 3 个条件：

（1）空气中有足够的水蒸气；

（2）有使潮湿的空气能够上升并凝结为水珠的气象或地形条件；

（3）具有气流强烈持久地上升的条件。

雷电过电压是由雷云放电产生的，是一种自然现象，而闪电和雷鸣是相伴出现的，因而常称之为雷电。雷云通常分为热雷云和锋面雷云两种。垂直上升的湿热气流升至 2～5km 高空时，湿热气流中的水分逐渐凝结成浮悬的小水滴，小水滴越聚越多形成大面积的乌黑色积云。若此类积云由于某种原因而带电荷则称为热雷云。此外，水平移动的气流因温度不同，当冷、热气团相遇时，冷气团的容度较大，推举热气团上升。在它们的交界面上，热气团中的水分由于突然受冷凝结成小水滴即冰晶而形成翻腾的积云，此类积云如带电荷称为锋面雷云。通常，锋面雷云的范围比热雷云大很多，流动速度可达 100～200km。所以其造成的雷电危害也较大。

雷云对大地之间有较高的电位时，它对大地有静电感应。此时雷云下面的大地感应出异性的电荷，两者之间构成了一个巨大的空间电容器。雷云中或是雷云对地各处的电场强度不一样，等一定数量的电荷聚集在一个区域时，这个区域的电势就会逐渐上升，当他附近电场强度达到足以使附近空气绝缘破坏程度时，为 25～30kV/cm 时，空气开始游离，成为导电性的通道，叫做雷电先导通道。雷电先导进展到离地面在 100～300m 高度时，地面受感应而使聚集的异号电荷更加集中，特别易于聚集在较突起或较高的地面突出物上，于是形成迎雷先导通道，向空中的雷电先导快速接近。当两者接触时，地面的异号电荷经过迎雷先导通道与雷电先导通道中的电荷发生强烈的中和，出现极大的电流而产生强烈的闪光并伴随巨大声音，这就是雷电的主放电阶段。主放电阶段存在的时间极短，一般为 50～100μs，电流可达数十万安培。主放电阶段结束后，雷云中的残余电荷继续经放电通道入地，称为余辉阶段。余辉电流为 100～1000A，持续时间一般为 0.03～0.15s。雷云放电波形图如图 6-1 所示。

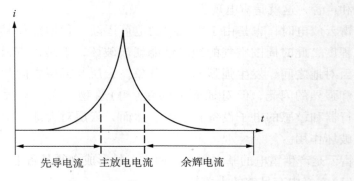

先导电流　　主放电电流　　余辉电流

图 6-1　雷云放电波形图

由于雷云中可能同时存在着几个电荷聚集中心，所以第一个电荷聚集中心完成对地的放电后，可能引起第二个、第三个中心也沿第一次放电通道放电。因此雷云放电多数具有多重性，2～3 次的较为常见，每次相隔几百微秒到几百毫秒不等，电流逐次减小。

大多数雷电放电发生在雷云之间，它对地面没有什么直接影响。雷云对大地的放电虽然只占少数，但它对地面影响较大。雷暴日数越多，云间放电的概率越大。云间放电与云地放电之比，在温带为 (1.5～3.0):1，在热带约为 (3～6):1。

## 二、雷电参数

从雷电过电压计算和防雷设计的角度来看，值得注意的雷电参数如下：

(一) 雷电活动频度——雷暴日及雷暴小时

电力系统的防雷设计显然应从当地雷电活动的频繁程度出发，对强雷区应加强防雷保护，对少雷区可降低保护要求。

评价一个地区雷电活动的多少通常以该地区多年统计所得到的平均出现雷暴的天数或小时数作为指标，雷暴日是一年中发生雷电的天数，以听到雷声为准，在一天内只要听到过雷声，无论次数多少，均计为一个雷暴日。雷暴小时是一年中发生雷电放电的小时数，在一个小时内只要有一次雷电，即计为一个雷电小时。我国的统计表明，对大部分地区来说，一个雷暴日可大致折合为三个雷暴小时。

各个地区的雷暴日数 $T_d$ 或雷暴小时数 $T_h$ 可有很大的差别，它们不但与该地区所在纬度有关，而且也与当地的气象条件、地形地貌等因素有关。就全世界而言，雷电最频繁的地区在炎热的赤道附近，$T_d$ 平均为 100～150，最多者达 300 以上。我国长江流域与华北的部分地区，$T_d$ 为 40 左右，而西北地区仅为 15 左右。国家根据长期观测结果，绘制出全国各地区的平均雷暴日数分布图，以供防雷设计之需，它可从有关的设计规范或手册中查到。当然，如果有当地气象部门的统计数据，在设计中采用后者将更加合适。为了对不同地区的电力系统耐雷性能（例如输电线路的雷击跳闸率）作比较，必须将它们换算到同样的雷电频度条件下，通常取 40 个雷暴日作为基准。

通常 $T_d \leqslant 15$ 的地区被认为是少雷区，$15 < T_d \leqslant 40$ 的地区为中雷区，$40 < T_d \leqslant 90$ 的地区为多雷区，$T_d > 90$ 的地区及运行经验表明雷害特别严重的地区为强雷区。在防雷设计中，应根据雷暴日数的多少因地制宜。

（二）地面落雷密度（$\gamma$）和雷击选择性

雷暴日或雷暴小时仅仅表示某一地区雷电活动的频度，它并不区分是雷云之间的放电、还是雷云对地面的放电，但从防雷的观点出发，最重要的是后一种雷击的次数，所以需要引入地面落雷密度（$\gamma$）这个参数，它表示每平方公里地面在一个雷暴日中受到的平均雷击次数，世界各国的取值不尽相同，$T_d$ 不同地区的 $\gamma$ 值也各不相同，一般 $T_d$ 较大地区的 $\gamma$ 值也较大。我国标准对 $T_d = 40$ 的地区取 $\gamma = 0.07$。

运行经验还表明：某些地面的落雷密度远大于上述平均值，也就是说有些地方更容易遭受雷击。雷云的形成与气象条件及地形有关，当雷云形成之后，雷云对大地哪一点放电，虽然因素复杂多变，但客观上仍存在一定的规律。

通常雷击点选择在地面电场强度最大的地方，也就是在地面电荷最集中的地方，从那里升起迎面先导。地面上导电良好和地形特别突出的地方，比附近其他地方密集了更多的电荷，那里的电场强度也就越大，成为遭受雷击的目标。

地面上特别突出的地方，离雷云最近，其尖端电场强度最大。例如旷野中孤立的大树、高塔或单独的房屋、小丘顶部、房屋群中最高的建筑物的尖顶、屋脊、烟囱、避雷针、避雷线等，都是最容易遭受雷击的地方。

在地面电阻率发生突然变化的地方，局部特别潮湿的地方或地形突变交界边缘之处，例如河边、湖边、沼泽地、山谷的风口等地带，也都是最容易遭受雷击的地方。

凡具有一定的地形、地貌、地质等特征且容易遭受雷击的地方称为易击点或易击段，在为发电厂、变电所、输电线路选址时，应尽量避开这些雷击选择性持别强的易击区。这些情况，通常就叫做雷击的选择性。

（三）雷道波阻抗（$Z_0$）

主放电过程沿着先导通道由下而上地推进时，使原来的先导通道变成了雷电通道（即主放电通道），它的长度可达数千米，而半径仅为数厘米，因而类似于一条分布参数线路，具有某一等值波阻抗，称为雷道波阻抗。这样一来，就可将主放电过程看作是一个电流波沿着波阻抗为 $Z_0$ 的雷道投射到雷击点的波过程。如果这个电流入射波为 $I_0$，则对应的电压入射波 $U_0 = I_0 Z_0$。根据理论计算结合实测结果，我国有关规程建议取 $Z_0 \approx 300\Omega$。

（四）雷电的极性

根据各国的实测数据，负极性雷击均占 75% ~ 90%。再加上负极性过电压波沿线路传播时衰减较少较慢，因而对设备绝缘的危害较大。故在防雷计算中一般均按负极性考虑。

（五）雷电流幅值（$I$）

雷电的强度可用雷电流幅值 $I$ 来表示。由于雷电流的大小除了与雷云中电荷数量有关外，还与被击中物体的波阻抗或接地电阻的量值有关，所以通常把雷电流定义为雷击于低接地电阻（$\leqslant 30\Omega$）的物体时流过雷击点的电流。它显然近似等于传播下来的电流入射波 $I_0$ 的 2 倍，即 $I = 2I_0$。

雷电流幅值是表示雷电强度的指标，也是产生雷电过电压的根源，所以是最重要的雷电参数，也是人们研究得最多的一个雷电参数。

根据我国长期进行的大量实测结果，在一般地区，雷电流幅值超过 $I$ 的概率可按下式计算

$$\lg P = -\frac{I}{108}$$

式中　$I$——雷电流幅值，kA；

　　　$P$——幅值大于 $I$ 的雷电流出现概率。

例如，大于 108kA 的雷电流幅值出现的概率 $P$ 约为 10%。

除陕南以外的西北地区和内蒙古自治区的部分地区，它们的平均年雷暴日数只有 20 或更少，测得的雷电流幅值也较小，可改用下式求其出现概率

$$\lg P = -\frac{I}{54}$$

（六）雷电流的波前时间、陡度及波长

实测表明：雷电流的波前时间 $T_1$ 处于 1 ~ 4μs 的范围内，平均为 2.6μs 左右。雷电流的波长（半峰值时间）$T_2$ 处于 20 ~ 100μs 的范围内，多数为 40μs 左右。我国规定在防雷设计中采用 2.6/40μs 的波形。与此同时，还可以看出，在绝缘的冲击高压试验中，把标准雷电冲击电压的波形定为 1.2/50μs 已是足够严格的了。

雷电流的幅值和波前时间决定了它的波前陡度 $\alpha$，它也是防雷计算和决定防雷保护措施时的一个重要参数。实测表明，雷电流的波前陡度 $\alpha$ 与其幅值 $I$ 是密切相关的，二者的相关系数 $\gamma \approx +(0.6 ~ 0.64)$。我国规定波前时间 $T_1 =$

2.6μs，所以雷电流波前的平均陡度

$$\alpha = \frac{I}{2.6} \quad (kA/\mu s)$$

实测还表明：波前陡度的最大极限值一般可取 50kA/μs 左右。

（七）雷电流的计算波形

由上述内容可知，雷电流的幅值、波前时间和陡度、波长等参数都在很大的范围内变化，但雷电流的波形却都是非周期性冲击波。在防雷计算中，可按不同的要求，采用不同的计算波形。经过简化和典型化后可得出如下几种常用的计算波形（参阅图 6－2）：

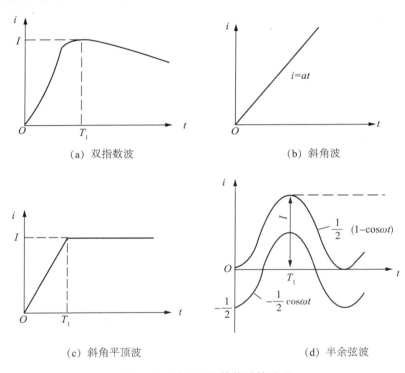

(a) 双指数波          (b) 斜角波

(c) 斜角平顶波          (d) 半余弦波

图 6－2  雷电流的等值计算波形

（八）雷电的多重放电次数及总延续时间

一次雷电放电往往包含多次重复冲击放电。世界各地 6000 个实测数据的统计表明：有 55% 的对地雷击包含两次以上的重复冲击；3～5 次冲击的有 25%，10 次以上的仍有 4%，最多的竟达 42 次。平均重复冲击次数可取 3 次。

统计还表明：一次雷电放电总的延续时间（包括多重冲击放电），50% 小于 0.2s，大于 0.62s 的只占 5%。

（九）放电能量

为了估计一次雷电放电的能量，可假设雷云与大地之间发生放电时的电压 $U$ 为 $10^7$V，总的放电电荷 $Q$ 为 20C，则放电时释放出来的能量为 $A = QU = 20 \times 10^7$W·s 或约 55kW·h，可见放电能量其实是不大的，但因它是在极短时间内放出的，因而所对应的功率很大。这些能量主要消耗到下列几个方面：一小部分能量用来使空气分子发生电离、激励和光辐射，大部分能量消耗在雷道周围空气的突然膨胀、产生巨响，还有一部分能量使被击中的接地物体发热。总的来说，雷电放电就像把雷云产生时所吸收的能量返还给大自然。

## 三、雷电的特点

（一）冲击电流大

其电流高达几万到几十万安培。

（二）时间短

一般雷击分为 3 个阶段，即先导放电、主放电、余辉放电。整个过程一般不会超过 60μm。

（三）雷电流变化梯度大

雷电流变化梯度大，有的可达 10kA/μs。

（四）冲击电压高

强大的电流产生的交变磁场，其感应电压可高达上亿伏。

（五）雷灾新特点

当人类社会进入电子信息时代后，雷灾出现的特点与以往有极大的不同，可以概括为：

（1）受灾面大大扩大，从电力、建筑这两个传统领域扩展到几乎所有行业，特点是与高新技术关系最密切的领域，如航天航空、国防、邮电通信、计算机、电子工业、石油化工、金融证券等。

（2）从二维空间入侵变为三维空间入侵。从闪电直击和过电压波沿线传输变为空间闪电的脉冲电磁场从三维空间入侵到任何角落，无空不入地造成灾害，因而防雷工程已从防直击雷、感应雷进入防雷电电磁脉冲（LEMP）。前面是指雷电的受灾行业面扩大了，这儿指雷电灾害的空间范围扩大了。

（3）雷灾的经济损失和危害程度大大增加了，它袭击的对象本身的直接经济损失有时并不太大，而由此产生的间接经济损失和影响就难以估计。例如 1999 年 8 月 27 日凌晨 2 点，某寻呼台遭受雷击，导致该台中断寻呼数小时，其直接损失是有限的，但间接损失将大大超过直接损失。

（4）产生上述特点的根本原因，也就是关键性的特点是雷灾的主要对象已集中在微电子器件设备上。雷电的本身并没有变，而是科学技术的发展，使得人类社会的生产生活状况变了。微电子技术的应用渗透到各种生产和生活领域，微电子器件极端灵敏这一特点很容易受到无孔不入的 LEMP 的作用，造成微电子设备的失控或者损坏。

为此，当今时代防雷工作的重要性、迫切性、复杂性大大增加了，雷电的防御已从直击雷防护到系统防护，我们必须站到时代的新高度来认识和研究现代防雷技术，提高人类对雷灾防御的综合能力。

### 四、雷电的种类

（一）直击雷

雷云较低时，其周围又没有异性电荷的云层，而地面上的突出物（树木或建筑物）被感应出异性电荷，当电场强度达到一定值时，雷云就会通过这些物体与大地之间放电，这就是雷击。这种直接击在建筑物或其他物体上的雷电叫直击雷。由于受直接雷击，被击的建筑物、电气设备或其他物体会产生很高的电位，而引起过电压，这时流过的雷电流很大，可达几十千安甚至几百千安，这就极易使电气设备或建筑物损坏，甚至引起火灾或爆炸事故。当雷击于架空输电线时，也会产生很高的电压（可达几千千伏），不仅会常常引起线路的闪络放电、造成线路发生短路事故，而且这种过电压还会以波动的形式迅速向变电所、发电厂或其他建筑物内传播，使沿线安装的电气设备绝缘受到严重威胁，往往引起绝缘击穿起火等严重后果。

（二）感应雷

感应雷又称雷电感应，它是由于雷电流的强大电场和磁场变化产生的静电感应和电磁感应引起的。当建筑物上空有雷云时，在建筑物上便会感应出与雷云所带电荷相反的电荷，在雷云放电后，云与大地之间的电场消失了，但聚集在屋顶上的电荷不会立即释放，只能较慢的向大地中流散，这时屋顶对地面便有相当高的电位，便会造成对建筑物内金属设备放电，易引起危险品爆炸或燃烧。

（三）雷电波侵入

如输电线路遭受直接雷击或发生感应雷，雷电波就会沿着输电线侵入变配电所，如防范不力，轻者损坏电气设备，重者可导致火灾，爆炸及人身伤亡事故。此类事故在雷电事故中占相当大的比例，应引起足够重视。

（四）球形雷

球形雷通常认为是一个炽热的等离子体，温度极高，并发生红色、橙色的球形发光体，直径在 $10 \sim 20 \mathrm{cm}$ 以上。球形雷常沿着地面滚动或在空气中飘动，可从烟囱、门窗或其他缝隙进入建筑物内部，有时也自行消失，或伤害人身和破坏物体。球形雷是在闪电时由空气分子电离及形成各种活泼化合物而形成的火球，直径约20cm，个别可达10m，它随风滚动，存在时间3~5s，个别可达几分钟，速度约2m/s，最后会自动（或遇到障碍物时）发生爆炸。防球形雷的办法是关上门窗，或至少不形成穿堂风，以免球形雷随风进入屋内。

# 第二节　雷电的危害

雷电的破坏作用是非常巨大的，可造成石化企业内发生火灾和爆炸事故，引发危险物质发生泄漏，还会损坏电气设备，造成大规模停电，威胁电力系统、计算机系统、控制调节系统等。

## 一、电效应

巨大的雷电流流经防雷装置时会造成防雷装置的电位升高，这样的高电位作用在电气线路、电气设备或金属管道上，它们之间产生放电，这种现象叫反击。它可能引起电气设备绝缘被破坏，造成高压窜入低压系统，可能直接导致接触电压和跨步电压造成事故。

由于雷电流的迅速变化，在其周围空间里会产生强大而且变化的磁场，处于磁场中的导体会感应出很高的电动势，此电动势可使闭合回路的金属导体产生很大的感应电流，引起发热和其他危害。

当雷电流入地时，在地面上可引起跨步电压，造成人身伤亡事故。

## 二、热效应

巨大的雷电流通过雷击点，在极短的时间内转换为大量的热量。雷击点的发热量为500~2000J，弧根会产生很高的温度（3000~6000℃），造成易爆物品燃烧或造成金属熔化、飞溅而引起火灾或爆炸事故。

## 三、机械效应

当被击物遭受巨大的雷电流通过时，由于雷电流的温度很高，一般在6000~20000℃，甚至高达数万摄氏度，被击物缝隙中的气体剧烈膨胀，缝隙中的水分也急剧蒸发为大量气体，因而在被击物体内部出现强大的机械压力，致使被击物体遭受严重破坏或发生爆炸。

## 四、静电感应

当金属物处于雷云和大地电场中时，金属物上会感应出大量的电荷，雷云放电后，云与大地间的电场虽然消失，但金属物上所感应聚积的电荷却来不及立即逸散，因而产生很高的对地电压。这种对地电压，称为静电感应电压。静电感应电压往往高达几万伏，可以击穿数十厘米的空气间隙，发生火花放电，因此，对于存放可燃性物品及易燃、易爆物品的仓库是很危险的。

### 五、电磁感应

电磁感应是由于雷击时，巨大的雷电流在周围空间产生变化迅速的磁场，使处于在变化磁场中的金属导体感应出很大的电动势。若导体闭合，金属物上仅产生感应电流，若导体有缺口或回路上某处接触电阻较大，由于很大的感应电动势，所以在缺口处会产生火花放电或在接触电阻大的部位产生局部过热，从而引燃周围可燃物。

### 六、雷电波侵入

雷电在架空线路、金属管道上会产生冲击电压，使雷电波沿线路或管道迅速传播。若侵入建筑物内，可造成配电装置和电气线路绝缘层击穿，产生短路，或使建筑物内易燃、易爆物品燃烧和爆炸。

### 七、雷电对人的危害

雷击电流迅速通过人体，可立即使呼吸中枢麻痹，心室纤颤或心跳骤停，以致使脑组织及一些主要器官受到严重损害，出现休克或突然死亡，雷击时产生的电火花，还可使人遭到不同程度的烧伤。

### 八、防雷装置上的高电压对建筑物的反击作用

当防雷装置受到雷击时，在接闪器、引下线和接地体上都具有很高的电压。如果防雷装置与建筑物内外的电气设备或其他金属管道的相隔距离很近，它们之间就会产生放电，这种现象称为反击。反击可能使电气设备绝缘破坏，金属管道烧穿，甚至造成易燃、易爆物品着火和爆炸。

### 九、浪涌

最常见的电子设备危害不是由于直接雷击引起的，而是由于雷击发生时在电源和通讯线路中感应的电流浪涌引起的。一方面由于电子设备内部结构高度集成化（VLSI 芯片），从而造成设备耐压、耐过电流的水平下降，对雷电（包括感应雷及操作过电压浪涌）的承受能力下降；另一方面由于信号来源路径增多，系统较以前更容易遭受雷电波侵入。浪涌电压可以从电源线或信号线等途径窜入电脑设备。

（一）电源浪涌

电源浪涌并不仅源于雷击，当电力系统出现短路故障、投切大负荷时都会产生电源浪涌，电网绵延千里，不论是雷击还是线路浪涌发生的几率都很高。当距你几百公里的远方发生了雷击时，雷击浪涌通过电网光速传输，经过变电站等衰减，到你的电脑时可能仍然有上千伏，这个高压很短只有几十到几百个微妙，或者不足以烧毁电脑，但是对于电脑内部的半导体元件却有很大的损害，正像旧音响的杂音比新的要大是因为内部元件受到损害一样，随着这些损

害的加深电脑也逐渐变的越来越不稳定，或有可能造成重要数据的丢失。美国GE 公司测定一般家庭、饭店、公寓等低压配电线(110V)在 10000h(约一年零两个月)内在线间发生的超出原工作电压一倍以上的浪涌电压次数达到 800 余次，其中超过 1000V 的就有 300 余次。这样的浪涌电压完全有可能一次性将电子设备损坏。

(二)信号系统浪涌

信号系统浪涌电压的主要来源是感应雷击、电磁干扰、无线电干扰和静电干扰。金属物体(如电话线)受到这些干扰信号的影响，会使传输中的数据产生误码，影响传输的准确性和传输速率。排除这些干扰将会改善网络的传输状况。

# 第三节　雷电的预防

## 一、直击雷防护

(一)避雷针

避雷针是我们最熟悉的防雷设备之一，其构造简单，由 3 个部分组成：

(1)接闪器或叫做"受雷尖端"，它是避雷针最高部分，专门接受雷电放电，一般都是用长 1.5～2m 的镀锌铁棍或铁管制成，顶部略尖；

(2)引下线，用它将接闪器上的雷电流安全地引到接地装置，使之尽快泄入大地。一般都用 35mm$^2$ 的镀锌钢绞线或者圆钢以及扁钢制成。如避雷针支架采用铁管或铁塔形式，可利用其支架作为引下线，无需另设引下线；

(3)接地装置，它是避雷针的最下部分，埋入地下。由于和大地中的土壤紧密接触可使雷电流很好的泄入大地。一般用角钢、扁钢或圆钢、钢管等打入地中，其接地电阻一般不能超过 10Ω。

由于避雷针比保护物高出很多，又和大地直接相连，当雷云先导接近时，它与雷云之间的电场强度最强，雷云放电总是朝着电场强度最强的方面发展，因此避雷针具有引雷的作用。

(二)避雷线

避雷线也叫架空地线，它是沿线路架设在杆塔顶端，并具有良好接地的金属导线。一般为 35～70mm$^2$ 的镀锌钢绞线，顺着每根支柱引下接地线并与接地装置相连接，有足够的截面，一般保持在 10Ω 以下。

避雷线和避雷针一样，将雷电引向自身，安全的将雷电导入大地。采用避雷线主要用来防止送电线路遭受直击雷。如避雷线挂的较低，离导线较近，雷电可能绕过避雷线直击导线，因此为了提高其保护作用，需将其挂得高一些。

不论是避雷针还是避雷线，为了降低雷电通过时感应过电压的影响，都必须与被保护物之间有一定的安全空气距离，一般不小于5m。另外防雷保护用的接地装置与被保护物的接地体之间也应保持一定的距离，一般不应小于3m。

（三）避雷带、避雷网

是在建筑上沿屋角、屋脊、屋檐等易受雷击部分敷设的金属网格，主要用于保护高大的民用建筑。

## 二、雷电感应的防护措施

雷电感应也称感应过电压，它是由于用电设备、输电线路或其他物体遭受雷击时而产生的静电感应或电磁感应所引起的雷电感应过电压。

雷电感应也能产生很高的冲击电压，引起爆炸和火灾事故，因此，也要采取预防措施。如：为了防止雷电感应产生的高压，应将建筑物内的金属设备、金属管道、结构钢筋予以接地。

根据建筑物的不同屋顶，采取相应的防止雷电感应的措施。对于金属屋顶，应将屋顶妥善接地；对于钢筋混凝土屋顶，应将屋面钢筋焊成6~12m网格，连成通路接地；对于非金属屋顶，应在屋顶上加装边长6~12m的金属网格，予以接地。屋顶或其上金属网格的接地不应少于2处，且其间距离不得超过18~30m。

为防止感应，平行管道相距不到100mm时，每20~30m用金属线跨接；交叉管道相距不到100mm时，也应用金属线跨接；管道与金属设备或金属结构之间小于100mm时，也应用金属线跨接。此外，管道接头（法兰）、弯头等接触不可靠的地方，也应用金属线跨接。

## 三、雷电侵入波的防护措施

雷电侵入波造成的雷害事故很多，特别是电气系统，这种事故占雷害事故的比例较大，所以应采取防护措施。

（一）阀型避雷器

它是保护发、变电设备的最主要的基本元件，主要由放电间隙和非线性电阻两部分构成。当高幅值的雷电波侵入被保护装置时，避雷器间隙先行放电，从而限制了绝缘设备上的过电压值，起到保护作用。

（二）保护间隙

它是一种简单而有效的过电压保护元件，它是由带电与接地的两个电极，中间间隔一定数值的间隙距离构成的。将它并联接在被保护的设备旁，当雷电波袭来时，间隙被先行击穿，把雷电流引入大地，从而避免了被保护设备因高幅值的过电压而击毁。

### (三)管型避雷器

它实质上是一个具有熄弧能力的保护间隙。当雷电波侵入放电接地时，它能将工频电弧很快吹灭，而不必靠断路器动作断弧，保证了供电的连续性。

### 四、综合性防雷电

它是相对于局部防雷电和单一措施防雷电的一种综合性防雷电。设计时除针对被保护对象的具体情况外，还要了解其周围的天气环境条件和防护区域的雷电活动规律，确定直击雷和感应雷的防护等级和主要技术参数。采取综合性防雷电措施。程控交换机、计算机设备安放在窗户附近，或将其场所安置在建筑物的顶层都不利于防雷。将计算机房放在高层建筑物顶四层，或者设备所在高度高于楼顶避雷带，这些做法都非常容易遭受雷电袭击。

# 第四节　建筑物的防雷措施

## 一、建筑物的防雷分类

建筑物根据其重要性、使用性质、发生雷电事故的可能性和后果，按防雷要求分为 3 类。

1. 第一类防雷建筑物

(1)凡制造、使用或贮存炸药、火药、起爆药、火工品等大量爆炸物质的建筑物，因电火花引起爆炸，会造成巨大破坏和人身伤亡。

(2)具有 0 区或 10 区爆炸危险环境的建筑物。

(3)具有 1 区爆炸危险环境的建筑物，因电火花而引起爆炸，会造成巨大破坏和人身伤亡。

2. 第二类防雷建筑物

(1)国家级重点文物保护的建筑物。

(2)国家级的会堂、办公建筑物、大型展览和博览建筑物、大型火车站、国宾馆、国家级档案馆、大型城市的重要给水泵房等特别重要的建筑物。

(3)国家级计算中心、国际通讯枢纽等对国民经济有重要意义且装有大量电子设备的建筑物。

(4)制造、使用或贮存爆炸物质的建筑物，且电火花不易引起爆炸或不致造成巨大破坏和人身伤亡。

(5)具有 1 区爆炸危险环境的建筑物，且电火花不易引起爆炸或不致造成巨大破坏和人身伤亡。

(6)具有 2 区或 11 区爆炸危险环境的建筑物。

(7)工业企业内有爆炸危险的露天钢质封闭气罐。

（8）预计雷击次数大于 0.06 次/年的部、省级办公建筑物及其他重要或人员密集的公共建筑物。

（9）预计雷击次数大于 0.3 次/年的住宅、办公楼等一般性民用建筑物。

3. 第三类防雷建筑物

（1）省级重点文物保护的建筑物及省级档案馆。

（2）预计雷击次数大于或等于 0.012 次/年，且小于或等于 0.06 次/年的部、省级办公建筑物及其他重要或人员密集的公共建筑物。

（3）预计雷击次数大于或等于 0.06 次/年，且小于或等于 0.3 次/年的住宅、办公楼等一般性民用建筑物。

（4）预计雷击次数大于或等于 0.06 次/年的一般性工业建筑物。

（5）根据雷击后对工业生产的影响及产生的后果，并结合当地气象、地形、地质及周围环境等因素，确定需要防雷的 21 区、22 区、23 区火灾危险环境。

（6）在平均雷日大于 15 天/年的地区，高度在 15m 及以上的烟囱、水塔等孤立的高耸建筑物；在平均雷日小于或等于 15 天/年的地区，高度在 20m 及以上的烟囱、水塔等孤立的高耸建筑物。

## 二、建筑物防雷装置

防雷装置是利用其高出被保护物的突出地位，把雷电引向自身，通过引下线和接地装置把雷电泄入大地，以保护人身和建构筑物免遭雷击。常规防雷装置有接闪器、引下线和接地装置 3 部分组成。

1. 接闪器

接闪器是指直接接受雷电的金属构件，也称引雷器。它所用材料应能满足机械和耐腐蚀的要求，并有足够的热稳定性，以能承受雷电流的热破坏作用。常用接闪器主要有避雷针、避雷线、避雷网和避雷带等。加油站雨棚一般采用避雷网和避雷带。

避雷针主要用于保护相对高度突出的建构筑物，一般采用镀锌圆钢或镀锌钢管制成。针长 1m 以下时，圆钢直径不小于 12mm，钢管公称直径不小于 20mm；针长在 1～2m 时，圆钢直径不小于 16mm，钢管公称直径不小于 25mm。镀锌钢管应将端头打扁并焊接封口，针端最好做成尖形，有利于聚集电荷，接闪效果好。

避雷线用于电力输送线和较长的单层建构筑物，一般分为单根避雷线和双根避雷线两种。避雷线的材料为截面不小于 35mm$^2$ 的镀锌钢绞线。避雷网和避雷带主要用于保护建构筑物以防感应雷击。避雷网为网格状，避雷带为带状，一般采用圆钢或扁钢，其圆钢直径不小于 8mm；扁钢截面不小于 48mm$^2$，厚度不小于4mm。

2. 引下线

引下线是避雷保护装置的中间部分，上接接闪器，下连接地装置。引下线一般采用圆钢或扁钢，圆钢直径不应小于8mm，扁钢截面不小于48mm²，厚度不小于4mm。

引下线应沿建构筑物的外墙敷设，并经最短路线接地。一个建构筑物的引下线一般不少于两根。对于暗装的引下线，其截面积应加大一级。建构筑物的金属构件也可作为引下线，但所有的金属构件均应连成电气通路。

3. 接地装置

接地装置包括埋设在地下的接地线和接地体。其结构形式与静电接地装置相同，可同防静电接地装置共用，但不得与电气设备的接地装置共用。接地装置起散流作用，是保证被保护物和人身安全的主要环节。接地装置的性能取决于它的结构形式、布局和材料等，也取决于它的实际散流电阻值。接地电阻值是用来衡量接地装置是否合格的一个指标，接地电阻越小，电流导入大地的能力越好。

加油站和加气站的接地干线和接地体应选用镀锌材料，选材见表6-1所示。

表6-1 接地干线和接地体材料选择表 mm

| 名称 | 地上 | | 地下 | 备注 |
| --- | --- | --- | --- | --- |
| | 室内 | 室外 | | |
| 扁钢 | 25×4 | 40×4 | 40×4 | 镀锌材料 |
| 圆钢 | $\phi 8$ | $\phi 10$ | $\phi 16$ | 镀锌材料 |
| 角钢 | | | 50×50×5 | 镀锌材料 |
| 钢管 | | | DN 50 | 镀锌材料 |

接地体不应少于2根，可用角钢、钢管等垂直敷设，埋地深度不应小于2.5m，两根接地体之间的距离不应小于5m，敷设在地下的接地体不应刷漆，接地线必须连接可靠，不得把几个应予接地的干线连接在一起，防止损伤，并应敷设在便于检查的地方。详见图6-3。

防雷接地装置同其他接地装置一样，应定期检查和测定。主要应检查各部分的连接情况和锈蚀情况，并测量其接地电阻。一般规定每年春秋两季各检查一次。

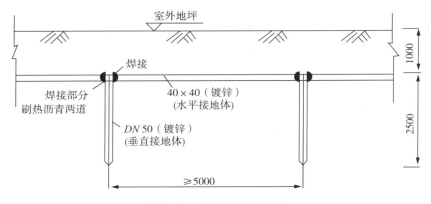

图 6-3　接地装置剖面图

### 三、第一类防雷建筑物的防雷措施

1. 防直击雷的措施

（1）应装设独立避雷针或架空避雷线（网），架空避雷网的网格尺寸不应大于 5m×5m 或 6m×4m。

（2）独立避雷针的杆塔、架空避雷线的端部和架空避雷网的各支柱处应至少设一根引下线。对用金属制成或有焊接、绑扎连接钢筋网的杆塔、支柱，宜利用其作为引下线。

（3）独立避雷针、架空避雷线或架空避雷网应有独立的接地装置。每一引下线的冲击接地电阻不宜大于 10Ω，在土壤电阻率高的地区，可适当增大冲击接地电阻。

（4）独立避雷针和架空避雷线（网）的支柱及其按地装置至被保护建筑物及与其有联系的管道、电缆等金属物之间的距离（图 6-4），应符合下列表达式的要求，但不得小于 3m。

地上部分：　　当 $h_x < 5R_i$ 时，
$$S_{a1} \geq 0.4(R_i + 0.1h_x)$$

当 $h_x \geq 5R_i$ 时，
$$S_{a1} \geq 0.1(R_i + 0.1h_x)$$

地下部分：　　$S_{e1} \geq 0.4R_i$

式中　$S_{a1}$——空气中距离，m；

$\quad\quad S_{e1}$——地中距离，m；

$\quad\quad R_i$——独立避雷针或架空避雷线（网）支柱处接地装置的冲击接地电阻，Ω；

$\quad\quad h_x$——被保护物或计算点的高度，m。

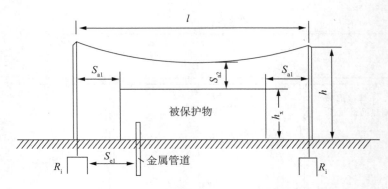

图 6 - 4　防雷装置至被保护物的距离

**2. 防雷电感应的措施**

（1）建筑物内的设备、管道、构架、电缆金属外皮、钢屋架、钢窗较大金属物和突出屋面的放散管、风管等金属物，均应接到防雷电感应的接地装置上。

金属屋面周边每隔 18～24m 应采用引下线接地一次。

现场浇制的或由预制构件组成的钢筋混凝土屋面，其钢筋宜绑扎或焊接成闭合回路，每隔 18～24m 采用引下线接地一次。

（2）平行敷设的管道、构架和电缆金属外皮等长金属物，其净距小于 100mm 时应用金属线跨接，跨接点的间距不应大于 30m；交叉净距小于 100mm 时，其交叉处亦应跨接。

（3）防雷电感应的接地装置应和电气设备接地装置共用，其工频接地电阻不应大于 10Ω，屋内接地干线与防雷电感应接地装置的连接，不应少于 2m。

**3. 防止雷电波侵入的措施**

（1）低压线路宜全线采用电缆直接埋地敷设，在入户端应将电缆的金属外皮、钢管接到防雷电感应的接地装置上。当全线采用电缆有困难时，可采用钢筋混凝土杆和铁横担的架空线，并应使用一段金属铠装电缆或护套电缆穿钢管直接埋地引入，埋地长度应符合下式的要求，但不应小于 15m：

$$L \geqslant 2\rho$$

式中　$L$——金属铠装电缆或护变电缆穿钢管埋于地中的长度，m；

　　　$\rho$——埋电缆处的土壤电阻率，Ω·m。

在电缆与架空线连接处，还应装设避雷器。避雷器、电缆金属外皮、钢管和绝缘子铁脚、金具等应连在一起接地，其冲击接地电阻不应大于 10Ω。

（2）架空金属管道，在进出建筑处，应与防雷电感应的接地装置相连。距离建筑物 100m 内的管道，应每隔 25m 左右接地一次，其冲击接地电阻不应大于 20Ω，并宜利用金属支架或钢筋混凝土支架的焊接、绑扎钢筋网作为引下线，其钢筋混凝土基础宜作为接地装置。

　　埋地或地沟内的金属管道，在进出建筑物处亦应与防雷电感应的接地装置相连。

　　(3)当建筑物太高或其他原因难以装设独立避雷针、架空避雷线、避雷网时，可将避雷针或网格不大于5m×5m或6m×4m的避雷网或由其混合组成的接闪器直接装在建筑物上。避雷网应敷设在易受雷击的部位，并必须符合下列要求：所有避雷针应采用避雷带互相连接；引下线不应少于两根，并应沿建筑物四周均匀或对称布置，其间距不应大于12m；建筑物应装设均压环，环间垂直距离不应大于12m，所有引下线、建筑物的金属结构和金属设备均应连到环上，均压环可利用电气设备的接地干线环路；防直击雷的接地装置应围绕建筑物敷设成环形接地体，每根引下线的冲击接地电阻不应大于10Ω，并应和电气设备接地装置及所有进入建筑物的金属管道相连，此接地装置可兼作防雷电感应之用；当建筑物高于30m时，采取以下防侧击的措施，从30m起每隔不大于6m沿建筑物四周设水平避雷带并与引下线相连，30m及以上外墙上的栏杆、门窗等较大的金属物与防雷装置连接；在电源引入的总配电箱处宜装设过电压保护器。

　　当树木高于建筑物且不在接闪器保护范围之内时，树木与建筑物之间的净距不应小于5m。

### 四、第二类防雷建筑物的防雷措施

1. 防直击雷的措施

　　(1)宜采用在建筑物上装设避雷网(带)或避雷针或其混合组成的接闪器。避雷网(带)应沿易受雷击的部位敷设，并应在整个屋面形成不大于10m×10m或12m×l8m的网格。所有避雷针应采用避雷带相互连接。

　　(2)引下线不少于两根，并应沿建筑物四周均匀或对称布置，其间距不应大于18m。当仅利用建筑物四周的钢柱或柱子钢筋作为引下线时，可按跨度设引下线，但引下线的平均间距不应大于18m。

　　(3)每根引下线的冲击接地电阻不应大于10Ω。防直击雷接地宜和防雷电感应、电气设备等接地共用同一接地装置，并宜与埋地管道相连；当不共用、不相连时，两者间在地中的距离应符合下式的要求，但不应小于2m。

$$S_{e2} \geqslant 0.3 k_c R_i$$

式中　$S_{e2}$——地中距离，m；

　　　$R_i$——引下线的冲击接地电阻，Ω；

　　　$k_c$——分流系数，单根引下线为1，两根引下线及接闪器不成闭合环的多根引下线应为0.66，接闪器成闭合环或网状的多根引下线应为0.44。

在共用接地装置与埋地金属管道相连的情况下，接地装置宜绕建筑物敷设成环形接地体。

2. 防雷电感应的措施

(1)建筑物内的设备、管道、构架等主要金属物，应就近接至防直击雷接地装置或电气设备的保护接地装置上，可不另设接地装置。

(2)平行敷设的管道、构架和电缆金属外皮等长金属物，与第一类建筑物相同，但长金属物连接处可不跨接。

(3)建筑物内防雷电感应的接地干线与接地装置的连接不应少于两处。

3. 防止雷电波侵入的措施

(1)当低压线路全长采用埋地电缆或敷设在架空金属线槽内的电缆引入时，在入户端应将电缆金属外皮、金属线槽接地；对第二类防雷建筑物中第4~6条规定的建筑物，上述金属物尚应与防雷的接地装置相连。

(2)第二类建筑物中第4~6条规定的建筑物，其低压电源线路应符合下列要求：

低压架空线应改换一段埋地金属铠装电缆或护套电缆穿钢管直接埋地引入，其要求同第一类防雷建筑物防雷电波侵入措施中第(1)条的规定。

平均雷暴日小于30天/年地区的建筑物，可采用低压架空线直接引入建筑物内，但在入户处应装设避雷器或设2~3mm的空气间隙，并应与绝缘子铁脚、金具连在一起接到防雷的接地装置上，其冲击接地电阻不应大于5Ω。入户处的三基电杆绝缘子铁脚、金具应接地，靠近建筑物的电杆，其冲击接地电阻不应大于10Ω，其余两基电杆不应大于20Ω。

(3)第二类防雷建筑物中第1、2、3、8、9条规定的建筑物，其低压电源线路应符合下列要求：

当低压架空线转换金属铠装电缆或护套电缆穿钢管直接埋地引入时，其埋地长度应大于或等于15m，并应符合上条的有关规定。

当架空线直接引入时，在入户处应加装避雷器，并将其与绝缘子铁脚、金具连在一起接到电气设备的接地装置上，靠近建筑物的两基电杆上的绝缘子铁脚应接地，其冲击接地电阻不应大于30Ω。

(4)架空和直接埋地的金属管道，在进出建筑物处应就近与防雷的接地装置相连；当不相连时，架空管道应接地，其冲击接地电阻不应大于10Ω。第二类防雷建筑物中第4~6条规定的建筑物，引入、引出该建筑物的金属管道在进出处应与防雷的接地装置相连；对架空金属管道还应在距建筑物25m处接地一次，其冲击接地电阻不应大于10Ω。

防止雷电流流经引下线和接地装置时产生的高电位对附近金属物或电气线

路的反击，应符合下列要求。

当金属物或电气线路与防雷的接地装置之间不相连时，其引下线之间的距离应按下列表达式确定：

当　　　　　　　　　　　　$L_x < 5R_i$ 时，

$$S_{a3} \geqslant 0.3k_c(R_i + 0.1L_x)$$

当　　　　　　　　　　　　$L_x \geqslant 5R_i$ 时，

$$S_{a3} \geqslant 0.075k_c(R_i + L_x)$$

式中　$S_{a3}$——空气中距离，m；

　　　$R_i$——引下线的冲击接地电阻，Ω；

　　　$L_x$——引下线计算点到地面的长度，m。

当金属物或电气线路与防雷的接地装置之间相连或通过过电压保护器相连时，其引下线之间的距离应按下列表达式确定：

$$S_{a4} \geqslant 0.075k_cL_x$$

式中　$S_{a4}$——空气中距离，m；

　　　$L_x$——引下线计算点到连接点的长度，m。

当利用建筑物的钢筋或钢结构作为引下线，同时建筑物的大部分钢筋、钢结构等金属物与被利用的部分连成整体时，金属物或线路与引下线之间的距离可不受限制。

### 五、第三类防雷建筑物的防雷措施

1. 防直击雷措施

（1）宜采用在建筑物上装设避雷网（带）或避雷针或由这两种混合组成的接闪器。避雷网（带）应按规范的规定沿屋角、屋脊、屋檐和檐角等易受雷击的部位敷设，并应在整个屋组成不大于 20m×20m 或 24m×16m 的网格。

平屋面的建筑物，当其宽度不大于 20m 时，可仅沿周边敷设一圈避雷带。

（2）引下线不应少于两根，但周长不超过 25m 且高度不超过 40m 的建筑物可只设一根引下线。引下线应沿建筑物四周均匀或对称布置，其间距不应大于 25m。当仅利用建筑物四周的钢柱或柱子钢筋作为引下线时，或按跨度设引下线，引下线的平均间距不大于 25m。

在共用接地装置与埋地金属管道相连的情况下，接地装置宜围绕建筑物敷设成环形接地体。

（3）每根引下线的冲击接地电阻不宜大于 30Ω。防雷的接地装置宜与埋地金属管道相连。当不共用、不相连时，两者间在地中的距离不应小于 2m。

2. 防止雷电波侵入的措施

（1）对电缆进出线，应在进出端将电缆的金属外皮、钢管等与电气设备接地相连。当电缆转换为架空线时，应在转换处装设避雷器，避雷器、电缆金属外皮和绝缘子铁脚、金具等应连在一起接地，其冲击接地电阻不宜大于30Ω。

（2）对低压架空进出线，应在进出处装设避雷器并与绝缘子铁脚、金具连在一起接到电气设备的接地装置上。当多回路架空进出线时，可仅在母线或总配电箱处装设一组避雷器或其他类型的过电压保护器，但绝缘子铁脚、金具仍应接到接地装置上。

（3）进出建筑物的架空金属管道，在进出处应就近接到防雷或电气设备的接地装置上或独自接地，其冲击接地电阻不宜大于30Ω。

防止雷电流流经引下线和接地装置时产生的高电位对附近金属物或线路的反击，同第二类防雷建筑物的要求，但表达式为：

当
$$L_x < 5R_i 时，$$
$$S_{a3} \geq 0.2k_c(R_i + 0.1L_x)$$
当
$$L_x \geq 5R_i 时，$$
$$S_{a3} \geq 0.05k_c(R_i + L_x)$$
$$S_{a4} \geq 0.05k_c L_x$$

## 六、现代建筑防雷保护

当前仍有绝大多数人对雷害及其防护持侥幸心理，错误地认为既然建筑物安装了避雷装置（避雷针、避雷带等），就可以高枕无忧了。实际情况并非如此。有的建筑物虽然安装了避雷装置，但对伴随着直击雷击而生的感应雷、雷电波入侵、地电位反击等二次雷击，这些装置就无能为力了。为防御二次雷击灾害，必须采取现代综合防雷技术，即接闪、分流、等电位连接、屏蔽措施，以及过电压保护、公用接地系统、合理布线等措施。

应从建筑物本身的防雷安全设计入手，抓住如下重要环节：

其一，做好室内电子设备的均压保护：将进入室内的各种金属管道，如水管、供热管、供气管以及通讯、信号和电源等电缆金属（屏蔽）护套进行等电位连接。

其二，做好室内电子设备的接地保护：工作接地，主要是为了使整个电子电路有一个公共的零电位基础面，给高频干扰线路提供低阻的通路；安全接地，主要对策是发生雷击时将建筑物及其内部的强电设备和电子设备以及操作者同时抬到大致相等的电位水平，从而保证设备与设备之间、设备与人之间不产生危险的电位。

其三，做好室内电子设备的屏蔽保护：建筑物内电子系统对雷电产生的电磁脉冲干扰十分敏感，所以屏蔽工作很重要。做法是，将房屋墙壁中的结构钢筋在相交处电气连接，并与金属门窗框焊接；将各类电子设备的外壳就近与接地环连接，交流电源的保护地线也要与接地环连接，并保持与电源相平衡。

作为现代建筑防雷的安全思考，特提出以下建议：

第一，建筑、电力、通讯、交通等最易受到雷暴危害的部门应通力协作开展防雷工程研究。

第二，要从提高城市安全度的高度去重新认识建筑防雷安全的重要性，不仅研究城市防雷新理论，还要研究城市建筑防雷的新规律及新变化，为城市规划设计提供资料。

第三，鉴于建筑物内电子设备防雷的重要性，应集中组织建筑设计与信息技术专家联合攻关，最大限度地提高现代建筑的防雷能力及总体安全水平。

# 第五节 电力系统防雷保护

## 一、变电所的防雷保护

变电所遭受的雷害有：直击雷、感应雷（又叫二次雷）、雷电波侵入、雷电地电位反击。

主要的保护措施：设置避雷针、避雷线、避雷器、保护间隙。

（一）变电所的直击雷防护

变、配电所的露天变、配电设备，母线架构，建筑物等应装设防止直击雷保护装置。

避雷针是防止直击雷的有效措施。变、配电所内的避雷针按其安装和接地方式的不同，可分为独立避雷针和架构避雷针两种。

独立避雷针与被保护物之间应保持一定的空间距离，以免当避雷针上落雷时造成向被保护物反击的事故。这个空间距离可根据空气的耐压强度和雷击时避雷针上的电位来确定。如图 6－5 所示，假定避雷针上距离被保护物最近一点为 A，当雷击避雷针时，避雷针上 A 点电位 $U_A$ 可由下式求出：

$$U_A = IR_{ch} + Ldi/dt$$

式中 $R_{ch}$——独立避雷针的冲击接地电阻，$\Omega$；

$L$——避雷针上 A 点高度以下的电感，$\mu H$；

$I$——雷电流的幅值，一般取 150kA；

$di/dt$——雷电流由零上升到最大值的上升速度。

根据过电压保护规范的规定：

$$S_k \geq 150R_{ch}/500 + 75h/750 = 0.3R_{ch} + 0.1h(m)$$

为了降低雷击避雷针时所造成的感应过电压的影响，在条件许可时，此距离应尽量增大，一般情况下不应小于 5m。如图 6－5 所示，独立避雷针的接地装置与被保护物的接地网间的最小允许距离 $S_d \geqslant U_r/300 = 0.5R_{ch}$(m)。实际运行经验证明 $S_d$ 只要大于 $0.3R_{ch}$ 就足够安全了，一般情况下不应小于3m。

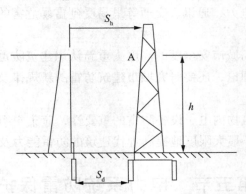

图6-5　独立避雷针与被保护物的距离

(二)变电所的侵入雷电波防护

当线路上出现大气过电压后，雷电波将沿着导线侵入变电所，破坏电气设备的绝缘。对雷电侵入波采取的防护措施主要是在变、配电所的进线段架设架空地线保护，以及在母线上装设阀形避雷器。

(1)未沿全线架设避雷线的35kV架空线路，变电所的进线段保护接线如图6-6所示。

当采用阀型避雷器保护电器设备时，在阀型避雷器与被保护电气设备有一定电气距离的情况下，被保护电器设备上的电压将超过阀型避雷器的残压。这一点虽然在决定变电所电气设备的绝缘水平时已有所考虑，但在某些情况下，如，入射波的陡度过大、避雷器距被保护设备过远、或受雷击处距变电所母线太近时，则作用于被保护设备上的过电压有可能超过容许的数值。为避免发生此类情况，需在靠近变电所 1~2km 的进线段架设架空地线进行保护，如图6-6所示。

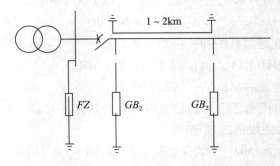

图6-6　变电所的进线段保护接线图

此外，对木杆或横担钢筋混凝土杆线路、铁塔或铁横杆线路，其进线段首端一般不装设避雷器。在雷雨季节，如变电所35kV进线的隔离开关或断路器经常断路运行，同时其线路侧带电，则必须在靠近隔离开关或断路处装设一组避雷器。

（2）对于35kV/1000kV·A及以下小容量的不重要负荷的变电所，其进线段保护可采用图6-7所示的简化保护接线。图中JX为保护间隙。必须注意所有采用简化保护接线的35kV变电所中，阀形避雷器距离变压器的最大允许电气距离一般不应大于10m。

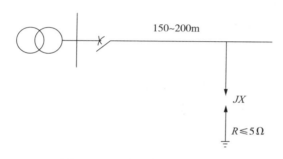

图6-7　进线段保护简化接线

对于具有35kV及以上电缆进线的变电所，其进线段保护可采用图6-8所示的保护接线。在架空线路与电缆进线的连接处必须装设阀型避雷器，其接地线应与电缆外皮连接后共同接地。阀型避雷器的接地线与电缆外皮连接，可利用电缆外皮的分流作用，使很大一部分雷电流沿电缆外皮流入大地，当雷电流经过电缆外皮时，则在电缆芯线上感应出与外加电压相等、方向相反的电动势，它能阻止雷电流沿电缆芯线侵入配电装置，从而降低了配电装置的过电压幅值。同时，还可以使避雷器放电时，保证加在电缆主绝缘上的过电压仅为避雷器的残压。

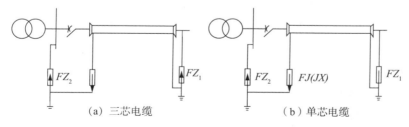

图6-8　电缆进线的变电所进线段保护

对于三芯电缆，末端的金属外皮应直接接地，如图6-8(b)所示。
对于单芯电缆，应经保护间隙JX接地，如图6-8(a)所示。其作用有以下两方面：

（1）当雷电波侵入时，很高的过电压将保护间隙击穿，使雷电流泄入大地，从而降低了过电压幅值；

（2）在正常运行情况下，由于保护间隙在低电压下有很高的电阻，相当于电缆金属外皮一端开路，工作电流不会在金属外皮上感应出环流（其值可达芯线电流的50%～95%，造成很大的损耗），从而有效的防止了由于环流造成烧损电缆金属外皮和由于环流发热而降低电缆的载流量等问题。

## 二、输电线路的防雷保护

（一）架空线路上的雷电过电压

（1）线路上的感应过电压

当雷云对线路附近的地面放电时，先到通路中的负电荷被中和，电场迅速降低，导线上的正电荷被释放，沿导体向两侧运动形成感应雷过电压。

由于静电场突然消失而引起的感应电压称为感应过电压的静电分量。同时，雷电流在通道周围空间产生了强大的磁场，此磁场的变化形成感应过电压的电磁分量。

（2）距架空线路 $S > 65\text{m}$ 处，雷云对地放电时，线路上产生的感应过电压最大值可按下式计算：

$$U_i \approx 25 \frac{Ih_c}{S}$$

式中　$U_i$——雷击大地时感应过电压最大值，kV；

　　$I$——雷电流幅值（一般不超过100），kA；

　　$h_c$——导线平均高度，m；

　　$S$——雷击点与线路的距离，m。

线路上的感应过电压为随机变量，其最大值可达300～400kV，一般仅对35kV及以下线路的绝缘有一定威胁。

（3）雷击架空线路导线产生的直击雷过电压，可按下式确定：

$$U_c \approx 100I$$

式中　$U_c$——雷击点过电压最大值，kV。

雷直击导线形成的过电压易导致线路绝缘闪络。架设避雷线可有效地减少雷直击导线的概率。

（4）因雷击架空线路避雷线、杆顶形成作用于线路绝缘的雷电反击过电压，与雷电参数、杆塔型式、高度和接地电阻等有关，宜适当选取杆塔接地电阻，以减少雷电反击过电压的危害。

（5）雷直击于避雷线线路的情况有：

雷击杆塔塔顶、雷击避雷线档距中间、雷绕过避雷线击于导线——绕击。

（二）防直击雷的措施

1. 架设避雷线

1）有避雷线的线路应防止雷击档距中央反击导线。15℃无风时，档距中央导线与避雷线间的距离宜符合下式：

$$s_1 = 0.012l + 1$$

式中　　$s_1$——导线与避雷线间的距离，m；

　　　　$l$——档距长度，m。

当档距长度较大，按上式计算出的 $s_1$ 大于3m的数值时，可按后者要求。

2）各级电压的线路，一般采用下列保护方式：

①35kV及以下线路，一般不沿全线架设避雷线。

②除少雷区外，3～10kV钢筋混凝土杆配电线路，宜采用瓷或其他绝缘材料的横担；如果用铁横担，对供电可靠性要求高的线路宜采用高一电压等级的绝缘子，并应尽量以较短的时间切除故障，以减少雷击跳闸和断线事故。

杆塔上避雷线对边导线的保护角，一般采用20°～30°。220～330kV双避雷线线路，一般采用20°左右，500kV一般不大于15°，山区宜采用较小的保护角。

杆塔上两根避雷线间的距离不应超过导线与避雷线间垂直距离的5倍。

理论分析和运行情况均表明，输电线路雷击跳闸的主要原因是避雷线屏蔽失效，雷电绕击导线造成的。因此采用良好的避雷线屏蔽设计，是提高输电线路耐雷性能的主要措施。同时还应该考虑到输电线路导线上工作电压对避雷线屏蔽的影响。对于山区，因地形影响（山坡、峡谷），避雷线的保护可能需要取负保护角。也可架设耦合地线来提高输电线路的抗雷击水平。还可以在运行线路上装设避雷器。

2. 降低杆塔接地电阻

（1）有避雷线的线路，在一般土壤电阻率地区，其耐雷水平不宜低于表6-2所列数值。

表6-2　耐雷水平

| | 标称电压/kV | 35 |
|---|---|---|
| 耐雷水平/kA | 一般线路 | 20～30 |
| | 大跨越档中央和变电所进线保护段 | 30 |

（2）有避雷线的线路，每基杆塔不连避雷线的工频接地电阻，在雷季干燥时，不宜超过表6-3所列数值。

表6-3　工频接地电阻

| 土壤电阻率/(Ω·m) | ≤100 | >100~500 | >500~1000 | >1000~2000 | >2000 |
|---|---|---|---|---|---|
| 接地电阻/Ω | 10 | 15 | 20 | 25 | 30 |

**3. 架设耦合地线**

雷电活动强烈的地方和经常发生雷击故障的杆塔和线段，应改善接地装置、架设避雷线、适当加强绝缘或架设耦合地线。

在降低杆塔接地电阻有困难时，可采用架设耦合地线的措施，即在导线下方再架设一条地线。它的作用主要有以下方面：①加强避雷线与导线间的耦合，使线路绝缘上的过电压降低；②增加了对雷电流的分流作用。运行经验表明，耦合地线对减小雷击跳闸率的效果是显著的，尤其在山区的输电线路其效果更为明显。

**4. 采用不平衡绝缘方式**

在同杆架设的双回线路中，使两回线路中的绝缘子串片数量不等，雷电在少的绝缘子回路先闪络，闪络后的导线相当于地线，增加了对另一回路导线的耦合作用，提高了另一回路的耐雷电水平使之不发生闪络，继续供电。

两回路的绝缘水平相差$\sqrt{3}$倍的相电压(峰值)。

**5. 其他**

此外，可以采用装设线路重合闸、装设管型避雷器、加强线路绝缘水平等手段，减小雷击对输电线路的影响。

### 三、10kV 配电线路防雷措施

(1)为了提高10kV配电线路的耐雷水平，在农网改造的线路中应尽量选择瓷横担，因为瓷横担的耐雷水平是铁横担针式绝缘子的3倍多。对于现有铁横担线路，应更换成高一级的绝缘子。

(2)对于中性点不接地的10kV配电线路，发生单相接地时，线路不会引起跳闸，因此说防止相间短路是线路防雷的基本原则。

(3)10kV配电线路遭受雷击后，往往造成绝缘子击穿和导线烧断事故，尤其是对于多雷区的钢筋混凝土杆铁担的线路最为突出，所以在这些绝缘薄弱点必须有可靠的电气连接并与接地引下线相连。引下线可借助钢筋混凝土杆的钢筋焊连，接地电阻应小于30Ω。

(4)对于个别高的杆塔、铁横担、带有拉线的部分杆塔和终端杆等绝缘薄弱点，应装设避雷器进行保护。

(5)对于10kV配电线路相互交叉和与较低电压线路、通讯线、闭路电视线交叉的线路，其交叉时上下导线间的垂直距离最小允许值应符合有关规程中规定的数值。如果工作距离较小，空气间隙可能被雷电所击穿，使两条相互交叉的线路发生故障跳闸，并将引起线路继电保护的非选择性动作，从而可能扩大为系统事故。所以在线路交叉跨越地段的两端，有必要加装配合式保护间隙。

（6）架设在多雷区的分支线路应装设一次重合保险器或重合装置，以防止雷击危害。线路遭雷击后，雷电闪络产生稳态的工频电弧使相间短路，当开关跳闸后电流被切断，电弧熄灭，其绝缘一般能较快恢复。经一定时间重合后，电弧一般不会重燃，重合成功率较高，这样可提高供电可靠性。

### 四、防止低电压（380/220V）架空电力线路过电压的措施

低压架空线路分布很广，尤其在多雷区单独架设的低压线路，很容易受到雷击。同时，低压架空线直接引入用户，而低压设备绝缘水平很低，人们接触的机会又多，因此必须考虑雷电沿着低压线侵入室内的防雷保护措施。其具体措施如下：

（1）3～10kV 电压等级的 Y、yn0 或 Y、y 接线的配电变压器，宜在低压侧装一组阀型避雷器或保护间隙。变压器低压侧为中性点不接地时，应在中性点处装设击穿保险器。

（2）对于重要用户，宜在低压线路引入室内前 50m 处，安装一组低压避雷器，入室后再装一组低压避雷器。

（3）对于一般用户，可在低压进线第一支持物处，装一组低压避雷器或击穿保险器，亦可将进户线的绝缘子铁脚接地，其工频接地电阻不应超过 30Ω。

（4）对于易受雷击的地段，直接与架空线路相连的电动机或电能表，宜加装低压避雷器或间隙保护，间隙距离可采用 1.5～2mm，也可以采用通讯设备上用的 500V 的放电保护间隙。

### 五、10kV 配电设备防雷措施

（1）配电变压器按现行规范采用阀型避雷器来保护。阀型避雷器要求越靠近变压器安装、保护效果越好，一般要求装在高压跌落保险的内侧。必须使避雷器的残压小于配电变压器的耐压，才能有效地对变压器起保护作用。

（2）避雷器的选择应与线路额定电压相符。若避雷器额定电压高于设备额定电压，设备受雷击时将失去可靠保护；避雷器额定电压低于设备额定电压，在正常的过电压下避雷器频繁动作引起线路接地跳闸。

（3）当变压器容量在 100kV·A 及以上时，接地电阻应尽可能降低到 4Ω以下；当变压器容量小于 100kV·A 时，接地电阻可在 10Ω 及以下即可。如达不到上述要求，应改造接地网，使其阻值下降，从而使雷电流流过接地线引起的电位降低。

（4）在配变低压侧也装设保护装置。10kV 配变只在进线处安装避雷器不能保护配变低压绕组，而且由于低压侧落雷也将造成雷电冲击电压直接通过计量装置加在低压绕组上，按变比感应到高压侧产生高电压、有可能首先击穿高压绕组。同时，雷电冲击电压通过低压线路侵入用户，造成家用电器的损坏。所以在配变低压侧应装设低压避雷器（以装设一组 FYS 型低压金属氧化物避雷器为宜）或 500V 的通讯用放电间隙保护器，并将避雷器、变压器外壳和中性点可靠接地。

（5）在配电变压器进线处装设电抗器。电抗器可以利用进线制作，用进线绕成直径 100mm，10~20 匝的电感线圈。阻止雷电波的入侵，保护变压器。

（6）避雷器安装工艺要规范。避雷器的接地要良好，接地线联接要可靠。农村配变避雷器安装工艺差、引线细：接头松或开路造成避雷器失去保护作用而导致配变遭雷击烧坏是较常见的，所以防雷引线的截面积，引线连接头，接地体埋设都要符合有关防雷接地规程要求。

（7）按期进行预试和检修，避雷器要按规程要求定期进行绝缘电阻、工频放电电压试验，对不合格和有缺陷的避雷器进行更换。FS 阀型避雷器经一段时间运行后，因避雷器自身老化其工频放电电压下降，绝缘电阻降低。当其工频放电电压低于 23kV，绝缘电阻低于 2000MΩ 时必须更换。对接地引下线，接地装置要定期巡视检修。雷雨季节前要清扫瓷体，紧固接头，损坏部位立即更换。

## 六、气体绝缘变电所防雷保护

作为一种新型变电所，全封闭 $SF_6$ 气体绝缘变电所（GIS）因具有一系列优点而获得越来越多的采用。它的防雷保护除了与常规变电所具有共同的原则外，也有自己的一些特点：

（1）GIS 绝缘的伏秒特性很平坦，其冲击系数接近于 1，其绝缘水平主要取决于雷电冲击水平，因而对所用避雷器的伏秒特性、放电稳定性等技术指标都提出了特别高的要求，最理想的是采用保护性能优异的氧化锌避雷器；

（2）GIS 的结构紧凑，设备之间的电气距离大大缩减，被保护设备与避雷器相距较近，比常规变电所有利；

（3）GIS 中的同轴母线间的波阻抗一般只有 60~100Ω，约为架空线的 1/5。从架空线入侵的过电压波经过折射，其幅值和陡度都显著变小，这对变电所的进行波防护也是有利的；

（4）GIS 内的绝缘，大多为稍不均匀电场结构，一旦出现电晕，将立即导致击穿。而且不能恢复原有的电气强度，甚至导致整个 GIS 系统的损坏，而 GIS 本身的价格远较常规变电所昂贵，因而要求它的防雷保护措施更加可靠、在绝缘配合中留有足够的裕度。

1. 66kV 及以上进线无电缆段的 GIS 变电所，在 GIS 管道与架空线路的连接处，应装设金属氧化物避雷器（FMO1），其接地端应与管道金属外壳连接，如图6-9所示。

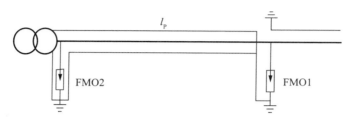

图6-9 无电缆段进线的 GIS 变电所保护接线

如变压器或 GIS 一次回路的任何电气部分至 FMO1 间的最大电气距离不超过下列参考值或虽超过，但经校验，装一组避雷器即能符合保护要求，则图中可只装设 FMO1。

| | |
|---|---|
| 66kV | 50m |
| 110kV 及 220kV | 130m |

连接 GIS 管道的架空线路进线保护段的长度应不小于 2km。

2. 66kV 及以上进线有电缆段的 GIS 变电所，在电缆段与架空线路的连接处应装设金属氧化物避雷器（FMO1），其接地端应与电缆的金属外皮连接。对三芯电缆，末端的金属外皮应与 GIS 管道金属外壳连接接地，如图6-10（a）所示；对单芯电缆，应经金属氧化物电缆护层保护器（FC）接地，如图6-10（b）所示。

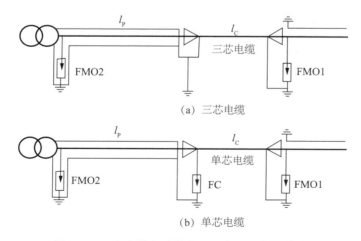

（a）三芯电缆

（b）单芯电缆

图6-10 有电缆段进线的 GIS 变电所保护接线

电缆末端至变压器或 GIS 一次回路的任何电气部分间的最大电气距离不超

过上述的参考值或虽超过，但经校验，装一组避雷器即能符合保护要求，图中可不装设 FMO2。

对连接电缆段的 2km 架空线路应架设避雷线。

3. 进线全长为电缆的 GIS 变电所内是否需装设金属氧化物避雷器，应视电缆另一端有无雷电过电压波侵入的可能，经校验确定。

# 第六节　其他防雷措施

## 一、人体防雷措施

雷雨时，非工作必须尽量减少在户外或野外逗留，在户外或野外最好穿塑料等不浸水的雨衣；如有条件，可进入有宽大金属架构架或防雷设施的建筑物；如依靠建筑物屏蔽的街道或高大树木屏蔽的街道躲避，要注意离开墙壁和树干 8m 以上。

在户外突然遇到雷雨，必须牢记两条：一是人体位置要尽量降低，避免突出；二是两脚要尽量靠拢，最好选择干燥处下蹲，以减少暴露面积和触地电位差，因为人体与地面接触面积愈大，危险愈大，这样，便可安然无恙。在野外突然遇到雷电，需切实做好"十不要"：

（1）不要站在山顶，山脊等高处和躺在地上；

（2）不要站在大树下，树林边或草垛旁躲雨；

（3）不要靠近孤立的高楼、烟囱、电杆行走；

（4）不要穿湿衣服赶路；

（5）不要在开阔的水面游泳、划船、应尽快离开水面或稻田；

（6）不要靠近金属物体；

（7）不要把锄头，铁铲等工具扛得高高的；

（8）不要骑牛、马，不要在空野里骑车；

（9）不要使用移动电话；

（10）不要站在避雷针附近。

在户内应注意雷电侵入波的危险，应离开照明线、电话线、广播线、电视天线以及与其相连的各种导体，以防止这些线路和导体对人体的二次放电。调查资料说明，户内 70% 以上对人体二次放电的事故发生在相距 1m 以内的场合，相距 1.5m 以上尚未发现死亡事故。由此可见，雷暴时人体最好离开可能传来雷电侵入波的线路及导体 1.5m 以上。另外，躲在室内，还应关好门窗，避免过堂风，以防球形雷进入室内伤人。

## 二、家用电器防雷措施

从供电系统看，民用建筑的用电电压为：380/220V 低压系统，所采用的输电线路为 10kV 架空线路引入配电变压器，再从变压器低压侧，经低压线路进入各民用建筑内。当变压器高压侧的架空线遭受直击雷或感应雷时，雷电波通过变压器高压侧侵入到低压侧以至到用户、家用电器因此遭受雷击而损坏。为预防家用电器遭雷击，可采取如下措施：

（1）在低压相线与零线之间装一只 FYS— 0.22kV 金属氧化物无间隙避雷器，这不仅可以有效防雷，还可防止由于三相四线进户零线断线引起中性点位移而产生的过电压危及人身和家用电器安全。目前，市场上还有加装避雷器的家用电器，如电话机、电器插头等，就是说将体积甚小的金属氧化物避雷器，埋在家用电器的插头里，使每一件家用电器都通过低压避雷器有可靠接地。

（2）在低压线路进入室内前安装一组无间隙避雷器，室内再装防雷插座，构成三道保护。

（3）在低压线进入室内前的第一个电杆上将支持绝缘子铁脚可靠接地，起放电间隙作用，降低侵入室内雷电过电压幅值。

（4）室外天线的馈线临近避雷针或避雷针引下线时，馈线应穿金属管线或采用屏蔽线，并将金属管或屏蔽接地。如馈线未穿金属管，又不是屏蔽线，则应在馈线上装避雷器或放电间隙。

另外，雷雨前，尽可能将家用电器的插头拔下，不看电视，不听收音机，不打电话，有室外天线的，在雷雨前就拔下天线插头。

## 三、计算机及其场地防雷电

不少单位为防止计算机及其局域网或广域网遭雷击，便简单地在与外部线路连接的调制解调器上安装避雷器，但由于静电感应雷、防电磁感应雷主要是通过供电线路破坏设备的，因此对计算机信息系统的防雷保护首先是合理地加装电源避雷器，其次是加装信号线路和无馈线避雷器。如果大楼信息系统的设备配置中有计算机中心机房、程控交换机房及机要设备机房，那么在总电源处要加装电源避雷器。按照有关标准要求，必须在 0 区、1 区、2 区分别加装避雷器（0 区、1 区、2 区是按照雷电出现的强度划分的）。在各设备前端分别要加装串联型电源避雷器（多级集成型），以最大限度地抑制雷电感应的能量。同时，计算机中心的 MODEM、路由器，甚至 HUB 等都有线路出户，这些出户的线路都应视为雷电引入通道，都应加装信号避雷器。对楼内计算机等电子设备进行防护的同时，对建（构）筑物再安装防雷设施就更安全了。

#### 四、非常规防雷电

目前，除前面介绍的常规防雷装置外，也有采用激光束引雷、火箭引雷、水柱引雷、放射性避雷针、排雷器等防雷装置进行雷电防护，这些防雷装置称为非常规防雷装置。大多数非常规防雷装置还处于研究实验阶段，对新的更为有效的避雷技术的探索仍在继续。

1. 激光引雷

用强度足够的激光束射向雷云，来定向引导雷电，起到主动截雷或引雷效果。

2. 火箭引雷

用小火箭牵引一条金属丝直接发射到雷云中实现人工触发雷击而达到引雷目的。

3. 水柱引雷

利用脉动加压式高压水枪将水柱射向雷云形成引雷通道的方法。

4. 放射性避雷针

在避雷针等接闪装置顶部预先装上放射性物质或感应圈，加大空气电离程度提高引雷效率。起到增高避雷针高度的作用。

5. 排雷器

在被保护物的顶部放置一个能生成与雷云同极性电荷的装置，使其下方形成一个排雷区，起到防雷作用。

6. 与构架绝缘的外引接地避雷针

对于高耸的构架或设施(如航天飞机的发射机架、军用天线、微波塔等)的避雷，有的采用独立的避雷针保护。有的直接将避雷针(或接闪的端子)安装在被保护的构架上。为了免除接闪器与被保护物在电气上联结在一起带来的麻烦，用绝缘的构架把接闪器与被保护的构架分隔开。接闪器用多根拉线外引单独接地。

7. 消雷器

制造商介绍它是一种利用自然电场产生电晕电流去中和抑制雷云的发展，使之不能发生对地闪击的装置。如果这种装置的性能可靠，它将从根本上消除雷害。

8. 主动式避雷针

据厂家称，这种产品能够随大气电场变化而吸收能量，当存储的能量达到某一程度时便会在避雷针尖放电，尖端周围空气离子化，使避雷针上方形成一条人工的向上的雷电先导，它比自然的向上的雷电通道能更早地与雷云的向下雷电先导接触，形成主放电通道。这样，一方面可以使雷云向该避雷针放电的几率增加，相当于避雷针的保护范围大，或者相当于将避雷针加高。据厂家介绍，由于人工先导的发出，相当于避雷针的高度升高 3～6 倍；另外，由于人工先导使放电提前发生，即把未完全成熟的雷云提前放电，这样就能使雷闪的强度减弱。IEC 研究过有关这类避雷装置，但都没有作出明确的决定，既不否定，也不肯定，只是呼吁各国科学家对这类避雷装置作更深入的研究。

## 五、雷电防护新技术

发供电设备的防雷工作是一件十分重要的事情。当今所有重要的工业和商业建筑结构包括所有的电力设施均按常规进行防雷。

本质上避雷针的工作原理是接通雷击并将其引导至需要保护的设备的周边地下。

从 20 世纪 70 年代起，一项基于电荷转移原理的新的方法在商业上出现，并得到成功的应用。电荷转移理论在数百年前就已知道，但商业应用确只有几十年的历史。电荷转移原理是指强电场中的尖端会通过电离附近的空气分子而将电子耗散掉，条件是尖端对周围的电压升至 10kV 以上。应用此原理的天线阵驱散装置由数千个尖端所组成，被设计和安装在构筑物上。暴风雨时 DAS 会在其上方产生离子，继而降低电子流形成的可能性。本质上，DAS 的作用尤如一台电场限制器。电荷转移法（CTS）不同点在于其目的是减小对特定场所雷击的可能性。这一不同的方法自 20 世纪 70 年代起逐渐得到人们的注意，其部分原因是由于靠避雷针引导雷击，电子计算机以及相关的电子装置仍会被损坏。

雷电防护的方法可以分为收集雷击法和阻止雷击法。避雷针与电荷转移法之间的区别：避雷针被看作收集器，因为它是一个雷击在其邻近地区的端接点。CTS 部分是一台阻止器，因为它阻止下方的引导器和上方的电子流二个极性端的形成。然而电涌抑制装置必须安装，以免遭受远距离雷击。

电荷转移避雷技术还需进行系统的、科学的衡量，衡量其对雷电的响应度以及确定保护区域的范围。这些工作都还没有进行。另外还有物理学技术方面的问题，由于其与地面连接，对阶梯式引导器进行研究时，尖端的电压并未上升。不管情况如何，一部分用户对电荷转移技术十分满意。美国最严重的雷电问题发生在美国东南部，这一地区的许多电力系统用户采用这种天线阵驱散法取得了很大的成功。

到目前为止，还没有有效的方法来衡量和证明这种新的防雷方法。而对于电力系统的工程师们来说，最大努力减少雷击引起的故障率，电荷转移技术应该是有帮助的。

# 第七节　油罐区雷电产生的原因及防护措施

油罐储存大量易燃、可燃油品，一旦遭到雷击，将可能发生严重的火灾爆炸事故。因此油罐防雷问题是石油化工安全工作的重点之一，已日益引起人们的重视。油罐区的防雷应从设计源头开始做好。

## 一、油罐雷害成因分析

雷电是一块云接近地面物体或者带异性电荷的两块云相互接近时，产生的火花放电现象。雷电的形成与大气的温度、湿度和地形等有关，是无法控制的一种自然现象。雷电放电的电压高达 500kV 以上，雷电流可达 $100 \sim 330kA$。波幅变化快，波过程时间短（在 $20 \sim 400\mu s$ 左右），雷电波的频率宽，频率可达 $50 \sim 100kHz$。雷电荷与油品储运作业中产生的静电荷比较，雷电能量大。任何一次雷电的一次主放电的能量，都足以点燃油气混合物，使油品发生燃烧或爆炸火灾事故。

雷击的作用不仅表现为热效应，而且还有电效应和机械的力效应，因而使油罐发生损坏。当油罐遭到雷电袭击时，电能转换成热能，雷击部位产生强烈的电弧，使油罐金属部分熔化或其飞溅物直接点燃油气混合物，引起油罐爆炸着火。当油罐受到雷电感应时会在金属导体上产生感应电动势和电流，若导体上某点的接触电阻大或出现空隙时，会产生炽热部位或电弧。当雷云对大地物体上产生感应的异性电荷，雷云放电后，在与大地相对绝缘的物体上的静电荷变成自由电子。通向大地的物体上有较大的局部电阻或有微小的空隙时，亦会产生炽热部位或电弧火花。

雷电流电动力效应会使油罐内的避雷针引下线被雷击折断，折断处大部分发生在引下线直角拐弯处。

雷电波侵入而造成的危害，对于油罐区而言，主要危及罐区操作室内的监控仪表和现场仪表，以及人身安全。雷电波的侵入途径主要是架空线、金属导线、金属管道等。雷电感应过电压的侵入，是造成油罐区仪表计算机系统损坏的根本原因之一。

综上所述，油罐区雷害成因主要是由于雷电产生的强大电流、炽热的高温、猛烈的冲击波、巨变的电磁场、静电场和强烈的电磁辐射等物理效应造成的。

## 二、油罐防雷设施的现状

我国油库内的大部分油罐采用金属罐，亦有部分采用钢筋混凝土油罐和砖石油罐的。不同类型油罐具有不同的防雷能力。因而各国对各类油罐的防雷设施和要求亦有较大的差异。

（一）锥顶金属油罐

英、美、苏、日、德等国认为金属油罐，当罐顶的金属板有一定的厚度、呼吸阀上安装有阻火器，且油罐与管线有良好的连接，罐体有良好的接地时，油罐就具有防雷能力了，不再装设避雷针（线）。金属油罐防雷顶板的厚度，各国要求不同，美国要求不小于4.75mm，苏联要求不小于4mm；日本要求不小于3.2mm。规定顶板厚度要求，目的是当油罐遭到雷击时，金属油罐的顶板不会被击穿，同时雷击时在罐顶产生的热能，不致引起罐内油品蒸气着火。从油罐的雷击模拟试验资料中可以看出，当雷击电流为146.6~220kA（即能量133.4~201.8J，电量6.68~10.09C）时，钢板熔化的深度仅0.0716~0.352mm，顶板的背面（油罐内的一面）的钢板温度在50~70℃之间。若用最大自然雷击量100C的能量计算，钢板的熔化深度约为1.55mm。

（二）浮顶油罐

浮顶油罐一般有外浮顶油罐和内浮顶油罐两种。浮顶油罐的油品与大气接触的面积较小，且与大气直接接触，在浮顶上的油品热气与空气的混合物，不易达到爆炸极限。故外浮顶油罐是比较安全的。内浮顶油罐与外浮顶油罐不同，内浮顶油罐的顶部有顶盖，油品蒸汽不易扩散，因而有可能在内浮顶油罐浮顶与罐顶之间的空间中，形成有爆炸危险的混合物。因此，内浮顶油罐的火灾危险性比外浮顶油罐的火灾危险性大。同时必须指出的是，当外浮顶油罐发生火灾时，一般是燃烧，而内浮顶油罐发生火灾时，可能出现先爆炸而后燃烧。在发生火灾后，内浮顶油罐的罐体破坏程度比外浮顶强大，可能引起内浮顶的下沉和罐壁的破裂等。

国外浮顶油罐不考虑设置避雷针，仅将浮顶与罐壁间进行良好的电气连接，并将罐体良好的接地。对内浮顶油罐要求，仅提出将浮动部件与箱底、罐顶作良好的电气连接，且可靠地接地。

我国对浮顶油罐的防雷设计没有统一的规定。在有些炼油厂的油库油罐区，设置独立的避雷针；有些油库的外浮顶油罐上安装了避雷针；而有些油库仅将浮顶与罐体进行良好的电气连接，然后将罐体接地。

《石油库设计规范》（GB 50074—2002）中14.2.3规定：浮顶油罐或内浮顶油罐不应装设避雷针，但应将浮顶与罐体用根导线做电气连接。浮顶油罐连接导线应选用横截面不小于$25mm^2$的软铜复绞线。对于内浮顶油罐，钢质浮盘油罐连接导线应选用横截面不小于$16mm^2$的软铜复绞线，铝质浮盘油罐连接导线应选用直径不小于1.8mm的不锈钢钢丝绳。

该标准认为储存易燃油品的浮顶油罐不安装避雷针的理由是：由于浮顶上

的密封严密，浮顶上面的油气较少，一般都达不到爆炸下限，即使雷击着火，也只发生在密封圈不严处，容易扑灭，故不需装设避雷针（网）（见标准的条文说明）。

《石油与石油设施雷电安全规范》（GB 15599—1995）中 4.1.2 规定：当贮存易燃，可燃油品的油罐，其顶板厚度大于等于 4mm 时，可不装设防直击雷设备。但在多雷区，当油罐顶板厚度大于等于 4mm 时，仍可装设防直击雷设备。

由以上两个规范对油罐是否需装设防直击雷设备的不同描述，可以看到规范制定者在避雷针防雷作用上的不同认识。在国内油罐的实际防雷措施中，也的确存在避雷针设与不设的两种情况。

（三）地上钢筋混凝土油罐及其他非金属油罐

英美有关规范要求地上钢筋混凝土油罐及其他非金属油罐，应设防直接雷击设施，一般设置独立的避雷针进行保护。苏联要求设置防直接雷击和防感应雷的两种保护装置。除要求设置独立的避雷针外，要求在地上钢筋混凝土油罐的顶上铺设用直径 6～8mm 的圆钢制成 6m×6m 的网格作防感应雷的保护设施，我国对钢筋混凝土油罐及其他非金属油罐一般设防直接雷击设施。有些油库设置独立避雷针，也有些仅在油罐顶上安装避雷针，大多数油罐没有设置防感应雷的设施。

（四）覆土油罐

覆土油罐一般有金属覆土油罐和非金属覆土油罐两种类型。

国外对覆土油罐防雷设施，没有明确的规定。

我国某些覆土的钢筋混凝土油罐或钢油罐装设独立避雷针；有些在油罐上装设单支避雷针保护呼吸阀及量油孔，也有些在地面上铺设网孔尺寸不大于 10m 的避雷网，该网通过环形接地装置接地；也有不少覆土层超过 0.5m 的油罐没有避雷设施。

（五）防雷接地装置

油罐的防雷接地极为重要，接地电阻越小越好，以便能安全地把雷电流导入大地，还可以限制接地装置上的雷击高电位，防止雷击油罐时，雷电向其他金属物体发生反击。在接地体的布置上要考虑限制接地装置周围的雷击跨步电压，以免伤害人员。

接地电阻值是用来衡量接地装置是否合格的一个指标。接地电阻越小，雷电流导入大地的能力越好，反击和跨步电压也越小。应将防雷接地电阻尽量减小。

各国对接地电阻要求不一致。英国有关规范要求防雷接地电阻不大于 $7\Omega$；

苏联和日本要求防雷接地电阻不大于10Ω。我国设计的防雷接地电阻，要求不大于10Ω。

对于土壤电阻率高的地区，各国一般采用在建、构筑物周围埋设环形水平接地体，并在环形接地体外围加设放射状延伸的导线，减小电压梯度，降低跨步电压。我国一般也是这样做的。我国电力部门还采用化学降阻剂，降低土壤工频接地电阻，但对防雷接地电阻没有明显的作用，一般油罐防雷，均不采用化学降阻剂。

### 三、油罐防雷事故的分析

#### (一)易燃油品金属锥顶油罐

火灾事例说明，金属锥顶油罐还未曾发现因雷击而击穿罐顶而发生火灾的。因为油罐的罐顶和罐壁的厚度均超过4mm。同时油罐本身采用焊接，且与油罐相连的管道都采用法兰螺栓与油罐连接，油罐与部件间在电气上是一个整体。因此雷电直接击在油罐上时，雷电流能沿罐体通过接地装置导入大地。应该指出，若油罐的顶盖或罐壁的厚度小于3.5mm时，应有防直接雷击的设施。

油罐的呼吸阀和阻火器是防雷的关键部件。许多雷击火灾事例说明，油罐遭到雷击发生起火爆炸事故，一般是通过油罐未盖盖的透光孔、透气孔或阻火器的阻火效能差引进罐内的。

阻火器的阻火效能取决于制造阻火器的质量和平日的保养。良好的阻火器能发挥阻火作用，例如某油库雷击时引起呼吸阀周围燃烧，没有将火焰引至罐内，这可能是罐内油品蒸气浓度超过爆炸上限，在呼吸阀周围形成稳定燃烧，也可能由于呼吸阀发挥了阻火作用。必须指出的是，良好性能的阻火器，在良好的保养下，才能发挥良好的阻火作用。例如有些油库虽装上阻火器，由于缺乏良好的保养，有的阻火器年久失修，阻火器仅剩下一个没有芯子的外壳；有的铜丝网已腐蚀出一些较大孔隙，发挥不了阻火的作用。阻火器的阻火效果能否发挥作用，除平日做好保养工作外，应采用经过研究机关鉴定认可阻火器，才能保障油罐的防雷作用。若不具备上述条件时，宜采用避雷针的保护设施。

#### (二)易燃油品浮顶油罐

2006年8月7日中午约11时45分，仪征地区突降雷暴雨。12时20分，某输油站消防泵房值班人员发现罐区1#电视监控探头遭雷击损坏，随后，通过4#电视监控探头发现16#罐顶起火（$15 \times 10^4 m^3$外浮顶原油储罐）；12时21分，输油站启动火警预案；12时22分，启动固定消防系统；12时41分，罐顶明火完全扑灭。

首先，根据现场的实际勘查，本次雷击起火是由感应雷所致，原因有两个：第一现场未发现直击雷落着点的痕迹；第二雷击发生后，罐顶的浮顶与罐壁间的二次密封部分共有5处起火点，应为感应雷引起多处电位差而发生闪络造成。值班人员发现的罐区1#电视监控探头遭雷击损坏。但由于电视监控探头远离油罐且并不处在爆炸危险环境区域内，故该次雷击并不能引起油罐燃烧起火。油罐起火的真正原因是，电视监控探头遭雷击后，油罐上方云层底部的负电荷与其下面大地及油罐上积聚的正电荷迅速"中和"，雷击的整个过程（包括先导放电，主放电，余光放电）只有几十毫秒，大地立即由正极性变为负极性，在这个极性转变的瞬间，所有与大地有良好接地的设备会同大地同步转换极性，而与大地接地不甚理想的设备部件如：浮顶油罐的浮盘（其仅通过两根 $25mm^2$ 的软铜复绞线作为浮盘与罐壁的可靠电气联接）会滞留束缚（正）电荷，其将通过"非接地回路"向已处于负极性的罐体罐壁中和放电，即二次电弧。而这二次电弧发生的位置是浮盘与罐壁相接近的地方（即油罐一次密封和二次密封处），这里正是处于爆炸危险环境区域内，遇到爆炸混合比的油气，而引发火灾。

做好浮顶油罐浮盘与整个罐体的等电位连接，增加浮盘与罐壁的电气导通，使发生雷击时浮盘上的束缚电荷能够迅速有效地传导入地，消除或降低浮盘与罐体之间的电位差，可有效控制浮顶油罐因二次雷击而引发的火灾。

关于大型油罐设置避雷针的问题：对于大型油罐避雷针是一把双刃剑，一方面避雷针可以消除雷击的破坏；另一方面避雷针尖端放电效应，客观上又起到了"引雷"的作用，实际上增加了油罐遭雷击的概率。因此，对于一般情况下罐壁厚度均大于4mm的大型油罐，以不设置避雷针为宜，油罐自身的钢质罐壁就是良好的接闪器。但必须用两根截面不小于 $25mm^2$ 的软铜绞线将浮船与罐体作电气连接。其连接点不应小于两处，连接点沿油罐周长的间距不应大于30m。浮顶油罐的密封结构，宜采用耐油导静电材料制品。

近几年来我国已建和在建了一批大型浮顶油罐，设计过程中所参照的标准规范还有许多是过去仅有小型油罐时编制的，因此出现了油罐体积、高度和外立面增加了数倍甚至数十倍，而相应的防雷接地措施却没有相应提高。针对近几年多起油罐火灾爆炸事故，中国石油化工集团公司组织专家学者对大型浮顶油罐的防雷进行了大量调查、研讨。2011年8月中国石油化工集团公司下发《大型浮顶储罐安全设计、施工、管理暂行规定》（本规定适用于单罐储量大于等于 $50000m^3$ 的大型储罐）。

《大型浮顶储罐安全设计、施工、管理暂行规定》中的相关内容：

3.2.1 大型储罐接地点沿罐壁周长的间距不应大于18m，罐体周边的接地点应分布均匀，冲击接地电阻不应大于 $10\Omega$；大型储罐与灌区接地装置连接的接地线，当采用热镀锌扁钢时，规格不小于 $4mm \times 40mm$。

3.2.2 引下线宜在距离地面0.3~1.0m之间装设断接卡，断接卡引下线的连接应可靠。

3.2.3 大型储罐上不应装设避雷针。应对浮顶与罐体用两根导线做电气连接，浮顶与罐体连接应采用横截面不小于50mm² 扁平镀锡软铜复绞线或绝缘阻燃护套软铜复绞线，连接点用铜接线端子及2个M12的不锈钢螺栓并加防松垫片连接。

3.2.4 大型储罐转动扶梯与罐体及浮顶各两处应做电气连接，连接导线应采用横截面不小于50mm² 扁平镀锡软铜复绞线或绝缘阻燃护套软铜复绞线，连接点用铜接线端子及2个M12的不锈钢螺栓并加防松垫片连接。

3.2.5 大型储罐应利用浮顶排水管线对罐体及浮顶做电气连接，每条排水管线的跨接导线应采用一根横截面不小于50mm² 镀锡软铜复绞线。

3.2.6 与罐体相接的电气、仪表配线应采用金属管屏蔽保护。配线金属管上下两端与罐壁应做电气连接。在相应的被保护设备处，应安装与设备耐压水平相适应的浪涌保护器。

3.2.7 宜采用有效可靠的连接方式对浮顶与罐体沿罐周做均布的电气连接并应满足国内外相关标准规范的要求。

(三)易燃油品钢筋混凝土油罐和其他非金属油罐

钢筋混凝土油罐和其他非金属油罐耀体内的钢筋，很难做成电气的可靠闭合。当雷电击中油罐时，由于雷电机械力作用，油罐会遭到破坏。所以钢筋混凝凝土油罐和其他非金属油罐对雷电无自身保护作用，因此，应设置独立的避雷针(线)，防止直接雷击。同时应该指出，钢筋混凝土油罐内的钢筋很难做到电气上的连接，当发生感应雷时，在钢筋内产生强大的感应电势和感应电流，在不连续的钢筋间会发生放电火花，点燃油气，引起油罐火灾爆炸事故，因此，应用直径8mm的圆钢作的6m×6m方格网，铺设在油罐上部，并使其可靠接地，防止感应雷的破坏。

(四)易燃油品覆土油罐

覆土油罐埋在土壤里，受到土壤的屏蔽作用，当雷电击中罐顶上层时，土壤可以将电流导入大地。当覆土层的厚度大于0.5m时，土层对油罐起到保护作用。火灾统计资料指出，地下油罐和半地下油罐遭受雷击发生火灾爆炸事故的比地上油罐多，这是因为地下油罐和半地下油罐的田呼吸阀、量油孔、透光孔均接近地面，油气易在地面积聚，雷击火花容易引起油气着火，造成油罐的火灾爆炸事故。覆土油罐的呼吸阀、阻火器、量油孔和透光孔等附件，一般都露出地面，易遭雷击，宜设避雷针保护，同时还应作好电气连接，并应有良好的接地设施。

（五）可燃油品油罐

油罐内上部空间的油品蒸汽浓度达不到爆炸下限的可燃油品油罐，当雷击时火花进入油罐内不会引起火灾爆炸事故的油罐，可不装设避雷针（线）。

### 四、油罐的防雷技术措施

（一）预防措施

"预防措施"就是在雷雨季节避免油罐周围有可燃气体混合物存在，具体防护措施如下：

（1）雷雨天气减少或避免油罐区内的油品操作。

（2）避免油罐区周围易燃易爆或可燃油气积聚。

（3）避免人孔、检测孔等处有油气泄漏。

（4）呼吸阀、安全阀必须装性能良好的阻火器，并定期检查阻火器是否被腐蚀或损坏。

（二）用避雷针传导或拦截

（1）设置的独立避雷针或油罐上的避雷针必须保护油罐整体，包括呼吸阀等一切附件。油罐避雷针的保护范围应按滚球法计算。滚球半径取 30m。

（2）独立避雷针的接地装置或油罐体的接地装置的冲击接地电阻值不宜大于 10Ω。接闪器及引下线设计要求及材质选择见《建筑物防雷设计规范》（GB 50057—2010）。

（三）接地

（1）金属油罐应有良好的防雷接地　每个油罐的接地点不应少于两处，两接地点沿油罐周长的距离，不宜大于 30m。当罐顶装有避雷针或利用罐体作接闪器时，其接地电阻不应大于 10Ω。当油罐仅作防雷感应接地时，其接地电阻不应大于 30Ω。

（2）储存易燃油品油罐的防雷设计，应满足下列要求：

①地上固定顶金属油罐当其顶板厚度不小于 3.5mm，且有可靠的、经过试验合格、并经消防科研机关鉴定的。在可燃气体爆炸极限内能有效阻火的阻火器时，可不装设避雷针（线）；当罐顶钢板厚度小于 3.5mm，或虽不小于 3.5mm，但无有效的阻火器时，应设避雷针（线）。

②外浮顶油罐应有防感应雷的设施。应将金属浮顶与罐体间，用两根截面不小于 25mm² 的软绞线作可靠的电气连接。

③地上非金属油罐应设独立避雷针（线）进行保护。钢筋混凝土的地上油罐除应设独立的避雷针（线）外，还应用直径不小于 8mm 的圆钢做成 6m×6m 的网络装设在油罐上，作为防感应雷设施。

④覆土油罐当埋层不小于 0.5m 时，罐体可不考虑防雷保护。但其呼吸

阀、量油孔等配件应有良好的防雷保护，并应作良好的接地，其接地电阻不应大于 10Ω。

⑤储存可燃油品的金属油罐，当油品蒸气在储运过程中不会达到爆炸下限的，可不设避雷针(线)，但当在转输过程中，由于加温有可能达到爆炸下限浓度的，仍应设置避雷针(线)进行保护。

(3)储存易燃油品的人工洞石油库为防止高电位引入洞内，应采取下列措施：

①油罐金属呼吸管和金属通风管露出洞外部分应有防雷保护设施，并应作良好的接地，其接地电阻不应大于 10Ω。

②进入洞内的金属管线，从洞口算起当其埋地长度超过 50m 时，可不设接地装置；当其在洞口外 100m 以内的部分，应每隔 25m 作一次接地，其接地电阻不应大于 20Ω。

③动力、照明和通讯线路宜采用铠装电缆埋地进入洞内。若由架空线路转换成电缆埋地进入洞内时，由洞口至转换处的距离不应小于 100m。电缆与架空线路的连接处，应装设低压阀型避雷器。避雷器、电缆外皮和瓷瓶铁脚应连在一起共同接地，其接地电阻不应大于 10Ω。

④地上金属油罐的罐顶上装有检测温度、液位等测量仪时，这里的铠装电缆时，应将电缆外皮与罐体作良好的电气连接。铠装电缆埋地长度不应小于 50m。

(四)搭接或均压

"搭接"就是"电位均衡连接"或"等电位连接"，就是把各种金属物用粗的铜线焊接起来，或把它们直接焊接起来，以保证等电位，防止产生反击现象和电磁感应过电压。

(五)分流

"分流"就是一切进出油罐以及操作室的导线(包括电源线、信号线等)与接地体或接地线之间并联避雷器(浪涌抑制器)。

(六)屏蔽

"屏蔽"就是用金属网箔或金属管等导体把需要保护的对象包围起来，把闪电的电磁脉冲波从空间入侵的通道全部阻断，使得闪电无隙可钻。

# 第八节　电子信息系统的雷电防护

伴随着科学技术的脚步，知识经济和信息时代已经到来。信息技术已渗透到了人类社会生产和生活的各个领域，各种信息设备应用的范围之广、品种之多、数量之大是前所未有的。然而，以微电子技术为基础的电子信息设备因其集成度高、工作电压低、运算速度快，其耐过电压、过电流和抗雷电电磁脉冲（LEMP，Lightning Electro Magnetic Pulse）的能力差，极易遭受雷电的危害，特别是雷电电磁脉冲造成的损害更为严重。因此，国际电工委员会（IEC）将雷电灾害称为"信息时代的公害"。为了消除这一公害，人们进行了深入的理论研究和广泛的实践探索，研发了品种繁多的电子信息系统的雷电防护产品，并从理论与实践的结合上不断完善电子信息系统的雷电防护的工程技术。

电子信息系统的雷电防护（以下简称信息防雷）是一件关系到我国国民经济的发展、科学技术的进步和国防现代化建设的一件大事。应予高度重视、认真对待。

## 一、加强雷电防护工作的必要性和重要性

雷电灾害剧增，损失严重。雷电灾害是十种最严重的自然灾害之一。全球每天约发生 800 万次雷电，每年因雷击造成的人员伤亡、财产损失不计其数。导致火灾、爆炸、信息系统瘫痪等事故频繁发生。从卫星、通信、导航、计算机网络系统、通信指挥系统和有室外天馈设备的系统更是雷电的重灾区。从某种意义上说，科技越发达，雷击对人类的危害就越大。

### （一）国外情况

据美国国家雷电安全研究所关于雷电所造成的经济影响的一份调查报告表明，美国每年因雷击造成的损失 50～60 亿美元。每年因雷击造成的火灾 3 万多起，50% 野外火灾与雷电有关；30% 的电力事故与雷电有关；有 4/5 石油产品储存和储藏罐事故是由雷击引起的；由于雷电和操作过电压造成物理装置的损失约占 80%。据德国一保险公司 1997 年对 8722 件案例损坏原因的分析，雷电及操作过电压占 31.66%。

### （二）我国情况

我国也是雷暴活动十分频繁的国家。全国有 21 个省会城市雷暴日都在 50 天以上，最多可达 134 天。据不完全统计，我国每年因雷击造成人员伤亡达 3000～4000 人，财产损失 50～100 亿元人民币。近年来，随着社会经济发展和现代化水平的提高，特别是信息技术的快速发展，城市建设高层建筑物日益增多，雷电灾害程度和造成的经济损失及社会影响也越来越大。在 1998 年和 1999 年的两年中，全国造成直接经济损失在百万元以上的雷电灾害就有 38 起。据广东省统计，在 1996～1999 年的四年间，全省发生雷击事故 6143 起，伤亡 699 人，直接经济损失达 15 亿元；1989 年 8 月 12 日，青岛黄岛油库因雷击引起特大火灾和爆炸，库区几乎被夷为平地，死亡 19 人，伤 78 人，直接经济损失 2700 多万元。进入21 世纪，我国不断加强雷电预防工作，但雷电灾害仍然多发。据气象部门的不

完全统计，2001 年，全国发生雷电灾害 1747 起，造成人员伤亡 853 起（伤 483 人，死亡 417 人），直接经济损失在上千万元以上和百万以上的实例分别为 2 例和 10 例。雷电灾害经常导致人员伤亡，给很多家庭和受害者带来不可挽回的伤害和损失。多年雷电灾害统计表明（表 6-4），近年来，我国每年有上千人遭雷击伤亡，广东省、云南省损失最为惨重。雷电灾害具有较大的社会影响，经常引起社会的震动和关注，例如 2004 年 6 月 26 日，浙江省台州市临海市杜桥镇杜前村有 30 人在 5 棵大树下避雨，遭雷击，造成 17 人死 13 人伤；2007 年 5 月 23 日 16 时 34 分，重庆市开县义和镇政府兴业村小学教室遭遇雷电袭击，造成四年级、六年级学生 7 人死亡、44 人受伤。

**表 6-4　我国多年上报雷电灾害概况**

| 年份 | 雷电灾害事故数 | 人员伤亡雷灾数 | 人员死亡数 | 人员受伤数 | 人员死伤总数 | 雷灾损失上百万元事故数 |
|---|---|---|---|---|---|---|
| 2004 | 5753 | 750 | 710 | 817 | 1527 | 46 |
| 2005 | 5322 | 598 | 579 | 573 | 1152 | 45 |
| 2006 | 6265 | 760 | 712 | 610 | 1322 | 59 |
| 2007 | 12967 | 833 | 827 | 718 | 1545 | 30 |
| 平均值 | 7577 | 735 | 707 | 680 | 1387 | 45 |

（三）电子信息系统受损比重急剧增加

电气和电子技术是现代物质文明的基础，其迅猛发展促进了生产力的发展，加速了社会繁荣与进步的进程，但也带来了麻烦——各类电磁干扰越来越严重。一方面电气和电子设备的广泛应用造成了严重的环境电磁噪声干扰；另一方面，电子技术正向高频率、高速度、微型化、网络化和智能化方向发展，电磁干扰（特别是雷电电磁脉冲干扰）对这些设备和系统的影响越来越突出，对这些设备力系统造成的失效与损坏事故的发生率逐年增高；第三，随着城市建筑物的增高，收发雷电的几率也增大。一个雷电的电磁可影响几公里范围内的电子设备，这也使电子设备受损的几率增大。电子信息系统受损后，除直接损失外，间接损失往往很难估量。因此，信息时代的到来，已使雷电电磁脉冲的防护成为当务之急。这是 20 世纪 90 年代以来雷电灾害最显著的特征，也是电磁兼容和防护科学技术需要解决的最重要的课题之一。

## 二、电子信息系统综合防雷技术

20 世纪 50 年代以后，各种电子信息设备大量涌现、广泛使用，特别是微电子技术的飞速发展，微电子器件的集成化、小型化、高速化的水平不断提高，而"三化"的必然结果是导致各种电子信息设备的耐过压、耐过流和抗雷电电磁脉冲的能力大大降低。例如：对于过电压，Vax 系列电子计算机的串行通信接口芯片 MC1488 的耐压水平约为 103V、MC1489 仅达 10V 左右；而 CMOS 芯片仅达 3～5V。对于磁场，当 LEMP 的磁场脉冲超过 0.07 高斯时，就会引起微机失效，当磁场脉冲超过 2.4 高斯时，集成电路就会发生永久性损坏。

一方面，由于电子信息设备十分"娇嫩"，对雷电电磁脉冲"十分"敏感。因此，其遭受感应雷击的几率比遭受直击雷袭击的几率高的多。所以，在同样的雷电电磁环境下，其受损率的也比建筑设施和一般的机电设备高得多。另一方面，由于电子信息设备的种类多、数量庞大、工作环境复杂、雷电侵入的通道多。因此，信息防雷遇到了比传统防雷复杂得多的问题。

信息防雷包括对直击雷的防护和对雷电电磁脉冲（感应雷）的防护。对雷电电磁脉冲的防护应综合考虑雷电成灾的多种物理因素，针对雷电的各种耦合途径、耦合通道及其危害机理，采用相应的综合防雷技术和措施。对于电子信息设备而言，雷电电磁脉冲能量的耦合主要通过以下 3 个通道侵入：一是雷电电磁脉冲能量通过各种多发管线通道（多发管道、多发构件、各种线缆等）的传导耦合；二是通过地线通道的传导耦合（地电位反击）；三是雷电电磁脉冲能量通过空间通道的辐射耦合。由于雷电的侵袭是无孔不入的，因此信息防雷是综合性的系统工程，所采取的技术措施也是多方面的。任何单一的防护措施，其效果都是有限的。这些防护措施和技术可概括为：两个部分（外部防护、内部防护）和五项技术（拦截、屏蔽、均压、分流和接地）。不同部分和各项技术都有其重要作用，相互之间紧密联系，不能将它们割裂开来，也不存在替代性。分述如下：

（一）现代综合防雷的两个部分

1. 外部防护（直击雷防护）

（1）作用：拦截、泻放雷电流。

（2）系统组成：由接闪器（避雷针、避雷带）、引下线、接地体组成，可将绝大部分雷电能量直接导入地下泄放。

2. 内部防护（雷电电磁脉冲防护）

（1）作用：均衡系统电位，限制过电压幅值。

（2）组成：由均压等电位连接、各种过电压保护器（避雷器）等组成。

（3）技术措施：截流、屏蔽、均压，分流、接地。

（二）防雷保护区

根据 IEC 的《防雷击电磁脉冲（LEMP）》（IEC61312），信息防雷应根据雷电电磁脉冲的严重程度，将需要保护的空间划分为不同等级的雷电保护区

（LPZ）。防雷保护区称电磁兼容分区，是按人、物和信息系统对雷电及雷电电磁脉冲的感受强度不同，把建筑物内、外电磁环境分成几个区域。

LPZ0A 区　本区内的各物体地都可能遭到直接雷击，因此各物体都可能导走全部雷电流，且本区内雷电电磁脉冲没有衰减。

LPZ0B 区　本区内的各物体不可能遭到直接雷击，但本区内雷电电磁脉冲也没有衰减。

LPZ1 区　本区内的各物体不可能遭到直接雷击，流往各导体的电流比LPZ0B 区进一步减少。本区内雷电电磁脉冲经建筑物外墙的屏蔽而衰减。

在防雷保护区的 0 区与 1 区的界面上，对建筑物来说就是屋顶与四周墙壁及地面，尽管采用笼式避雷网结构，但由于受大网孔、门、窗口等开洞的影响，雷电电磁脉冲仍将通过多种耦合途径侵入保护区内，其感应电压也会破坏建筑物内部的电气和电子设备。

LPZ2 区　本区内的各物体不可能遭到直接雷击。雷电电磁脉冲经建筑物内墙的再次屏蔽而衰减。又称后续防雷区。

如果需要进一步减小所导引的雷电流和电磁场，就应引入后续防雷区。应按照需要保护的系统所要求的电磁环境选择满足后续防雷区要求的条件。如建立专用的屏蔽室等。

LPZ3 区　机壳内部保护区序号越高，预期的干扰能量和干扰电压越低。在现代雷电防护技术中，划分防雷保护区的意义在于为内部防雷技术措施和有关防雷器件的选用提供电磁环境的依据。

（三）现代综合防雷的主要技术措施

1. 拦截

信息防雷的第一道防线是拦截直击雷。最经济、最有效的方法仍然是避雷针（避雷带、避雷网）法。尽管避雷针对于电子信息设备有很多负作用，对其应抱趋利避害、积极、稳妥的态度，采取有效的技术措施予以抑制。

2. 屏蔽

屏蔽是防止任何形式电磁干扰的基本手段之一。屏蔽的目的，一是限制某一区域内部的电磁能量向外传播，二是防止或降低外界电磁辐射能量向被保护的空间传播。由于电场、磁场及电磁场的性质不同，因而屏蔽的机理也不同。按屏蔽的要求不同可分别采用屏蔽室（盒、管）的完整屏蔽体，或金属网、波导管及蜂窝结构的非完整屏蔽体。屏蔽一般分为电场屏蔽、磁场屏蔽及电磁场屏蔽几种。

（1）静电屏蔽（电场屏蔽）是为了消除和抑制静电电场的干扰。

（2）磁场屏蔽　是为了消除或抑制由磁场耦合引起的干扰。磁场屏蔽又分为低频屏蔽和高频磁屏蔽两种情况。

（3）电磁场屏蔽　一般在远离干扰源的空间单纯的电场或磁场是少见的，干扰是以电场、磁场同时存在的高频电磁场辐射的形式发生的。雷电电磁脉冲在远场条件下可看作平面电磁场传播。因此，应同时考虑电场和磁场的屏蔽。

（4）信号传输电缆的全屏蔽　电缆的屏蔽是一项很重要的技术措施，它要求对机房内、外所有架空、埋地的电缆都用金属层屏蔽起来，以防雷电电磁脉冲的干扰，这称作全屏蔽。当全屏蔽电缆接触或穿过另一金属部分时，还要采用中间接地点。因此，全屏蔽电缆要求多点接地。

3. 均压（均衡）

（1）均压也称电位均衡连接（简称等电位连接）。就是把所有导体相互作良好的导电性连接，并与接地系统连通。其中非带电导体直接用导线连接，带电导体通过避雷器连接。其本质是由可靠的接地系统、等电位连接用的金属导线、等电位连接器（即避雷器、地线隔离器）和所有导体组成一个电位补偿系统。

该电位补偿系统的作用，一是为雷电流提供低阻抗的连续通道，使其迅速导入大地泄放；二是使系统各部分不产生足以致损的电位差。即在瞬态现象存在的极短时间里，通过这个电位补偿系统可以迅速地在被保护系统所处区域内的所有导电部件之间建立起 5 个等电位区域。这个区域相对于外界可能存在着数十千伏的电位差。重要的是在需要保护的系统所处区域内部，所有导电部件之间不能存在显著的电位差，从而达到保护设备和人身安全的目的。

（2）等电位连接

①不带电金属物体。如各种金属管道，线缆屏蔽层，设备的金属底座、金属外壳等。

②带电金属物体。如电源线、各种信号传输线等。

4. 分流

（1）是将雷电流能量向大地泄放过程中应符合层次性原则。层次性就是按照所划分的防雷保护区对雷电能量分级泻放。尽可能多、尽可能快地将多余能量在引入信息系统之前泄放入地。

由于雷电过电压的能量很大，单一的措施或一道防线都无法消除雷电过电压的侵害，必须采取多级防护措施才能将侵入的雷电过电压限制在安全的、设备能够承受的范围之内。

（2）雷电能量分配模型（设有避雷针的建筑物）

①前级评估模式　用于评估 LPZ0B 区与 LPZ1 区交界处的雷电流分配情况。该级的雷电流用 10/350 波形表示。

避雷针系统：分配 50% 的能量；金属管道、电源线路、通信线缆等共分配 50% 的能量。后 3 个系统中，阻抗大者分配的能量也大。在进行了等电位连接且接地良好的情况下，认为 3 者阻抗近似相等，3 个系统平均分配 50% 的能量，即各承担 17%。进入各系统的能量又将在各自的内部进行分配。如一个 200kA 的雷电流，避雷针系统承担 100kA，金属管道、电源线路、通信线缆等系统各承担 33kA。进入电源线路的能量又将在 3 根火线（或 3 + 1）上平均分配即每相各承担 11kA（或 8.3kA）。

②后续评估模式 用于评估 LPZ1 区以后各级保护区交界处的雷电流分配情况。由于用户侧绝缘阻抗远大于避雷器放电支路处外线路的阻抗，进入后续防雷区的雷电流将减少。该区域的雷电流用 8/20μs 波形表示。

许多行业的标准、规范中都规定在低压电源系统应安装多级避雷器，使雷电流分级泻放入地。各级避雷器的规格要与各级可能承担的雷电能量和各级设备的耐压配合。

5. 接地

接地是分流和泻放直击雷和雷电电磁干扰能量的最有效的手段之一，也是电位均衡补偿系统基础。目的是使雷电流通过低阻抗接地系统向大地泄放，从而保护建筑物、人员和设备的安全。没有良好的接地系统或者接地不良的避雷设施会成为引雷入室的祸患；避雷装置接地不好，还提供了雷电电磁脉冲对电气和电子设备产生电感性、电容性耦合干扰的机会。

### 三、电子信息系统雷电防护工程

近十几年来，随着社会需求的拉动和理论探索的深入，信息防雷技术有了较大的发展。信息防雷是在闪电通道和避雷针泄流通道及其周围整个三维空间内对雷电的全面防护，这是一个全新的思维。即，不但要防直击雷，更重要的是防感应雷（雷电电磁脉冲）；不但要进行"路"的防护，更重要的是对"场"的防护。全面的信息防雷原则和行之有效的工程技术方法应为"整体设计、综合治理、系统实施"原则和"有效拦截、良好屏蔽、均衡连接、合理接地、堵截通道、全面防御"的工程技术方法。

（一）整体设计、综合治理、系统实施

信息防雷是一个系统工程，任何单一措施的防护作用都是不全面的。正确的方法应首先对需要防雷保护的系统进行详细勘察，制订技术方案，并依据国家和有关行业的技术标准、规范，进行正规的工程设计。在此过程中，应从宏观到微观、从内部防雷到外部防雷、从天线到地线、从强电到弱电统筹考虑、系统设计。即对避雷针、地线、屏蔽、均压接地网络，以及雷电过电压容易侵入的通道，如电源系统、天馈系统、信号传输系统等有针对性地采取相应的技术措施，进行综合治理。施工过程中也应严格按照标准、规范和设计图纸实施。

（二）有效拦截、良好屏蔽

1. 有效拦截

其思路是：改善直击雷措施是根据技术规范完善避雷针、避雷带等设施。必要时采用各种经过实践检验的、对雷电流某一物理效应有明显效果的新型避雷针和优化避雷针，以降低雷电流陡度（$di/dt$），从而减小二次雷击的感应电压。或在条件允许、经济可承受的前提下，尽量降低接地电阻等。

2. 良好屏蔽

（1）信号电缆的屏蔽，要点是：过早地敷设、排流防雷、穿管（槽）走线、可靠接地。电缆的屏蔽性能与电缆外导体或屏蔽体是否接地以及它的敷设形式有关。电缆不同的敷设形式，其屏蔽效果也大不相同，架空电缆比埋地电缆更易受雷电损坏。

（2）设备的屏蔽，主要依赖其外壳。对于屏蔽要求很高的设备，应设置专用的屏蔽室。设备外壳和屏蔽室的屏蔽体都应良好接地。

（三）均衡连接、合理接地

1. 均衡连接

即完善均压网络。对保护范围内的所有不带电金属导体应进行严密的等电位连接，并与符合要求的地线可靠连接。从而形成一个统一的、适应不同负载特性和频率的低阻拦接地网络。该网络由总等电位连接箱（MEXT）、局部等电位连接箱（MEXT）和等电位连接导线组成。该网络内各部分之间只能由等电位连接点（公共接地点）与接地装置连接，彼此间没有闭合回路。工程实践中应注意处理好如下几个方面的等电位连接问题：

（1）建筑物内不带电金属物的等电位连接：包括各种金属管道、建筑钢筋、电缆屏蔽层、供电系统中的中性线或保护接地线、各种金属机械设备的外壳和它们间的金属管路等。

（2）建筑物顶不带电金属物的等电位连接：如电梯、通风、空调、旗杆、广告牌、铁栏杆等。

（3）建筑物外带电金属物的等电位连接：如上述设施的电源线、信号线、控制线等。

2. 合理接地

（1）改造地线，依据规范和不同的信息系统对接地的要求，对不符合要求的地线进行适当改造。必要时采用低阻、高效、非金属接地模块和高效降阻剂，以减小地线电阻，从而为降低反击电位和"共地"提供前提条件。

（2）合理接地，最好将信息系统的接地和防雷接地实行共地。即由公共接地点提供保护接地、工作接地和防雷接地等所需的基准零电位，避免出现因各系统分别接地在个各地线间产生毁坏性电位差。工程实践中应注意处理好如下几个方面的接地问题：

①电子信息设备的单点接地。

②电子信息设备接地与建筑物防雷接地。

③信号传输电缆的全屏蔽（多点接地）与电子设备的单点接地。

上述措施运用得当，可在一定程度上抑制建筑避雷系统对信息系统的负作用，即为感应雷的防护提供了良好的前提。

（四）堵截通道、全面防御

对雷电电磁脉冲容易入侵的所有通道，如电源线、天馈线和各种信号传输线等带电金属通道，除要求合理布线、严密屏蔽外，最简便、最经济的措施是分别加装避雷装置，以堵截雷电过电压。加装避雷装置的实质是使带电金属导体实现等电位均压连接。

1. 电源通道

根据有关技术规范、雷暴日分区和防雷分区，实行合理的避雷器防护方案。在此过程中，严格遵从以下原则：

（1）多级防护原则；

（2）能量配合原则；

（3）绝缘配合原则；

（4）区别不同接地制式原则。

同时，在施工中应严格遵从接线、接地和接熔丝的要求。

2. 天馈通道

对处于不同雷暴日分区和不同设备的天馈系统，根据其工作频率、功率、阻抗等参数的不同，选择加装不同的天馈避雷装置。一般在室外端和室内与设备的接口端分两级设置。

3. 信号传输通道

信息系统是一个广义概念，包括的专业领域很多。如程控电话交换（语音通信）、数据通信、计算机网络、有线电视（闭路电视）、电视监控及各种控制系统等。同样是计算机网络，也分为很多类型。他们的系统结构、设备配置、工作电压、工作频率、传输速率及阻抗等均有很大差别。因此，它们所要求的防雷技术方案和防雷器件也不同。好在现代科技的发展，已有针对不同信息系统防雷要求的、标准化的防雷器件与它们相适应。这就为防雷工程的应用提供了很大的方便。

信号传输系统同样应根据雷暴日分区和防雷分区及不同的系统类型、系统结构、设备配置、工作电压、工作频率、传输速率及阻抗等，选择加装不同的信号避雷装置。一般也需实行粗细两级保护。

以上是信息防雷工程的基本环节和主要工程措施，它们之间也是既相互独立又相互联系的。面对无孔不入的雷电电磁脉冲，所有有源或无源通道都是其入侵的途径。把加装几个避雷器就理解为信息防雷是很不全面的，把埋设或改善地线就理解为信息防雷更是错误的。信息防雷工程是现代防雷多项技术措施综合运用的系统工程。任何单方面的措施，其防雷效果都将大打折扣，其投资的效费比也将大大降低。

因此，信息系统防雷工程必须从全面考虑，做到层层防护，不留一丝隐患。

# 第九节　雷电事故案例

## 一、1989 年震惊全国的黄岛油库大火

有资料详尽记述了那场 1989 年发生在青岛黄岛油库的大火情况。以下摘录部分内容：

石油出口在我国国民经济中占有重要地位，为此在青岛市海港建造了黄岛油库。山东省出产的原油通过管道输送到这个油库，而后装上货轮出口。

1989 年 8 月 12 日上午 9 时 55 分，黄岛的一座 $2.3 \times 10^4 m^3$ 的 5 号油罐爆炸起火，它又引爆了旁边的 4 号罐，接着 $1 \times 10^4 m^3$ 的 1 号油罐也爆炸着火。不久，2 号、3 号油罐爆裂起火，有 600t 原油泄流入海。

山东省消防大军远途赶来参加青岛市的灭火大战。13 日上午 10 时，国务院李鹏总理乘军用飞机亲临现场指挥灭火，大火足足烧了 104h，幸亏风向转变，灭火大军才得以抓住转机奋力把大火扑灭，这已是 8 月 16 日 18 点钟了。14 名消防官兵、5 名油库职工为灭火献出了生命，66 名消防人员和 12 名油库职工受伤。大火烧掉了 $3.6 \times 10^4 t$ 原油，油库区的建筑、设备被焚毁，变为一片废墟，直接损失达四、五千万元。幸亏海面上漂浮的近千吨石油尚未被引燃否则胶州湾将成火海，海港中的客、货轮将被大火吞没，青岛市也将变为废墟。

1990 年第二期《中国消防》刊载的青岛市消防文队张秀卿写的"黄岛油库大火中值得反思的几个问题"道出了其中内幕真相，确实值得大家深思。他指出："5 号罐是 1974 年建成的半地下式构造物，东西长 73m。南北宽 48m，高 9m，石砌，预制钢筋混凝土拱梁，铺钢筋混凝土拱板，上覆 0.15 ~ 0.16m 土。园内钢筋和金属构件互不连接，日久钢筋外露（注：请读者注意这个情况！），

故有容易因雷电感应产生火花的先天性缺陷。4 号、5 号罐原设计没有避雷装置，忽视罐顶金属件的良好接地。1985 年 7 月 15 日因雷电感应，4 号罐金属呼吸弯管与泡沫管间产生火花而起火。于是在两罐四周加装了八支避雷针，罐顶铺设防感应雷的均压屏蔽网，但网的结点与接地角钢未焊，只用螺丝压紧。经测量锈蚀的压接屏蔽网结点的直流电阻值为 1.56Ω，网与接地角钢的连接点电阻为 0.116Ω，大大超过规定的安全限值 0.03Ω……。

第一，雷击油罐着火事故时有发生，类似的例子很多。例如 1976 年 7 月 31 日，南方某石油工业公司东北罐区，111 号罐储有 1271t 923 号原油，进出口阀门、入孔、量油孔都关闭，油罐封存不动。116 号罐从 10 时 40 分开始一直在装伊拉克原油，量油孔敞开，罐内存油 4024t，这种原油轻组分高达 55%，加上土油罐不密封，罐周围可燃气体较浓。下午雷电交加一道闪电之后 111 号罐起火，随即 116 号罐也起火。40min 后，大火才被扑灭。事后调查公布的原因是：111 号罐没有装避雷针，罐顶液压呼吸阀没有接地。上午太阳照射，罐内温度较高，下午突降暴雨，罐内温度下降，造成负压，吸入空气使罐内形成可爆性混合气体，雷击呼吸阀并由电火花引爆，把罐顶掀起，燃起大火。旁边的 116 号罐虽有避雷针但罐顶安全阀等金属与附近的罐顶、壁的钢筋都没有焊接和接地，又没有防感应雷措施，而且当时正在进油，量油孔敞开，周围可燃气浓度大，雷击 111 号罐时，闪络放电产生的电火花引起罐顶起火。这一典型事故，早有总结并通报全国。9 年后黄岛油库也发生 4 号罐雷击着火，它的情况与上述的 111 号罐相似。可是当时并没有科学地总结起火原因，也没有借鉴上述的 116 号罐的教训，以为 1985 年 7 月 15 日 4 号罐的雷击着火是由于没有避雷针，却不清楚金属构件、部件的接地、均电压的重要意义，所以加装 8 支避雷针时，仍没有注意接地、均压等重大技术关键问题。

由此看到，调查事故总结经验教训也好，引进技术也好，都必须先有必需的基础科学知识，这样才能确保生产的安全，成为科学技术的主人。

第二，明明国家安全条例有规定，工作人员却不遵守，以致雷击起火。究其原因，还是科学上的无知。某些化工产品的蒸气与空气混合后会成为易爆气体，最忌讳火花。因此防雷技术及安全规范对某些与易爆气体打交道的企业特别重要，工作人员必须懂得。也许黄岛油库的工作人员过分信赖 8 支新建的避雷针，以为它必保安全，万无一失，因此而麻痹大意了。总之，避雷问题涉及许多方面，不能有一个环节失误，只有每个环节都严格遵守科学原理，才能确保安全。

第三，必须辩证地考虑复杂事物的两重性。从调查报告可以看出：未建避雷针系统时，雷击着火，但火势并不大。建造了避雷针反而酿成特大火灾，岂非怪事？这与不认识避雷针系统的特性有关。这里需要特别指出：避雷针分3部分：接闪器、引下线和接地装置。三者作用不同，但却紧密结合共同解决防雷问题。避雷针的作用本来就是引雷，把闪电引到自身而使被保护的设备免遭雷击。这样，大批建立避雷针以后，该地区的落雷的机会就大大增加了，被保护的建筑受雷击的机会就减少了。但是，闪电电流很大，会产生一系列的物理效应，在防雷技术上必须都要考虑到，绝对不可疏忽！消防部门为此做出的具体规定，是总结很多惨痛教训得来的。例如，调查报告中指出：连接点必须焊接，接点电阻不得超过0.03Ω。为什么要限制这么严呢？就是因为闪电电流很大，在结点会产生很大的电位降，接地电阻是这些结点电阻与导线电阻的总和，这样就会在避雷针的引下线上出现很高电压，导致旁侧闪络电火花。1967年美国埃尔塞贡多标准石油公司的油罐雷击着火是世界闻名的一个典型事故，其原因就出在避雷针的接地技术不完善。决不可以下结论为：这是避雷针失效，应该废除避雷针。

第四，黄岛油库5号油罐爆炸的真正原因是闪电电流的电磁感应产生的电火花。物理的电磁学中的发电机原理所依据的是电磁感应现象：如果导体中的电流发生变化，在它的周围空间必产生感应电磁场，在这个导体的附近的闭合线圈受感生电磁场的作用，就会出现感应电流。如果线圈不闭合，在断开的两个端点，就会出现感应电压。原导体中的电流的值越大、变化得越快，产生的感应电压就越高，因而会在断开的线圈的两个端点间产生电火花。强大的闪电电流是在非常短的时间内迅速变化的。因此，在避雷针的引下线附近的电磁感应非常强烈，任何不闭合的金属导体的两个端点都有可能出现电火花。5号油罐的"罐内钢筋和金属构件互不连接，日久钢筋外露，故有容易因雷电感应产生火花的先天性缺陷"这一情况才是雷击起火的真正起因，落地雷被避雷针导引入地是正常的，避雷针起了它应起的作用，但是入地的闪电产生的电磁感应使露出的钢筋产生电火花，这个火花是在5号罐的内部，是它点燃了罐内的油蒸气与空气混合的易爆气体，炸毁了油罐，燃起了大火。

## 二、人身雷击事故实例及分析

报刊经常有关于雷击人身事故的报导。以下摘录几则比较典型的事故实例。

2004年7月23日下午2时40分，居庸关一带突然下起了雷阵雨，伴着雨水，天空不时传来电闪雷击。一道闪电和紧跟着的一声巨雷终结了近百人的长城之旅——挤在烽火台避雨的数十人被震倒在地上，一些游客瞬时失去了知觉。在该雷击事件中至少有15人因伤住进医院。

据专家后来分析，该雷击事件已经初步断定为在雷雨中使用手机所致。据推断，其中一名游客当时使用移动电话，它成为了"导电棒"。该情况给我们的提醒是：雷雨天时不仅不能使用手机，还应将电源切断。

有记载以来单雷击死人数最多的，要数 1975 年 12 月 23 日非洲南部高原的津巴布韦的一次雷灾。在乌姆塔利市郊作野外活动的 21 个农民，为躲雷雨而挤入一座茅棚，闪电击中茅棚，引起大火，草棚化为灰烬，21 人全被烧焦。这一惨案之所以如此之惊人，是由于两个原因：首先是野外茅棚高于四周，容易引雷，挤在一起的人群，同时都会受到雷电流的作用而麻木失去知觉，本来这么多的人分担电流，不一定毙命，至多个别人被闪电流击毙；其次，茅草易燃，烧起的大火使全体失去知觉的农民丧生。

我国发生过比这受伤人数大得多的人身雷击事件，但灾害却轻得多。据 1994 年 4 月 11 日新华社讯，4 月 11 日上午 10 时 40 分左右，位于大别山腹地的河南省商城县长竹园乡的黄柏山小学上空突然降大雨（一个多月气温偏高，从未下雨），闪电击穿房顶，8 间教室房上瓦被击碎，教室内共有 125 名师生被雷击所伤。其中有 8 人重伤，3 名教师和 22 名学生当场被击伤休克，幸无 1 人丧生。从地势、气象和落雷击碎瓦的面积看，这种雷有可能是"巨型雷"。能量较大，由于乡村小学没有什么金属物，雷电流入大地的通道分散，所以被击的人数虽多，但各人身体通过的电流均不至于造成心脏停跳，不致丧生。这所学校用的是砖瓦结构，而不是茅草屋顶，不致起火。否则这 25 位休克的人就会重现津巴布韦 21 名农民之祸。

1994 年湖北省也发生一次超过津巴布韦的雷击事件。7 月 9 日下午 4 时左右南漳县双坪乡石家坪村突降暴雨，正在这里参加小农闲开发的 2000 多农民民工分别躲进民房和工棚内避雨，其中有 66 名挤入工地指挥部工棚，闪电袭击这一工棚，工棚被掀翻，有 1 人被抛出 7m 多远，5 人被抛到了 3m 以外的荆棘中，其中重伤 14 人，轻伤 52 人，经抢救，无人死亡。这则报导，记者没有描述工棚、中雷者的状况，难以分析。但是有两点可以肯定：它没有引起火灾。这是大幸，显然这不是一种"热雷"，工棚不是易燃物，也没有易燃易爆物放在棚内。第二点是此雷产生了较猛烈的气流冲击，雷的能量相当大，以致于可以把这么多人抛移相当大的距离，使 66 人同时受伤。

这样巨大能量的雷，在同一年的暑期还在另一地出现过。那是 1994 年 6 月 18 口下午 3 点多钟，在吉林省罗通山脚下柳河县圣水镇小白蒿沟村发生的，15 户农民受灾，死亡 1 人。重伤 2 人，轻伤 5 人。这个巨雷是在一阵冰雹之后发生的，是一种"热雷"，它先击中村民陈敏房前 40m 处的一棵 20m 高的杨树，劈断烧成焦炭，在树旁击出一个 1m 深的大坑，由此可看出这一闪电产生的冲击波的能量相当大，可以与湖北省石家坪村相比。据 7 月 7 日《中国气象报》的采访看，闪电电流强度相当大，烧裂地面出现两条深沟裂缝，1 条长达 40 多米，到达陈敏家，烧死他家儿媳 1 人，把他炕上的儿子烧成重伤，把室外的两个孙子烧成轻伤，来串门的邻居及怀中的孩子烧成轻伤；另 1 条到达其邻居张振安家猪圈，一头大母猪击毙，仓库物资全部烧焦。

从这几个实例，可以得出个结论：这种特别大的巨雷是并不太罕见，高原、山地似乎出现的概率更大些。这种地区不易见诸报刊，通常防雷规范里的公式、数据是没有涉及这些特殊情况的。不过人们应该有所防备，譬如在野外避雨时就要有所留意，双脚不能分开，这种巨雷产生的跨步电压就不同寻常，还要考虑避雨处的火灾问题等等。

下面再列举几个大树引雷造成的人身雷击事故。

2004 年 6 月 26 日 14 时，浙江省临海市杜桥镇杜前村，29 位农民在一块约 $100m^2$ 的闲置宅基地忠 5 棵大树下避雨，不幸惨遭雷击。29 人全部被雷击倒在地，11 人当场被雷电击致死，6 人重伤，送医院抢救无效死亡。

即使不在树下，只是骑自行车经过，也有受到雷击的。1960 年在荷兰，一名士兵骑车经过树旁，只看到一道火光从树向他射过来，自行车把带了电，他感到像挨了一拳狠击，失去知觉 15min，皮肤完好无损。

上述情况，都是一种旁侧闪络所致。因为雷击电流过树时，树干各处电压骤然升高。人站在地上，与大地等电位，所以树干对人身产生电弧放电，电流经过人体的部位不同，产生的伤害就不同，流经心脏的，大都必死，否则就不一定致命。

旁侧闪络击人，不一定来自大树，在帐篷或金属棚下都可能发生。1944 年 Pasterson 和 Turner 报道，有两个士兵在钟形帐篷里躲雨，闪电击中帐篷。一个士兵立刻死亡，左肩、臀部和大腿部均有烧伤；另一个仅失去几分钟知觉，不需急救，只是左大腿有一处烧伤。显然柱顶是闪电入击之点，柱身就是闪电通道，这与大树相似，旁侧闪络从士兵的腿部进入，不经过心脏，就安然无事，所以在帐篷或工棚中避雨，远离支柱是很重要的。

在金属顶棚下避雨特别危险，即使闪电没有击它，也会出现旁侧闪络。1965 年 Rees 介绍了一个事例：有一家的男主人站在一块锌板下避雨，脚穿一双底下有平头钉的鞋，踩在潮湿的地上，20 码 ( 约 18.3m ) 远处的落叶松遭雷击，并烧着了树旁的干草堆，他的后背和右腿却也有大面积的烧伤，上衣、衬衫和左脚上的鞋都烧坏了。他的儿子和儿媳在近处另一块锌板上避雨，儿媳的脖子还碰到了锌板，闪电击中松树时，这两人都感到电击而被抛出 8 尺 ( 约 2.7m ) 远，儿子在很短时间内曾失去了知觉，但没有受什么伤，儿媳觉得脖子后面好像挨了一下打，右肩和后颈都有表皮烧伤、臀部有电流流出的烧痕。这其实是一种感应雷的旁侧闪络，当闪电先导接近松树时，锌板感应出电荷，松树发生电击时，这些感应电荷产生的静电高压就通过人体对大地放电了。

更普遍的一种新情况，是针对装了避雷针的建筑物内的人。今天的生活方式中，得不到避雷针的保护，人身受雷击的事故经常发生。以下是列举几例这方面的事故。

1994 年 8 月 9 日晚，辽宁省新民市周坨子乡王甸子材村民王某等 4 名妇女围在屋内炕上看电视，9 点左右，外面正下着雷雨，忽见电视机内冒烟，声像消失，4 人也同时失去知觉，1 人倒在炕上，其他 3 人被抛到地上。约 10min 后，4 人相继苏醒，都说不清 10min 前发生的事，王某感到脖子有轻微灼痛感，发现她脖颈上留下一道清晰的项链痕迹，项链本身尚未损坏。显然这是闪电的脉冲电磁场在金属闭合圈中产生感应电流的热效应所致。估计这还不是闪电直接击中电视室外无线，而是感应的二次雷循天线馈线进入室内，所以 4 人的伤害不重，否则王某脖子上的项链就熔化了。现在，城乡电视天线密布，常发生电视机被雷击毁的事，人身事故也就难免。在广州等地，感应过电压波沿电话线入室的情况颇多，手握电话机而伤亡的案例累有所闻。

1967 年 6 月 24 日北京和平里南大街百林寺一个民房院内，一棵高约 15m 的大树被雷击，雷电流闪络到距树干 1m 的晒衣铁丝上，该铁丝钉于院内前后房的墙上，墙另一侧室内又钉有一小段挂毛巾的铁丝，长约 50cm，墙内外的两钉并不相通。墙为 24cm 的厚砖墙。挂手巾的铁丝上挂了个钢盒尺，下方恰好坐着一个 11 岁女孩，钢尺下端距女孩头顶皮有 20 ~ 30cm 的距离，雷响时女孩当即倒地死亡。同时北屋顶棚南半部正中明配电灯线的上部崩坏 2m 长的一段墙皮，墙内栓苇箔的铁丝被熔化，南屋靠西墙的顶棚也崩坏 2m 长一段墙皮，墙内栓苇箔的铁丝也被熔化，这类栓苇箔的铁丝都是 20 号的，足见雷电流的瞬变电磁场产生的电磁感应电流的能量之大。

分析一下这些雷击案例。首先可以看到大树引雷是比较普遍的现象，不仅大树下避雨有危险，而且也对高树旁的建筑物增加落雷的概率，特别是农村的不高的平房、楼房，河沟和高压线线路也增加了大树的落雷概率。其次应注意到闪电的路径总是选取低电阻的通道，因此空中乱拉金属线常是雷击灾害的一个重要祸首。闪电的电压高，它可以隔开一段距离闪络到金属线上，从而使导线附近的人成为雷击受害者。对于现代楼房，自来水管、暖汽管和煤气管等也是同样会成为闪电分窜的通道。

### 三、建筑和构筑物雷击事故

同一地区，为什么有的建筑物落雷？同一个建筑，为什么落雷概率有明显的变化？这里有什么规律？这只有通过大量雷击事例的统计和分析才能看出来。下面通过补充一些建筑物遭雷击的实例，更全面而确切地掌握雷击的规律。

（一）落雷建筑的环境

许多建筑物遭雷击，特别是不高的楼和平房，大都与其邻近的高大物体有关，多半是树木，也可能是高大的金属构筑物，或者是高层建筑物。还有一些球形雷事故，也与大树、高大金属构筑物如输电线杆、塔等有关。下面列举几个事例。

1993年6月16日《北京日报》载：6月5日下午西城区宝产胡同内福绥境派出所遭到雷击，据该所人介绍，当天下午5点15分，雷响之后，只见一火球从天而降，落在后院西屋墙上2m高处用薄铁皮制作的电表箱上，当即箱门玻璃被震碎，里面380V电表被击穿，220V电表却无恙。火球点燃电线，旁边屋内正在使用的彩电、电台、电话机、对讲机一同遭难。派出所门口一株10m高的大槐树同时遭雷击。

在见报后北京市避雷装置安全检测中心立刻去人考察访问，见该所系平房砖瓦结构，屋脊最高还不超过6m，本不易遭雷害的，可是周围环境不佳，该所院内有一台采暖锅灶，其烟囱高近20m，西邻尚有一高16.7m的铁烟囱，还有一邻屋，顶上自架电台天线。这些高大金属物都易于吸引雷电，球形雷常是在这种高大金属构筑物引下线性雷之后出现并下降到地面。当时派出所人员见到球雷落入院内时，凡手接触金属物（如铁床架）的人均有触电感，一个手执卡拉OK机话筒的人被击得扔掉了话筒，正在打电话的副队长被击得半身麻木。

在国外有一个著名的例子，莫斯科市537m高的电视塔是世界上著名的特高建筑物，建成以后，雷击频繁，闪电不仅袭击最高顶，也曾绕击顶下200m和300m处，离塔水平距离150m的地面也遭到雷击。在其周围1.5km内的地面落雷率比莫斯科市平均落雷率高2.5~4倍。这就使原先这个地区的房屋，由于电视塔的新建而增大了闪电袭击的危险程度。

（二）建筑物的高度与落雷的概率

一般的估计，认为对于中等雷暴地区，在平原开阔地带上的建筑物高90m的平均大约每年遭一次雷击；高180m的每年平均约遭3次雷击；高240m的约为5次；高300m的约为10次；高360m的约为20次；而高15m的楼房，则大概4~6年才可能遭一次雷击。

下面不妨看几个大有名气的超高建筑物，对它们均作过长期的雷击观测：美国纽约市的帝国大厦，102层楼高381m。1931年建成以来成为最早的观测研究闪电的对象，每年平均遭23次雷击，几乎都是上行雷。上面提到的莫斯科电视塔，在 4 年半的雷雨季节里共遭到 143 次雷击，平均每年 32 次，其高度是 537m，大部分雷击在塔顶下方 20～36m 的塔体，有两次分别击在塔顶下方 200m 和 300m 处。加拿大的第二大城市多伦多市的 C、N 通讯塔高出地面553.34m，在 20 世纪 80 年代中期是世界上最高的独立构筑物(后来华沙的电视铁塔总高 645.33m 超过了它，洛杉矶的和平之塔高 610m，芝加哥的市场大厦2l0 层 760m 高)。顶端设 1 个旋转餐厅、3 个了瞭望台、5 个电视发射台和 5个广播电台，在塔上安装了两套电流测量系统，成为研究闪电的重要地方，为全世界雷电科学工作者提供了不少有价值的雷电观测数据。在 1978 年和 1979年两年的观测中发现，每年大约要受到 35 次雷击，若在同一位置高 90m 的塔，据当年雷电研究者估计则每年平均只遭一次雷击。在观测到的 31 次闪电袭击中，有 28 次击在塔顶、3 次击在下部，闪击点分别在塔顶下 8m、10m 和33m 处。

　　在古建筑中，以皇宫、教堂的建筑为最高从历史记载中也可发现它们受雷击的情况最为严重。如意大利威尼斯著名的圣马可教堂的钟楼，在 400 年内，遭到 12 次雷击，累次损坏严重。我国《光绪政要》记载，天坛院内遭过 5 次雷击，"光绪 15 年(1889)9 月 24 日寅刻雷击祈年殿，未刻殿内火起。"致使整个祈年殿焚为灰烬。又如故宫，仅 1952～1978 年的记载统计就有 10 次雷击事故。在 20 世纪 60 年代以前北京鼓楼地区以鼓楼(高约 40m)为最高建筑物，仅从 1956 年 6 月至 1957 年 8 月就遭 3 次雷击。

　　(三)建筑物遭雷击的部位

　　以故宫为例，1954 年 7 月慈宁门西北角垂兽被雷击，将琉璃瓦(重约 5kg)击掉；1973 年 8 月雷击崇华宫厨房檐头；鼓楼的 3 次雷击中，东部屋顶的兽头被击坏；1961 年北京颐和园文昌阁遭雷击，将兽头和横脊击掉 3 处；1957年 7 月 6 日北京十三陵的棱思殿遭雷击，西兽头被直击雷劈掉 1/2，将横脊击裂 40～50cm。这些表明建筑物的屋脊、檐角，特别是屋顶上的饰物等尖端物表面的电场最强，较易成为吸引下行雷的先导，并从这些地方产生回击放电。我国这类建筑物很多，特别是开展旅游业，许多景区修建或恢复了我国传统的宫殿建筑。在房顶上建有兽首、人物等饰物，甚至添上照明灯，就要重视防雷以防护这些部位。

　　另一个值得注意的易引雷的部位，就是高耸的烟囱和房顶上竖起的种种金属物。如 1994 年 5 月 16 日下午福建省云霄县城关砖厂高达 45m 的主烟囱被雷击裂超过 30m，碎砖片砸烂厂房 200m³。虽然装有避雷针，但年久失修。1957年 8 月北京朝阳门外东郊门诊部安装避雷针时，只做了避雷针和引下线，还未做接地装置时雷雨来临，20m 高的烟囱被直击雷损坏。至于房上竖起的收音机、电视天线等均易遭雷击。

（四）其他与建筑物雷击有关的因素

有这样一个事例与上述案例似乎不符，北京北郊的水果冷库，有新建的高大水果仓库，建成后未受到雷击。其邻近的老式水果土仓库，只有 4.5m 高，却在 1965 年和 1967 年两次遭雷击，雷击部位是库房的天窗。经考察，库房原址为低洼坟地，地下水位高，库房室内存冰，长年积水潮湿。地面及室内物电阻率小，它就容易集中感应电荷，与雷雨云下端形成较强的大气电场，促使下行雷的先导朝这些地点的方向伸展。如果工厂内有大量金属，当然也容易吸引落地雷。

普遍的调查表明建筑物所在处地质情况对落雷概率的关系密切，雷击经常发生在河湖岸旁、地下水出口处、金属矿床地带、山坡与稻田接壤地带和土壤电阻率有突变的界线地段。这都与雷雨云感应地面电荷的情况密切相关。在高压实验室进行模拟实验，可以清楚地证明：火花放电与此有类似的规律。

另一个值得注意的是地理位置。这与雷雨云的形成与移动有密切关系，如：某些山区，山的南坡落雷多于北坡；傍海的一面山坡落雷多于背海的另一面山坡；雷暴走廊与风向一致的地方；在风口和顺风的河谷里，落雷均多于其他地方。上述几种因素在建房选址和建成房屋的防雷设计时都需要特别重视。

## 四、其他雷击造成财产损坏事故实例

近年来，由于居民区、住宅楼的电源、通讯、信号等系统缺少应有的防雷措施或措施不够完善引发的雷电灾害频频发生，大都造成财产损坏。

仅以 2002 年北京市的雷电灾害为例。截至当年 9 月底，据不完全统计，北京地区发生了 25 起雷击灾害，仅 5 月 11 日的雷雨过程就有 13 起雷击灾害。其中 95% 是雷电感应造成的。从对几起重点雷击灾害进行现场调研、分析看，主要受灾对象为：一是居民区、住宅楼的电源、通讯、信号等系统，因大部分均没有任何防雷措施，造成了多起大面积电视机、电话、电脑等家用电器的损坏；二是单位的计算机、监控、通讯等系统未采用防雷电感应措施，造成线路瘫痪，设备受损；三是由于直击雷使树木、高压线等遭破坏。具体雷击灾害事例如下：

（1）2002 年 5 月 11 日晚 10 时 20 分左右，西城区某饭店遭雷击，造成电话交换机 12 块用户板中有 11 块被毁坏；霓虹灯晴雨时间控制器和有线电视的一个接收分配器被毁坏；空调控制器自我保护装置动作，当时不能启动。雷击事故的主要原因是：电源线路上没有采取必要的防雷措施，雷击在楼顶霓虹灯铁架上，强大的雷电脉冲电流使楼外霓虹灯电源线路、空调电源线路、有线电视线路上产生感应高电压，高电压窜入楼内电源线路，因没有采取过电压防护，造成电源掉闸，并使高压电窜入电源后端弱电设备，器件被击穿损坏，其中空调控制箱内由于安装了保护装置避免了大的损坏。

（2）2002年5月11日晚，某展览馆遭雷击，监控系统遭到破坏，造成4台监视器损坏。主要原因是雷电感应造成的，雷电流由信号线入侵设备造成损坏。

（3）2002年5月11日晚，某电视塔遭雷击，造成交换机受损，附近的一个观测自动站也被击坏。主要原因是雷电感应造成的。

（4）2002年5月11日晚，市政府院内一棵大树被雷击，致使大树自上而下出现裂痕，应是由直击雷造成的。

（5）2002年5月11日晚，某图书馆遭雷击，造成交换机端口损坏，致使部分网络瘫痪。主要原因是雷电感应造成的，室外架空网线感应高电压，而引入室内击坏交换机端口。

（6）2002年5月11日晚10时30分左右，东城区北新桥合作巷胡同10号院门前一棵近百年树龄的槐树，被雷劈断主干。同时造成附近部门住户家中多台（部）电视机、电话等电器遭到损坏。主要原因是雷电感应造成的。

（7）2002年5月11日晚10时30分左右，鼓楼赵府街23号院（建筑为三层简易楼）及周围住户遭受雷击，造成近70部电话、几十台电视机、电脑等家用电器毁坏。当时，住在赵府街23号院二层住户看到一球雷在其房后电话线杆旁出现。主要原因是雷电感应造成的。

（8）2002年5月11日晚，东城区玉阁三巷19号住户遭雷击，造成十几户家用电器受损。主要原因是雷电感应造成的，电源系统没有防雷措施。

（9）2002年5月11日晚，海淀区四季青南坞157号遭雷击，造成计算机被击坏。主要原因是雷电感应造成的。

（10）2002年5月11日晚，亚运村清洁四场宿舍遭雷击，造成住户家中多台电视机、电脑损坏。主要原因是雷电感应造成的。

（11）2002年5月11日10时20分左右，西城区官圆活动中心西廊甲2号1门208号住宅遭雷击，造成住户家中电脑出现黑屏，后检查电脑内主机调制解调器被雷击坏，不能正常工作。主要原因是雷电感应造成的。

（12）2002年5月11日晚2002年5月11日晚，某单位遭雷击，造成10多台计算机网卡、1台光电转换机接口及4台电视机损坏。主要原因是雷电感应造成的。

（13）2002年5月11日晚，海淀区某山庄遭受雷击，造成部分用电设备损坏。主要原因是雷电感应造成的。

（14）2002年6月2日晚，房山区某单位遭雷击造成1部电话和1台调制解调器损坏。主要原因是雷电感应造成的。

（15）2002 年 6 月 2 日晚，某工厂遭雷击，造成 $11 \times 10^4$ V 高压系统掉闸，导致 6 台机组供电掉闸。主要原因是雷电感应造成的。

（16）2002 年 6 月 4 日 9 时左右，某寻呼台遭雷击，造成三块解码器和 1 台股票接收机的高频头损坏。主要原因是雷电感应造成的。

（17）2002 年 6 月 4 日晚，东单北极阁三条 57 号楼及周围大面积遭雷击，造成 57 号楼每层的电表全部损坏，无一幸免，并且住户家中的 9 台电视机、2 台微机、2 部电话机损坏；附近的青年艺术剧院一门市部的部分电视机、计算机、传真机等设备损坏。主要原因是雷电感应造成的。

（18）2002 年 6 月 4 日晚，丰台区菜户营西街一居民楼遭雷击，造成贾春生等住户家中 6 台电视机损坏。主要原因是雷电感应造成的。

（19）2002 年 6 月 4 日晚，丰台区沙窝电厂分公司家属楼遭雷击，造成住户家中 23 台电视机、6 台电脑、5 部电话、3 台 VCD 机损坏。主要原因是雷电感应造成的。

（20）2002 年 6 月 18 日晚，丰台区东老庄刘玉林家中 1 台电视机因雷击而损坏，大瓦窑地区刘建国等家中 7 台电视机也因遭雷击而损坏。主要原因是雷电感应造成的。

（21）2002 年 6 月 18 日晚，某公司遭雷击，造成网桥电视机前端放大器被损坏。主要原因是雷电感应造成的。

（22）2002 年 6 月 18 日晚 12 时左右，某医院遭雷击，造成计算机网络交换机、烟感报警器、HUB、程控电话交换机主板、锅炉压力传感器模块损坏。主要原因是雷电感应造成的。

（23）2002 年 6 月 18 日晚 12 时 15 分左右，顺义区后沙峪镇白辛张永荣家遭雷击致使电源短路而起火，六间平房被烧毁。主要原因是雷电流通过电源架空线侵入屋内，电源线被雷电高压击穿造成电源短路而起火。

（24）2002 年 6 月 18 日晚 12 时 30 分左右，顺义区城南某学校附近的 1 万伏高压线雷击断，当时由于路面积水，电源高压线对地放电，伴随着强烈的火光，造成校园围墙底部被击穿一个洞、地面泥土被烧焦成胶状物。同时，学校保安室的烟感报警器也被损坏，主要原因是雷电感应造成的。

（25）2002 年 6 月 18 日晚，大兴区东高地某公司遭雷击，造成消防报警器中的 39 个探头被击坏，同时主板遭破坏。主要原因是雷电感应造成的。

# 参 考 文 献

[1]  中国石油化工集团公司安全环保局．石油化工安全技术［M］．高级本．北京：中国石化出版社，2005.

[2]  陈晓平．电气安全［M］．北京：机械工业出版社，2004.

[3]  杜松怀．接地技术［M］．北京：中国电力出版社，2011.

[4]  李景禄．实用电力接地技术［M］．北京：中国电力出版社，2002.

[5]  解广润．电力系统接地技术［M］．北京：中国电力出版社，1991.

[6]  杨有启．用电安全技术［M］．第2版．北京：化学工业出版社，2002.

[7]  王庆斌，刘萍，尤利文，林啸天．电磁干扰与电磁兼容技术［M］．北京：机械工业出版社，2005.

[8]  金秋生．中性点接地方式及其影响［J］．农村电气化，2002(4).

[9]  张飓．N线接地还是PE线接地［J］．电气时代，2001(06).

[10]  汶占武．浅析电力系统中接地和接零保护［J］．价值工程，2011(26).

[11]  肖伟．小电流接地系统接地保护［J］．农村电气化，2002(11).

[12]  叶如格．石油静电［M］．北京：石油工业出版社，1983.

[13]  陆承祖，王克起．静电原理与防灾［M］．天津：天津大学出版社，1991.

[14]  （日）堤井信力．奇妙的静电．王旭，译．北京：科学出版社，2000.

[15]  鲍重光．静电技术原理［M］．北京：北京理工大学出版，1993.

[16]  张修春．静电的危害与防治［M］．北京：煤炭工业出版社，1994.

[17]  芮静康．建筑防雷与电气安全技术［M］．北京：中国建筑工业出版社，2003.

[18]  虞昊．现代防雷技术基础［M］．第2版．北京：清华大学出版社，2006.

[19]  朱吕通，吕志．油库消防［M］．北京：群众出版社，2003.

# 中国石化出版社安全类图书目录

| 书名 | 定价/元 | 书名 | 定价/元 |
|---|---|---|---|
| **安全教育系列丛书** | | **消防安全教育丛书** | |
| 领导干部特大安全事故防范与责任追究必读（第二版） | 22.00 | 油气田企业消防安全 | 30.00 |
| 厂长经理和管理人员安全知识必读（第三版） | 25.00 | 石油化工企业消防安全 | 30.00 |
| 车间安全管理必读（第三版） | 18.80 | 油库和加油加气站消防安全 | 30.00 |
| 企业员工安全知识必读（第三版） | 9.00 | 危险品物流消防安全 | 30.00 |
| 新员工安全知识必读（第三版） | 9.00 | 公共聚集场所消防安全 | 25.00 |
| 安全员必读（第二版） | 16.00 | 家庭和社区消防安全 | 25.00 |
| 班组安全学习必读（第三版） | 9.00 | 消防志愿者培训指南 | 25.00 |
| 事故处理与工伤保险 | 12.00 | **班组安全教育丛书** | |
| 事故应急处理预案编制必读（第三版） | 12.80 | 油田企业班组安全教育读本（第二版） | 35.00 |
| 煤矿安全生产法律法规精选 | 19.80 | 石油化工企业班组安全教育读本 | 18.00 |
| 非煤矿山矿长和管理人员安全培训必读（第二版） | 25.00 | 油品销售企业员工安全培训教材（第二版） | 30.00 |
| 非煤矿山职工安全培训必读（第二版） | 15.00 | 施工企业班组安全教育读本 | 25.00 |
| 煤矿矿长和管理人员安全知识问答（第二版） | 19.60 | 班组 HSE 基础知识与操作实务（第二版） | 30.00 |
| 煤矿工人安全知识问答（第二版） | 8.00 | **应急救援系列丛书** | |
| 危险化学品企业员工安全知识必读（第二版） | 20.00 | 应急救援基础知识 | 22.00 |
| 烟花爆竹安全生产销售必读 | 20.00 | 石油天然气勘探开发应急救援必读 | 25.00 |
| 烟花爆竹经营安全必读（第三版） | 30.00 | 危险化学品应急救援必读 | 20.00 |
| **安全知识丛书** | | 煤矿应急救援必读 | 18.00 |
| 安全知识问答 | 22.00 | 非煤矿山应急救援必读 | 18.00 |
| 现代安全知识讲座 | 22.00 | 企业、政府应急预案编制实务 | 20.00 |
| 安全生产责任制编制指南 | 18.00 | 应急救援案例选精与点评 | 15.00 |
| 常用安全生产法规手册 | 22.00 | 应急救援法规标准与释读 | 22.00 |

| 书名 | 定价/元 | 书名 | 定价/元 |
|---|---|---|---|
| 应急救援装备选择与使用 | 18.00 | 危险化学品生产安全(第二版) | 30.00 |
| **油田企业 HSE 培训系列教材** | | 危险化学品事故处理及应急预案(第二版) | 29.00 |
| 油田企业领导干部 HSE 培训教材 | 25.00 | **石油化工安全技术与管理丛书** | |
| 油田企业 HSE 管理人员培训教材 | 48.00 | 油气管道安全工程 | 45.00 |
| 地震勘探作业人员 HSE 培训教材 | 40.00 | 石油化工生产防火防爆 | 40.00 |
| 采油作业人员 HSE 培训教材 | 42.00 | 油库加油站安全技术与管理 | 45.00 |
| 钻井作业人员 HSE 培训教材 | 48.00 | 油库千例事故分析 | 65.00 |
| 井下作业人员 HSE 培训教材 | 40.00 | 加油站百例事故分析 | 15.00 |
| 集输作业人员 HSE 培训教材 | 45.00 | 电气与静电安全(第二版) | 66.00 |
| 车辆驾驶员 HSE 培训教材 | 42.00 | 设备检修安全 | 60.00 |
| 硫化氢防护培训教材(第二版) | 30.00 | **石油化工安全知识问答丛书** | |
| **天然气应用与安全丛书** | | 油库安全管理技术问答 | 35.00 |
| 天然气管输与安全 | 22.00 | 加油站安全与设备知识问答 | 25.00 |
| 天然气管线投产置换与安全 | 15.00 | 施工安全知识问答 | 15.00 |
| 天然气利用与安全 | 20.00 | 设备安全运行与操作问答 | 35.00 |
| 液化天然气(LNG)应用与安全 | 20.00 | 电气安全技术问答 | 30.00 |
| 天然气常见事故预防与处理 | 30.00 | 职业病防治技术问答 | 15.00 |
| **施工作业安全丛书** | | **有毒有害气体防护系列丛书** | |
| 石油钻井现场作业安全管理与监护 | 20.00 | 有毒有害气体安全防护必读 | 8.00 |
| 炼化企业现场作业安全管理与监护 | 12.00 | 有毒有害气体防护技术 | 25.00 |
| **危险化学品安全培训丛书** | | **石化企业消防安全丛书** | |
| 危险化学品安全管理(第二版) | 28.00 | 消防业务训练指南 | 15.00 |
| 危险化学品安全经营、储运与使用(第二版) | 32.00 | 灭火救援安全技术 | 15.00 |
| 危险化学品安全评价方法(第二版) | 30.00 | 危险化学品消防救援与处置 | 25.00 |
| 危险化学品设备安全(第二版) | 30.00 | 消防器材与装备 | 12.00 |

续表

| 书名 | 定价/元 | 书名 | 定价/元 |
|---|---|---|---|
| **特种作业人员安全技术培训系列丛书** | | 漫画话安全 | 7.00 |
| 电工安全技术 | 32.00 | 消防安全知识漫画读本（第二版） | 38.00 |
| 金属焊接与切割作业人员安全技术 | 40.00 | 油田企业安全生产禁令漫画读本 | 40.00 |
| 起重作业人员安全技术 | 30.00 | 石油化工安全技术（初级本） | 20.00 |
| 压力容器操作工安全技术 | 30.00 | 石油化工安全技术（中级本）（第二版） | 38.00 |
| **石油化工设施风险管理丛书** | | 石油化工安全技术（高级本） | 68.00 |
| 石化装置定量风险评估指南 | 20.00 | 工艺安全管理与事故预防 | 15.00 |
| 设备风险检测技术实施指南 | 25.00 | 化工生产安全技术 | 48.00 |
| HAZOP 分析指南 | 15.00 | 石油化工安全概论（第二版） | 45.00 |
| 风险管理导论 | 20.00 | 石油化工原料与产品安全手册（第二版） | 160.00 |
| **石油化工厂安全必读系列丛书** | | 石油化工有害物质防护手册 | 120.00 |
| 石油化工厂生产操作安全必读 | 15.00 | 危险化学品安全生产管理与监督实务 | 30.00 |
| 石油化工厂员工人身安全知识必读 | 20.00 | 危险化学品从业人员安全培训教材 | 28.00 |
| 石油化工厂设备运行安全必读 | 15.00 | 职业安全健康监督管理手册 | 45.00 |
| 石油化工厂施工作业安全必读 | 10.00 | 职业健康安全管理体系实施过程危险源辨识与控制指南 | 35.00 |
| 石油化工厂消防管理安全必读 | 18.00 | OHSMS 实施过程中危险源辨识、评价和控制 | 38.00 |
| **公共安全与应急管理丛书** | | HSE 观察——控制看得见的风险 | 20.00 |
| 突发事件应对法案例解读 | 22.00 | 保护层分析——简化的过程风险评估 | 48.00 |
| 突发事件应急管理基础 | 30.00 | 工业行业安全生产长效机制建立指南 | 10.00 |
| | | 国外重大事故管理与案例剖析 | 30.00 |
| 危险化学品安全技术大典（第Ⅰ卷） | 298.00 | 压力容器安全工程 | 24.00 |
| 危险化学品安全技术大典（第Ⅱ卷） | 298.00 | 石化行业压力容器安全操作培训读本 | 32.00 |
| 危险化学品安全技术大典（第Ⅲ卷） | 298.00 | 中国石化典型电气事故汇编 | 80.00 |